国家"双高"建设新形态教材

U0173315

Java 语言程序设计

主　编　孙　超

副主编　陈　磊　郑志刚

哈尔滨工程大学出版社

Harbin Engineering University Press

内 容 简 介

本书通过6个模块、20个任务、36个项目案例,简明介绍了Java语言特点、Java语言基本语法、类和对象、继承与多态、抽象类与接口、API类库、异常等内容,系统地介绍了Java应用程序的基础开发和高级开发知识;通过企业项目案例对Java Script开发页面、集合类、I/O技术、网络编程、JDBC等进行专项学习和训练;将课程知识点、教学案例和项目任务融入课程思政元素,让读者潜移默化地接受思想政治教育,提高其科学的编程思维、灵活运用知识的能力,培养其精益求精的工匠精神和创新精神。

本书图文并茂、内容丰富、通俗易懂、重点突出,采用项目案例教学法,具有很强的实用性。本书附带配套数字教学资源,积极探索纸质教材的数字化改造。

本书既可作为高职高专院校相关专业Java语言程序设计课程的教材,也可作为Java语言自学者的参考书。

图书在版编目(CIP)数据

Java 语言程序设计/孙超主编. —哈尔滨:哈尔滨工程大学出版社,2023.6

ISBN 978-7-5661-3943-6

Ⅰ.①J… Ⅱ.①孙… Ⅲ.①JAVA 语言-程序设计 Ⅳ.①TP312.8

中国国家版本馆 CIP 数据核字(2023)第 098760 号

Java 语言程序设计
Java YUYAN CHENGXU SHEJI

选题策划　雷　霞
责任编辑　丁　伟
封面设计　李海波

出版发行　哈尔滨工程大学出版社
社　　址　哈尔滨市南岗区南通大街 145 号
邮政编码　150001
发行电话　0451-82519328
传　　真　0451-82519699
经　　销　新华书店
印　　刷　黑龙江天宇印务有限公司
开　　本　787 mm×1 092 mm　1/16
印　　张　26
字　　数　711 千字
版　　次　2023 年 6 月第 1 版
印　　次　2023 年 6 月第 1 次印刷
定　　价　68.00 元

http://www.hrbeupress.com

E-mail:heupress@hrbeu.edu.cn

前　　言

Java 语言是一门应用广泛的面向对象的程序设计语言,它最突出的特点是封装性、继承性和多态性,具有平台无关性、安全性、鲁棒性和多线程等优点,受到越来越多编程人员的青睐。Java 语言不仅可以开发桌面应用程序,还特别适合网络编程开发,如 ERP 系统、网站、电子商务系统等的开发。Java 语言涉及网络、多线程等重要知识。网络编程是 Java 语言中最具特色的部分,因此 Java 语言也是网络编程的首选语言。

本书是全国高等院校计算机基础教育教学研究项目 2023 年立项课题(课题编号:2023-AFCEC-146)的成果。本书主要从六个方面突出职业教育的特点:一是按照教育部《“十四五”职业教育规划教材建设实施方案》和“1+X”大数据应用开发(Java)职业技能标准进行编写;二是采用项目案例教学法,对典型任务的讲解按照任务描述、预备知识、知识拓展、实现任务、能力提升、学习评价的流程设计和编排,将教、学、做、练、评融为一体;三是采用新型活页式教材形式出版,便于本书内容的动态更新;四是企业支持,大连中软卓越信息技术有限公司提供部分项目案例;五是融入课程思政,将思政元素“如盐入水”般融入知识点、教学案例和项目任务中,将爱国主义精神、正确的人生观、中华优秀传统文化、中华文明、工匠精神、创新精神、职业精神等内容融入课堂,实现了思想政治教育贯穿教育教学全过程,发挥专业课的教学育人功能;六是纸质教材的数字化改造,形成可听、可视、可练、可互动的数字化教材。

本书由孙超担任主编,陈磊、郑志刚担任副主编,具体编写分工如下:模块一、模块三、模块六由渤海船舶职业学院孙超编写,模块五由渤海船舶职业学院陈磊编写,模块二、模块四由渤海船舶职业学院郑志刚编写;孙超负责全书的统稿和整理工作。

由于编者学识和能力水平有限,书中难免有不当之处,恳请各位专家和读者给予批评指正。

编　者

2023 年 3 月

目　　录

模块一 Java 语言概述

【主要内容】

1. Java 语言发展史；
2. Java 语言特点；
3. Java 程序工作过程；
4. JDK 安装与配置；
5. Eclipse 安装与配置；
6. 和用 Eclipse 工具开发简单的 Java 程序。

任务 1.1 认识 Java 语言

学习目标

【知识目标】

1. 掌握 Java 语言特点和程序的工作过程；
2. 熟悉 JDK 的安装与配置；
3. 了解 Java 语言的发展史。

【任务目标】

1. 掌握 Java 语言特点和程序的工作过程；
2. 能正确编写简单的应用程序。

【素质目标】

1. 具有脚踏实地、坚持不懈的精神；
2. 具有团队合作的意识。

任务描述

编写一个简单的 Java 语言程序,命令行窗口中显示内容如下:

社会主义核心价值观

富强、民主、文明、和谐

自由、平等、公正、法治

爱国、敬业、诚信、友善

预备知识

1. Java 语言的起源

Java 语言的前身为 Oak 语言,它是一种用于网络的、精巧而安全的语言。1992 年 Oak 语言诞生,它的编程语言目标定位在家用电器等小型系统,用于解决诸如洗衣机、冰箱等家用电器的控制和通信问题,但由于智能化家电市场的需求不高,Sun 公司放弃了该项计划。就在 Oak"无家可归"时,伴随着互联网应用的迅速发展,Oak 在计算机网络方面具有广阔的发展前景,于是 Oak 得以改造,并被正式命名为 Java。

2. Java 语言的发展

Java 是由 Sun 公司于 1995 年 5 月开发的面向对象的程序设计语言,它是一种可以编写跨平台应用软件的编程语言。

1996 年 1 月,Java 1.0 正式发布,第一个 JDK(Java development kit,Java 开发工具包)诞生。JDK 是 Java 语言的核心部分,包括 Java 运行环境、Java 工具和 Java 基础类库。

1997 年 2 月,JDK 1.1 正式发布,下载次数超过 200 万。同年 4 月 JavaOne 会议召开,1 万多人参会,会议规模创当时纪录。

1998 年 12 月,Java 2 平台正式发布。

1999 年 6 月,Sun 公司发布了 Java 的三个版本:标准版(J2SE)、企业版(J2EE)和微型版(J2ME)。

2000 年至 2006 年,Sun 公司每两年发布一个新的开发包。2006 年,Sun 公司发布了 JDKv1.6。2007 年,Sun 公司发布了 JDKv1.7。

2009 年,Oracle 公司以 74 亿美元正式收购 Sun 公司,Java 商标正式归 Oracle 公司所有。2014 年,Oracle 公司发布了 Java 8。

> 介绍 Java 语言发展史,强调科学的发展并不是一帆风顺的,我们难免会遇到挫折,在探索的路上要坚定信心、不畏困难、大胆改革,同时要有创新精神。同学们在学习和生活中,有时也会遇到类似的情况,我们要坚定信念、不忘初心,把握正确的方向,一定会取得成功。

3. Java 语言的特点

Java 语言是当前最流行的网络编程语言,具有面向对象、平台无关性、安全性、多线程、鲁棒性、动态性、支持网络编程等特点。

Java 语言
特点微视频

（1）面向对象

传统的编程语言以过程为中心,以算法为驱动;面向对象的编程语言则以对象为中心,以消息为驱动。Java 是面向对象的程序设计语言,具有继承性、封装性和多态性的特点。基于对象的编程更符合人们的思维方式,使人们更容易编写程序。

（2）平台无关性

Java 语言最吸引人的是平台无关性,使用 Java 语言编写程序不需要进行任何修改,可以直接在不同类型的机器和操作系统上运行,从而降低了开发、维护和管理成本。Java 源程序的扩展名. java 在编译器中编译,形成二进制代码,扩展名为. class,这些二进制代码通过 JVM(Java 虚拟机)来识别运行。任何一台机器只要配备了 JVM,就可以运行 Java 语言编写的程序,屏蔽了平台环境的要求。

（3）安全性

Java 语言是网络编程语言,能够避免网络程序和病毒程序对本地系统的破坏,提供足够的安全保障措施。Java 语言从一开始设计就能够防范各种攻击,如:运行时堆栈溢出,破坏自己处理空间之外的内存,未经授权读写文件,许多安全特性不断加入 Java 语言中。

（4）多线程

多线程使应用程序同时进行不同的操作、处理不同的事件,使程序具有较好的交互性、实时性。Java 语言多线程处理具有便捷性和简单性,在两个方面支持多线程:其一,Java 语言环境本身是多线程的;其二,Java 语言内置多线程控制,提供了 Thread 类,由它负责启动和终止线程。

（5）鲁棒性

Java 语言的鲁棒性反映了程序的可靠性,Java 语言中编译器和类载入器保证了调用方法的准确性,避免隐式版本的不兼容;Java 语言可以自动进行内存回收,避免意外释放内存;Java 语言没有指针,避免数组或内存越界访问;Java 语言在编译和运行时,对可能出现的问题随时进行检查,避免发生错误。

（6）动态性

Java 程序的基本单元是类,程序员可以从 Java 类库中引入类,也可以自己编写类。Java 类库可以自由地添加新方法和实例变量,不影响用户程序。同时 Java 语言通过接口来支持多重继承,使其具有灵活性和扩展性。Java 语言动态特性能适应不断变化的运行环境。

（7）网络编程

Java 语言提供的类库可以处理 HTTP 和 FTP 等协议,使用户通过 URL 地址在网络上访问其他对象。Socket 描述 IP 地址和端口,用来实现不同虚拟机或不同计算机之间的通信。

4. Java 程序的分类

Java 程序根据运行环境和程序结构的不同,分为 Java Application 应用程序和 Java Applet 小应用程序两类。

（1）Java Application 应用程序

Java Application 应用程序是完整的程序,能够独立运行。Java Application 由一个或多个类组成,其中必须有一个类中定义了 main( )方法。main( )方法作为程序入口,由 Java 语言解释器加载运行。

(2) Java Applet 小应用程序

Java Applet 小应用程序由 Appletviewer 或其他支持 Java 语言的浏览器加载运行,不能独立运行,需要嵌入 HTML 网页中运行。Java Applet 由若干个类组成,必须有且仅有一个类扩展了 Applet 类,即它是 Applet 类的子类,这个类称为 Java Applet 的主类。Java Applet 的主类必须是 public 的,Applet 类是系统提供的类。

温馨提示

Java Application 与 Java Applet 运行方式的区别:Java Application 必须有 main() 方法,而且从 main() 方法开始运行;而 Java Applet 不需要有 main() 方法,但必须创建一个 HTML 文件,编写 HTML 代码,在 HTML 网页中运行。

5. 安装 Java 编译器

JDK 是 Java 语言的核心部分,是 Java 语言最常用的开发平台,是一种最基本的运行工具和开发环境。JDK 包括 Java 运行环境、Java 编译器、Java 工具和 Java API。

(1) JDK 的下载

JDK 为免费的开发环境,我们可以直接从 Oracle 公司的官方网站 http://www.oracle.com/technetwork/java/javase/downloads/index.html 下载获得安装程序包。本书使用的 JDK 版本是 JDK6, Windows 操作系统平台。

JDK6 是 Java 语言开发平台的一种具体实现,主要包括 Java 开发工具和 Java 运行工具。

(2) JDK 的安装

JDK 的安装工具为 jdk-6u11-windows-i586.exe,双击运行,依照提示选择安装路径和组件,一般情况下我们采用默认设置。在设置 JDK 安装路径时,文件夹的名称不要使用空格字符,以免在编译、运行时因找不到文件路径而出错。如图 1-1 所示,单击"下一步"按钮,按向导提示操作即可完成安装。

图 1-1   JDK 安装

（3）环境配置

JDK 安装完成后，需要设置环境变量，右击桌面的"计算机"图标，在弹出的快捷菜单中选择"属性"命令，单击"高级"选项卡，如图 1-2 所示。单击"环境变量"命令，出现"环境变量"对话框，如图 1-3 所示。

图 1-2 "高级"选项卡

图 1-3 "环境变量"对话框

①设置系统环境变量 JAVA_HOME

JAVA_HOME 表示 JDK 在当前环境中的安装位置,通常情况下,先设定 JDK 的安装目录 JAVA_HOME。打开环境变量设置窗口,新建一个系统变量,命名为"JAVA_HOME",设置变量值为"C:\Program Files\Java\jdk1.6.0_11",如图 1-4 所示。

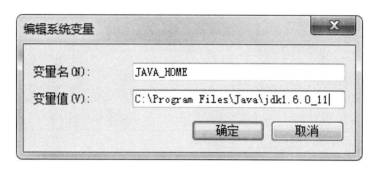

图 1-4　设置系统环境变量 JAVA_HOME

②设置系统环境变量 Path

通常情况下,在系统环境变量中找到 Path 变量,Path 已经存在,值不改变,直接在它的最后面添加 Java 语言的可运行文件 java. exe、javac. exe 的搜索路径";%JAVA_HOME%\bin;%JAVA_HOME%\jre6\bin",如图 1-5 所示。

图 1-5　设置系统环境变量 Path

③设置系统环境变量 CLASSPATH

CLASSPATH 表示类的路径,其值表示虚拟机查找程序中用到的第三方文件或自定义类文件的位置。新建一个系统变量 CLASSPATH,设置为". ;%JAVA_HOME% \lib \tools. jar;%JAVA_HOME%\lib\dt. jar;%JAVA_HOME%\jre\lib\rt. jar;"。上面变量值中,不要漏掉". ",它表示当前路径,即在当前路径下寻找需要的类。

在 JDK1.4 及以前版本的 JDK 中,必须配置 CLASSPATH 环境变量;在 JDK1.5 以后的版本中不配置 CLASSPATH 环境变量,也可以正常编译和运行 Java 程序。

(4)测试 Java 程序运行环境

设置完环境变量以后,测试 JDK 是否能正常工作,打开命令窗口,输入命令:

java-version

如果正确显示计算机上安装的 JDK 版本信息,如图 1-6 所示,说明安装 JDK 成功,设置的环境变量也正确。

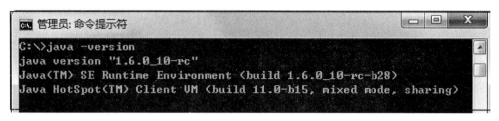

图 1-6 测试 Java 程序运行环境

JDK 包含的基本组件:

① javac

编译器,主要功能是将源程序转成字节码。

② jar

打包工具,主要功能是将相关的类文件打包成一个文件。

③ javadoc

文档生成器,主要功能是从源码注释中提取文档。

④ jdb

调试器,主要功能是查错。

⑤ java

java 的主要功能是运行编译后的 Java 程序(.class 后缀的)。

⑥ appletviewer

小程序浏览器,是指一种运行 HTML 文件上的 Java 小程序的 Java 浏览器。

⑦ javah

javah 的主要功能是产生可以调用 Java 过程的 C 过程,或建立能被 Java 程序调用的 C 过程的头文件。

⑧ javap

反汇编器,主要功能是显示编译类文件中的可访问功能、数据和字节代码含义。

⑨ jconsole

jconsole 的主要功能是进行系统调试和监控。

6. Java 程序的工作过程

Java 语言包括 Java 虚拟机、垃圾收集机制和代码安全检测三种核心机制。

Java 程序的开发主要经过编辑、编译和运行三个阶段,具体过程如下:

(1)编写源文件

新建一个文件夹作为工作目录,在此文件夹中新建文本文件,在文本文件中编写源程序,并以"Course.java"保存,即保存成扩展名为".java"的文件。代码如下:

```
// 文件名为 Course. java 的简单程序
class Course{
    // Java 程序入口
    public static void main(String[] args){
        // 控制台输出 I like Java Course!
        System. out. println("I like Java Course!");
    }
}
```

源文件的命名规则：

①如果一个 Java 源程序中有多个类，且只有一个类是 public 类，那么 Java 源程序的主文件名必须与这个 public 类的名字完全一致，扩展名为".java"。

②如果源文件中没有 public 类，那么源文件的主文件名只要与某个类的名字相同即可，扩展名为".java"。

（2）编译源程序

使用 Java 编译器对"Course.java"源程序进行编译，在命令窗口输入"javac Course.java"命令，如果编译成功，会生成字节码文件"Course.class"，即扩展名为".class"的文件；如果编译失败，会出现错误提示，按提示修改源文件代码，修改完成后保存源文件，重新编译，直到编译成功为止。

温馨提示

源程序经常出现的问题：

①括号不匹配，没有成对出现；

②程序中使用了中文状态下的标点符号；

③程序代码区分大小写，英文大小写错误；

④程序代码语法错误。

（3）运行 Java 程序

在命令窗口输入"java Course"命令，运行编译好的字节码文件，程序的运行结果：在命令窗口中显示"I like Java Course!"。

Java 程序开发流程图如图 1-7 所示。

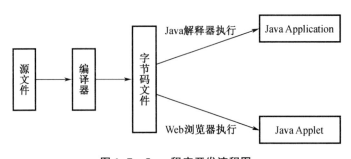

图 1-7　Java 程序开发流程图

知识拓展

1. 控制台应用程序的特点

控制台应用程序主要具有如下特点：

①采用非图形化的 DOS 风格的程序用户界面；

②预定流程来控制程序运行的逻辑；

③采用以文本字符为主的人机对话；

④采用以键盘为主的输入设备。

2. 控制台的输出行

System. out. println( )的作用是输出信息字符串,它引入了 java. lang 包中的 System 类。java. lang 包是 Java 程序开发中非常重要的一个基础包,该包由系统自动导入,Java 系统引入该包中所有的类。System 类中有一个标准输出流对象 out,其默认为显示器。out 对象的 println( )方法的作用是向输出设备输出方法参数所包含的信息并自动换行。println( )方法如果没有参数,则只起到换行的作用。System. out. print( )的特点是输出参数的内容后并不自动换行,光标定位在输出的最后一个字符后面。

3. 程序注释说明

程序中的注释说明可增加程序的可读性,便于用户理解程序代码。注释说明在程序运行时不起任何作用,Java 程序编译环境忽略所有注释内容。程序注释分单行注释、多行注释和文档注释。

①单行注释。单行注释是以“ // ”开始的注释。

②多行注释。多行注释是以“/ *……*/ ”开始和结束的注释,这种注释能够连续跨越多行文本,中间所有行的内容都为注释部分。

③文档注释。文档注释是 Java 语言所特有的一种注释方式,它以分隔符“/ **”开始,以分隔符“*/ ”结束,中间部分为注释内容。编程人员把程序文档嵌入程序代码中,通过使用 JDK 中的 javadoc 命令,可以生成程序帮助文档。

任务实现

1. 任务分析

分析任务题目,可以得出以下信息：

①编写源文件代码 Task1_1. java；

②编译源文件 Task1_1. java,生成字节码文件 Task1_1. class；

③运行字节码文件 Task1_1. class。

任务 1.1 微视频

2. 任务编码

通过分析可以编写下列代码以任务实现功能：

```
public class Task1_1{
    public static void main(String[ ] args){
        System. out. println(″社会主义核心价值观″);
        System. out. println(″富强、民主、文明、和谐″);
```

```
        System. out. println("自由、平等、公正、法治");
        System. out. println("爱国、敬业、诚信、友善");
    }
}
```

3. 运行结果

程序运行结果如图 1-8 所示。

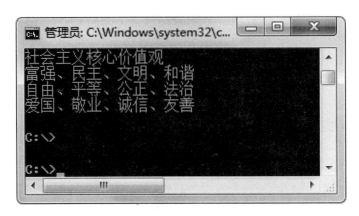

图 1-8

社会主义核心价值观是中华民族的精神支柱、行动向导。丰富人们的精神世界,建设民族精神家园,构建具有强大感召力的社会主义核心价值观,关系社会和谐稳定,关系国家长治久安。同学们要牢记社会主义核心价值观的内容,领悟其伟大意义,传承和发扬中华民族伟大精神,践行社会主义核心价值观,铸就屹立于世界民族之林的中国精神。当代大学生要努力学习,为实现伟大的中国梦而努力奋斗!

能力提升

一、选择题

1. 关于 Java 语言,下面说法中错误的是(   )。
   A. Java 是与平台无关的编程语言   B. Java 语法简单
   C. Java 语言支持多线程   D. Java 是面向过程的语言
2. 下面(   )类型的文件可以在 Java 虚拟机中运行。
   A. . txt   B. . doc   C. . class   D. . java
3. JDK 提供的 Java 编译器是(   )。
   A. java   B. javac   C. javadoc   D. appletviewer

4. Java 程序中,注释的作用是(　　　)。

　　A. 提高程序的可读性　　　　　　　　B. 程序编译时提示

　　C. 程序运行时解释说明　　　　　　　D. 程序运行时显示注释内容

5. Java 语言属于(　　　)语言。

　　A. 机器　　　　　　B. 汇编　　　　　　C. 高级　　　　　　D. 以上都不对

二、填空题

1. Java 源程序文件的扩展名为_____。

2. Java 编译器将用 Java 语言编写的源程序编译成_____。

3. println( )方法如果没有参数,只起到_____的作用。

4. Java 源程序的运行,至少要经过_____和_____两个阶段。

三、编程题

编写控制台程序,在屏幕上显示"欢迎学习 Java 语言程序设计!"和"我们一起努力加油!"两行文字信息。

学习评价

班级		学号		姓名	
任务 1.1　认识 Java 语言				课程性质	理实一体化
知识评价(30 分)					
序号	知识考核点			分值	得分
1	Java 语言特点			5	
2	源程序的命名、编译			10	
3	输出函数的使用			10	
4	注释语句的写法			5	
任务评价(60 分)					
序号	任务考核点			分值	得分
1	创建程序文件			10	
2	程序查错纠正			20	
3	程序正确运行			20	
4	团队成员协调合作			10	
思政评价(10 分)					
序号	思政考核点			分值	得分
1	思政内容的认识与领悟			5	
2	思政精神融于任务的体现			5	

班级		学号		姓名	
任务 1.1　认识 Java 语言				课程性质	理实一体化

违纪扣分(20 分)			

序号	违纪考查点	分值	扣分
1	上课迟到早退	5	
2	上课打游戏	5	
3	上课玩手机	5	
4	其他扰乱课堂秩序的行为	5	
综合 评价		综合 得分	

任务 1.2　熟悉 Java 程序开发环境:Eclipse

学习目标

【知识目标】

1. 了解 Eclipse 概述及版本;
2. 掌握 Eclipse 开发环境的使用与安装;
3. 掌握项目的创建。

【任务目标】

1. 熟练使用 Eclipse 开发环境;
2. 独立完成程序代码的编写、调试及运行。

【素质目标】

1. 具有科技兴国的意识;
2. 具有勇于创新、克服困难的精神。

任务描述

编程实现简单文件管理器界面的显示,界面如图 1-9 所示。

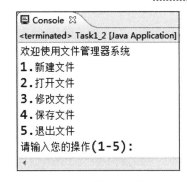

图 1-9 文件管理器界面

预备知识

1. Eclipse 概述

Java 程序开发的过程中，可以使用 TextPad、JCreator、NetBeans、Eclipse、JBuilder、MyEclipse 等开发工具。根据项目的特点和实现功能，需要选择合适的开发工具。为了提高程序开发的效率，大多数程序员采用集成开发工具进行 Java 程序开发。其中，Eclipse 是目前最流行、应用最广泛的开发工具。

Eclipse 是一款免费的、功能完整且成熟的集成开发工具，是基于开放源代码、可扩展的集成开发平台。Eclipse 包含一个框架和一组服务，通过插件组件构建开发环境。Eclipse 的扩展性强，不仅支持开发 Java 应用程序，也支持开发其他语言。Eclipse 附带一个包含 Java 开发工具（简称 JDT）的标准插件集，用户只要安装了 Eclipse 和 JDT，就可以开发 Java 应用程序。如果用户在 Eclipse 中安装了 C/C++的插件（简称 CDT），就可以开发 C/C++应用程序。

2. Eclipse 版本

Eclipse 具有受欢迎的跨平台的集成开发环境，是由 IBM 公司开发的替代商业软件 Visual Age for Java 的下一代 IDE 开发环境，目前由非营利软件供应商联盟 Eclipse 基金会管理，供用户免费使用。自 Eclipse1.0 发布后，Eclipse 各版本代号如下：

Eclipse 3.1 版本代号 IO"木卫一，伊奥"；

Eclipse 3.2 版本代号 Callisto"木卫四，卡里斯托"；

Eclipse 3.3 版本代号 Eruopa"木卫二，欧罗巴"；

Eclipse 3.4 版本代号 Ganymede"木卫三，盖尼米德"；

Eclipse 3.5 版本代号 Galileo"伽利略"；

Eclipse 3.6 版本代号 Helios"太阳神"；

Eclipse 介绍微视频

Eclipse 3.7 版本代号 Indigo"靛青"；

Eclipse 4.2 版本代号 Juno"朱诺"；

Eclipse 4.3 版本代号 Kepler"开普勒"；

Eclipse 4.4 版本代号 Luna"卢娜，月神"；

Eclipse 4.5 版本代号 Mars"火星"。

Eclipse 各版本都会附带标准的插件集，有的版本自带 JDK 插件，不需要安装 JDK；不带 JDK 插件的版本，需要安装 JDK。

通过学习 Eclipse 发展过程,学生可了解到先进的技术对社会发展的重要作用,先进的科学技术能够促进国家经济快速发展,科技兴国、科技强国。同学们应具有探索科学知识的热情,为祖国的繁荣昌盛,努力学习、拼搏奋斗!

3. Eclipse 的下载、安装及启动

安装 Eclipse 必须先安装 JRE(1.5 或更高版本的 JRE)或 JDK(本身附有 JRE),基本上只要有 JRE Eclipse 就可以运行。使用 Eclipse 环境进行程序开发,不需要配置环境变量。

(1)Eclipse 下载

Eclipse 可以从 http：// www. eclipse. org 官方网站上下载。将下载的压缩包解压就可以使用了。本书使用 Eclipse SDK 版本。Eclipse SDK 包含 Eclipse 平台、Java 开发工具、插件开发环境、相关的源代码和文档等内容。

(2)Eclipse 安装

Eclipse 安装程序是一个压缩包,不需要注册表注册信息,属于绿色软件,用户只需要解压压缩包,打开 eclipse 文件夹,找到 eclipse. exe,双击该可运行文件就可以运行 Eclipse,如图 1-10 所示。

图 1-10　Eclipse 文件及目录

(3)Eclipse 启动

第一次启动 Eclipse 时,会提示选择工作空间,如图 1-11 所示。我们可以自定义一个目录,也可以选择默认目录,设置完后,单击"OK"按钮,进入 Eclipse 开发环境的 Welcome(欢迎)界面,关掉该界面窗口即可。

4. Eclipse 工作平台

Eclipse 工作平台主要由标题栏、菜单栏、工具栏、资源管理器、文本编辑器和控制台组成,如图 1-12 所示。

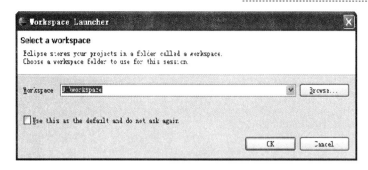

图 1-11　选择工作空间

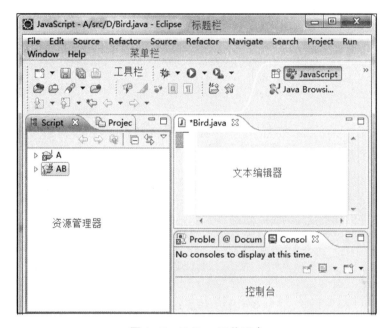

图 1-12　Eclipse 工作平台

知识拓展

1. Eclipse 的使用

以一个案例来演示说明 Eclipse 集成开发环境的使用。在 Eclipse 集成开发环境中创建一个项目,项目名为"Task";在该项目中创建一个包,包名为"pack1";在该包中创建一个类,类名为"Example1_1.java",程序的功能是在屏幕上显示"使用 Eclipse 开发工具,努力学好 Java 课程!"。

【例 1-1】　Eclipse 集成开发环境的使用案例

(1)创建 Java 项目

进入 Eclipse 开发环境后,在包视图中会显示出当前工作空间中已有的项目,可以在已有项目下新建"包-文件",也可以选择 File 菜单下的 New→Java Project 命令,或者单击工具栏上的"New Java Project"按钮,新建一个项目。在选择 New→Java Project 命令后,系统将弹出一个对话框,如图 1-13 所示。

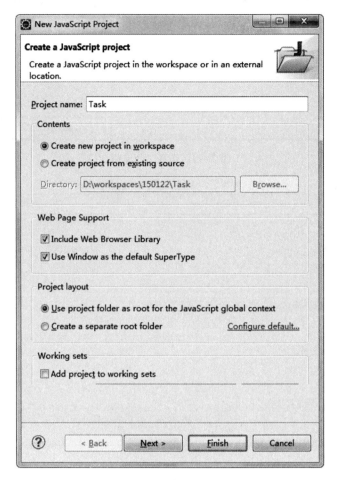

图 1-13 新建 Java 项目

在 Project name 处输入项目名称"Task",在 Project layout 选项组中,如果选择"Create a separate⋯"选项,在项目文件夹中就会建立两个子文件夹(src 和 bin),分别存放. java 文件和. class 文件。如果采用默认选项,那么项目中的文件都将存放在项目文件夹中。其他选项都可以采用默认选项。单击"Finish"按钮完成,在包视图上可以看到,系统创建了一个新的项目 Task。

Eclipse 开发环境的使用微视频

(2)创建 Java 包

Java 包中存放类。如果没有创建包,系统就采用隐含的无名包,在项目中创建新的 Java 类。如果有自己的包,在创建新项目后,就可以在项目中创建包,然后在包中创建类。在"Package Explorer"视图中选择新的项目名"Task",点开该项目后,选择"src"节点,然后单击右键,在弹出的快捷菜单中选择"New",再选择"Package"选项,弹出一个对话框,如图1-14 所示。在 Name 文本框中输入包名"pack1",单击"Finish"按钮,结束包的创建,此时在"Package Explorer"管理器视图中,会看到在 Task 项目下创建了一个名为"pack1"的包。

图 1-14 创建 Java 包

（3）创建类

在"Package Explorer"管理器视图中,选中"pack1"包名,单击右键,在弹出的快捷菜单中选择"New",再选择"Class"选项,弹出一个对话框,如图 1-15 所示。在"Name"项内填入类名"Example1_1",单击"Finish"按钮,完成类的定义。可以在"Package Explorer"管理器视图中看到,在项目 Task 中创建了一个类 Example1_1,如图 1-16 所示。

（4）编写程序

在文本编辑器视图中,编写和输入 Example1_1. java 文件的源代码,输入完成后,保存文件。代码如下：

```
package pack1;
public class Example1_1 {
    public static void main(String args[ ] ) {
        System. out. println("使用 Eclipse 开发工具,努力学好 Java 课程!");
    }
}
```

（5）运行程序

Eclipse 开发环境中,通常采用自动编译方式,每保存一个源程序文件,系统都会在保存之前先对代码进行编译,如出现编译错误,错误信息就会显示在 Problems 视图中。根据错误信息编写或修改完代码后,单击"保存"按钮,系统即可保存并编译文件。

最后选中项目中含有 main( )方法的类名,单击工具栏上"Run"按钮右侧的小三角按钮,在弹出的下拉菜单中选择 Run As→Java Application 命令,运行 Application 类型的 Java 程序。程序运行完后,可以在 Console 视图中显示运行结果,如图 1-17 所示。

图 1-15   创建类

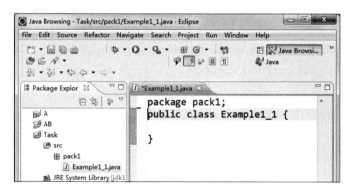

图 1-16   包结构图

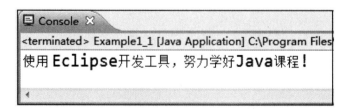

图 1-17   Console 视图

Eclipse 集成开发环境应用广泛,根据不同的项目可以设计不同的界面布局及实现个性化功能,具有很强的灵活性,学生可根据学习的程度和项目开发的实际需要进行灵活设置。

任务实现

1. 任务分析

分析任务题目,可以得出以下信息:

①创建一个 Java Project,项目名为"Task1";

②在 Task1 项目中新建一个包,包名为"fileediter";

③在该包中创建一个名为"Task1_2.java"的源文件;

④编写 main( )方法,在 Task1_2.java 文件中实现文件管理器界面功能;

⑤运行该程序,显示程序运行结果。

2. 任务编码

通过分析可以编写下列代码以任务实现功能:

```java
package fileediter;
public class Task1_2 {
    public static void main(String args[ ] ){
        System.out.println("欢迎使用文件管理器系统");
        System.out.println("1.新建文件");
        System.out.println("2.打开文件");
        System.out.println("3.修改文件");
        System.out.println("4.保存文件");
        System.out.println("5.退出文件");
        System.out.println("请输入您的操作(1-5):");
    }
}
```

3. 运行结果

程序运行结果如图 1-18 所示。

图 1-18

能力提升

一、选择题

1. 下面(　　)不是 Java 应用程序的开发工具。

 A. Word   B. Eclipse   C. JBuilder   D. JCreator

2. 关于 Eclipse 的特点,下列说法正确的是(　　)。

 A. 付费使用 B. 不支持跨平台 C. 开放源代码 D. 仅支持 Java 应用程序

3. 一个 Java 源文件中可以有(　　)公共类。

 A. 零个   B. 一个   C. 两个   D. 多个

二、填空题

1. Eclipse 要求计算机必须预先安装 1.5 或更高版本的＿＿＿＿＿＿,否则无法正常工作。

2. Java 应用程序必须有且只有一种＿＿＿＿＿＿方法。

3. Eclipse 安装程序是一个压缩包,不需要＿＿＿＿＿＿注册信息,属于绿色软件。

三、编程题

1. 下载并安装、测试 Eclipse。

2. 在 Eclipse 中创建一个名为 StudyEclipse. java 的应用程序,在屏幕上显示文本信息 "Welcome to using Eclipse",编译并运行程序。

学习评价

班级		学号		姓名	
任务 1.2　熟悉 Java 程序开发环境:Eclipse				课程性质	理实一体化
知识评价(30 分)					
序号		知识考核点		分值	得分
1		Eclipse 开发环境		5	
2		Eclipse 安装		10	
3		项目创建		15	
任务评价(60 分)					
序号		任务考核点		分值	得分
1		创建文件		10	
2		输出函数的正确编写		20	
3		程序查错、修改		20	

班级		学号		姓名	
任务 1.2　熟悉 Java 程序开发环境:Eclipse			课程性质	理实一体化	
4	团队成员协调合作			10	

思政评价(10 分)

序号	思政考核点	分值	得分
1	思政内容的认识与领悟	5	
2	思政精神融于任务的体现	5	

违纪扣分(20 分)

序号	违纪考查点	分值	扣分
1	上课迟到早退	5	
2	上课打游戏	5	
3	上课玩手机	5	
4	其他扰乱课堂秩序的行为	5	
综合 评价		综合 得分	

模块二　Java 语言基础编程

【主要内容】

1. Java 变量、运算符、表达式；
2. 选择结构及语句；
3. 循环结构及语句；
4. 一维数组；
5. 二维数组。

任务 2.1　熟悉 Java 语言基本语法

学习目标

【知识目标】

1. 掌握 Java 标识符和常用关键字；
2. 熟悉 Java 语言的基本数据类型；
3. 掌握常用的运算符；
4. 熟悉表达式的使用。

【任务目标】

1. 熟悉 Java 语言中的标识符、关键字、数据类型、运算符、表达式等基本语法格式；
2. 能正确编写任务程序。

【素质目标】

1. 在学习和生活中遵守规则,具有规范意识；
2. 具有规划能力；
3. 具有团队精神和协作能力。

任务描述

随机产生一个 3 位自然数,请输出它的逆数。如设某数为 637,则其逆数为 736。

预备知识

1. Java 程序语法结构

类是构成 Java 程序的基本单位,用 class 关键字来定义。Java 程序代码必须放在类中。一个独立的 Java 程序,必须定义一种 main( )方法作为起始类,程序从 main( )方法的第一行语句开始运行。

Java 程序常用的格式如下:

```
[类型修饰符]class <类名>{
public static void main(String args[ ] ) {
        … //程序代码
    }
}
```

说明 ①class 前的修饰符可以是 public,也可以省略。

②main 前的修饰符必须是公有的、静态的且无返回值,使用"public static void"对 main 进行修饰。

③main( )方法中的参数必须为 String 类型的数组,参数名通常写为"args",可以写成"String[ ] args"或"String args[ ] "。

④每个语句必须使用分号";"结束。

⑤程序代码要层次清晰、整齐美观,方便阅读。

温馨提示

Java 程序中,class 前的修饰符如果是 public,则文件名必须与类名相同。

2. 标识符

(1)标识符的组成

Java 语言中的标识符用于表示常量、变量、方法、类或接口的名称。标识符命名规则如下:

①标识符可以由字母、数字、下划线(_)、美元符号($)组成,并且首字母不能是数字。标识符不能包含任何空格或点".",以及除"_"" $"之外的特殊字符。

标识符、关键字微视频

②Java 关键字不能作为标识符。

③标识符区分大小写。

④标识符没有长度限制。

如:add1、_123、$400、Add1、PI 是合法的标识符,而 7dollar、add nun、add&123、_12. 3、show@ 、int 则是非法的标识符。

（2）标识符的命名规则

用户根据需要自定义标识符，但必须符合标识符的命名规则，见名知义。注意 Java 语言应严格区分大小写，如 apple、Apple 是两个不同的合法标识符。程序中标识符命名一般应遵循以下规则：

①常量名采用大写字母，如 PI；

②变量名一般用小写字母或大小写混合的方式命名，如 a、byName、stu_Number；

③类名的首字母大写，可大小写混合，如 Person；

④接口的命名规则与类名相同；

⑤方法名首字母小写，其余首字母大写，一般不使用下划线，如 printAll。

> 学习 Java 语言严格的标识符命名规则时，强调学习和生活中的纪律和规则意识，小到学校的各项规章制度，大到国家法律法规，都应自觉遵守。只有遵守法律、纪律和规则，我们的工作、学习和生活才能有序、高效，我们的社会才会和谐、稳定。

3. 关键字

Java 关键字是 Java 语言中自身使用的标识符，具有特定的含义，不能将关键字作为标识符命名。关键字通常用小写字母表示，如 void、main、if 等，常用关键字如下：

abstract	boolean	import	for	case	catch
protected	char	super	default	if	throws
public	continue	while	try	switch	return
implements	else	float	break	this	do
private	static	package	double	long	class

4. 数据类型

Java 语言分为基本数据类型和引用数据类型，如图 2-1 所示。

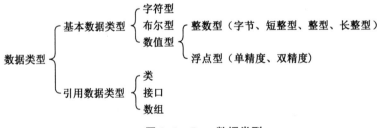

图 2-1　Java 数据类型

（1）基本数据类型

在 Java 语言中，基本数据类型也称简单数据类型，通常代表一个单一的值。Java 语言包括 8 种基本数据类型，如表 2-1 所示。

表 2-1　Java 语言的基本数据类型

数据类型	关键字	占用空间/ Byte	取值范围	缺省值
字符型	char	2	' \u0000 ' ~ ' \uffff '	' \u0000 '
布尔型	boolean	1	true,false	false
字节型	byte	1	$-128 \sim 127$	0
短整型	short	2	$-32\ 768 \sim 32\ 767$	0
整型	int	4	$-2\ 147\ 483\ 648 \sim 2\ 147\ 483\ 647$	0
长整型	long	8	$-9.22 \times 10^{18} \sim 9.22 \times 10^{18}$	0
单精度型	float	4	$1.401\ 3 \times 10^{-45} \sim 3.402\ 8 \times 10^{38}$	0.0F
双精度型	double	8	$2.225\ 51 \times 10^{-208} \sim 1.797\ 7 \times 10^{308}$	0.0D

（2）引用数据类型

在 Java 语言中,引用数据类型也称复合数据类型。引用数据类型变量存储的是数据在内存中的存放地址,而不是数据本身。引用数据类型相关知识将在后续相关章节中进行介绍。

5. 常量

在 Java 语言中,常量是指在程序运行过程中其值始终保持不变的量。常量分为整型常量、浮点型常量、布尔型常量和字符型常量。

常量的定义格式如下:

final<数据类型名>　<常量名称>=<常量值>[, <常量名称>=<常量值>] [......];

例如:

final	int	x = 60, y = 70;
final	char	a1 = ' G ', c = ' g ';
final	float	f1 = 6.7f, f2 = 3.6E-2;
final	double	d1 = 3.14, d2 = 2.1E8

常量、变量微视频

温馨提示

　Java 语言中,无类型后缀的浮点型常量默认为双精度类型,指定单精度型的常量,必须在常量后面加上 F 或 f。

6. 变量

在 Java 语言中,变量是指在程序运行过程中其值可以改变的量。变量在程序设计中使用频繁,是程序设计中必不可少的部分。变量可以在语句之间传递数据,也可以保存程序运行过程中的中间值。变量既可以是基本数据类型,又可以是对象类型。当变量是基本数据类型时,变量中存储的是数据的值;当变量是对象类型时,变量中存储的是对象的地址,该地址指向对象在内存中的位置。

Java 语言中的变量在使用前必须先声明,其声明格式为:

数据类型　变量名[,<变量名>][……];

数据类型　变量名=<初始值>[,<变量名>=<初始值>][……];

例如:

```
int   x, y, z;          //定义 3 个 int 型变量 x、y、z
float   a1=6.7f;        //定义 1 个 float 型变量 a1,并初始化变量 a1
char c=' F';            //定义 1 个 char 型变量 c,并初始化变量 c
double b1,b2=3.0;       //定义 2 个 double 型变量 b1、b2,并初始化变量 b2
```

其中,多个变量间用逗号隔开,b2=3.0 表示对双精度型变量 b2 赋初值 3.0,末尾的分号是不能缺少的,只有这样才构成一个完整的 Java 语句。

7. 运算符

Java 语言中提供丰富的运算符,可以进行不同的运算。常用的运算符有算术运算符、赋值运算符、关系运算符、逻辑运算符、条件运算符。

用括号、运算符将操作数连接起来的式子称为表达式。表达式按运算规则计算得到一个结果,称为表达式的值。

(1)运算符与运算规则

①算术运算符

算术运算符主要用于实现数学上的算术计算。Java 语言中的算术运算符如表 2-2 所示,假设整型变量 m 的值为 7,n 的值为 2。

表 2-2　算术运算符

运算符	描述	举例	运行结果	运算符	描述	举例	运行结果
+	加法	m+n	9	%	求余	m%n	1
-	减法	m-n	5	++	自加 1	++m	8
*	乘法	m*n	14	--	自减 1	--m	6
/	除法	m/n	3				

【例 2-1】　计算下列表达式的值

```
public class Example2_1 {
    public static void main(String[] args){
        int x=10,y=20,z=25,k=17;
        System.out.println("x+y=" +(x+y));             //加
        System.out.println("x-y=" +(x-y));             //减
        System.out.println("x*y=" +(x*y));             //乘
        System.out.println("y/x=" +(y/x));             //普通除
        System.out.println("z%x=" +(z%x));             //模除
        System.out.println("x++=" +(x++)+" x="+x);     //后置自增
        System.out.println("y--=" +(y--)+" y="+y);     //后置自减
        System.out.println("++z=" +(++z)+" z="+z);     //前置自增
        System.out.println("--k=" +(--k)+" k="+k);     //前置自减
```

```
    }
}
```

程序运行结果如图 2-2 所示。

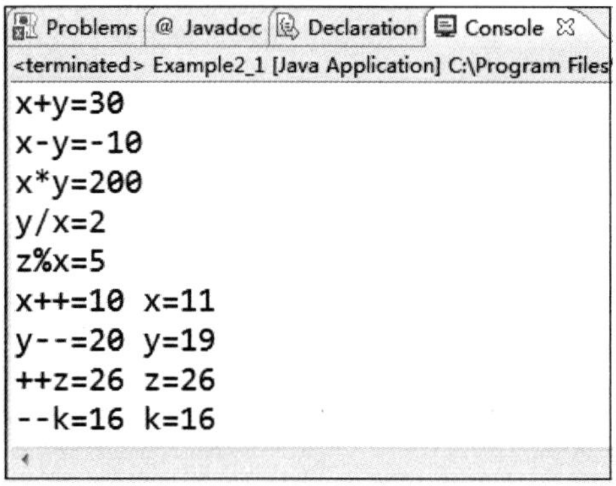

图 2-2

②赋值运算符

赋值运算符"="是把右边表达式的值赋给左边对应的变量或对象,结合性是从右向左,左边只能是变量,右边可以是变量也可以是表达式。

赋值运算的一般格式如下:

变量=数据或表达式;

例如:

int a;   //定义整形变量 a

a=2+5;   //首先计算表达式 2+5,然后将计算结果 7 赋值给变量 a

温馨提示

不要将赋值运算符"="与等号算符"=="混淆。

赋值运算符与运算规则如表 2-3 所示。假设整型变量 m 的值为 7,n 的值为 2。

表 2-3　赋值运算符与运算规则

运算符	描述	范例	运行结果
=	赋值	m=7,n=2	m=7,n=2
+=	加等于	m+=n 相当于 m=m+n	m=9,n=2
-=	减等于	m-=n 相当于 m=m-n	m=5,n=2
*=	乘等于	m*=n 相当于 m=m*n	m=14,n=2
/=	除等于	m/=n 相当于 m=m/n	m=3,n=2
%=	模等于	m%=n 相当于 m=m%n	m=1,n=2

③关系运算符

关系运算符又称比较运算符,主要用于实现数据的比较运算,结果为布尔型(true 或 false),运算规则如表 2-4 所示。

表 2-4　关系运算符运算规则

运算符	描述	范例	运行结果
<	小于	1<2	true
<=	小于等于	1<=2	true
>	大于	1>2	false
>=	大于等于	1>=2	false
==	等于	1==2	false
!=	不等于	1!=2	true

④逻辑运算符

逻辑运算符主要实现逻辑判断功能,通常用于判断两个关系表达式的结果或逻辑值,其结果是布尔型,运算规则如表 2-5 所示。

表 2-5　逻辑运算符运算规则

运算符	描述	范例	运行结果
!	逻辑非	!m	若 m 为 true,则!m 为 false;若 m 为 false,则!m 为 true
&&	逻辑与	m && n	若 m、n 均为 true,则结果为 true,否则结果为 false
||	逻辑或	m||n	若 m、n 均为 false,则结果为 false,否则结果为 true

⑤条件运算符

条件运算符也称三目运算符,定义格式如下:

表达式 1? 表达式 2:表达式 3

若表达式 1 为 true,则表达式 2 的值就是整个条件表达式的值;否则表达式 3 的值是整个条件表达式的值。

例如,6>5? 7:9,由于 6>5 值为真,则表达式的值为 7。

(2)运算符优先级

优先级是指同一表达式中多个运算符被运行的次序。在表达式求值时,先按运算符的优先级别由高到低的次序运行,相同优先级的按结合性顺序运行,如表 2-6 所示。

表 2-6　运算符优先级

优先级	描述	运算符	结合性
1	分隔符	() {} [] , ;	自左至右

表 2-6(续)

优先级	描述	运算符	结合性
2	单目运算	++ -- !	自右至左
3	算术运算符	* / %	自左至右
4	算术运算符	+ -	自左至右
5	移位运算符	<< >> >>>	自左至右
6	关系运算符	< <= > >=	自左至右
7	关系运算符	== !=	自左至右
8	位逻辑运算符	&	自左至右
9	位逻辑运算符	^	自左至右
10	位逻辑运算符	|	自左至右
11	逻辑运算符	&&	自左至右
12	逻辑运算符	||	自左至右
13	条件运算符	?:	自右至左
14	赋值运算符	= += -= *= /= %=	自右至左

> 学习运算符的优先级。当同学们在日常的学习和生活中有多件事要做时,应做好规划、合理安排,先做重要的、紧急的事情,其他事情按部就班地做。只有具备分辨事情轻重缓急的能力,我们的学习和生活才会有条不紊。

8. Java 语言中数据类型转换

Java 在定义变量时就确定了数据类型,一般不随意转换,但 Java 语言允许用户有限度地进行数据类型转换,转换方式分为两种:自动类型转换、强制类型转换。

(1)自动类型转换

如果满足下列条件,Java 语言会自动进行类型转换:

①转换前后的数据类型兼容;

②转换后的数据类型比转换前的表示范围大。

例如,将 int 型变量 a 转换成 long 型,int 与 long 都为整型数据,long 表示的范围比 int 大,满足自动类型转换条件,即转换前后的数据类型兼容,转换后的数据类型比转换前的表示范围大。因此,Java 语言会自动将 int 型变量 a 转换成 long 型。

【例 2-2】 数据类型自动转换

```java
public class Example2_2{
    public static void main(String[ ] args){
        int x = 10;
        float y = 2.1f;
            System.out.println("x/y="+(x/y));
```

```
        System. out. println("13/2.7="+(13/2.7));
        System. out. println("13/3="+(13/3));
    }
}
```

程序运行结果如图 2-3 所示。

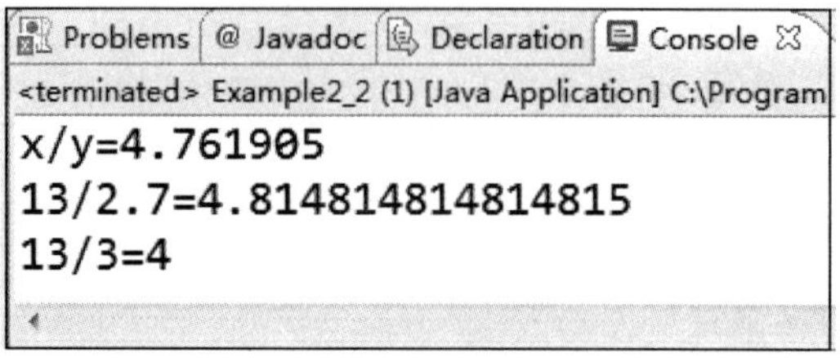

图 2-3

(2)强制类型转换

当两个整数进行运算时,其结果也是整数。例如,整数除法 13/3 的结果是 4,而不是
4.133 33……如果想得到小数结果,就必须进行数据类型的强制转换,其格式如下:

(转换的数据类型)变量名;

【例 2-3】 数据类型强制转换

```
public class Example2_3{
    public static void main(String[ ] args) {
        float x = 2. 1f;                              //定义浮点型变量
        int y = (int)x;                               //强制转换为 int 型
        System. out. println("y="+y);                 //输出转换后的值
        System. out. println("13/2.7="+(13/2.7));
        System. out. println("13/3="+((float)13/3));  //结果进行强制类型转换
    }
}
```

程序运行结果如图 2-4 所示。

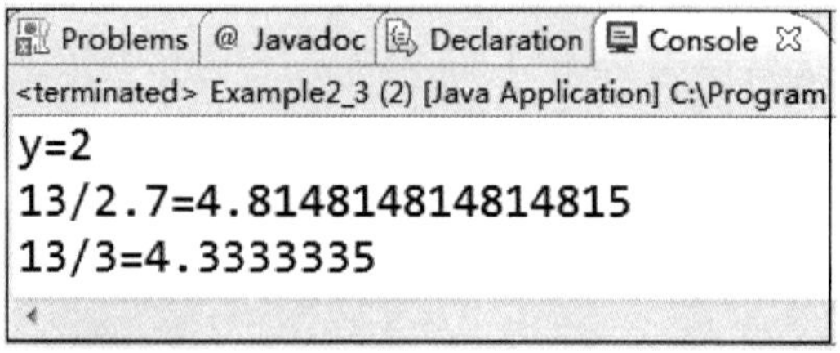

图 2-4

在例 2-3 程序中,将一个 float 型变量 x 的内容赋给了 int 型变量 y,因为 int 型变量的长
度小于 float 型变量的长度,因此要进行强制类型转换。只要在变量前面加上了要转换的数

据类型,运行时就应按当前行语句中的变量类型转换做处理,但并不影响原来定义的数据类型。

知识拓展

1. 方法的定义

方法定义包括方法声明和方法体两部分,语法格式如下:

```
[修饰符]返回值类型方法名(参数列表){
      … //方法体
    }
```

说明 （1）方法声明

方法声明包括修饰符、返回值类型、方法名和参数。方法的修饰符对访问权限进行了限定,可以是静态修饰符 static、最终修饰符 final 等。方法的返回值类型可以是 Java 语言任意的数据类型,通过 return 语句将值带回;当不需要返回的数据时,必须使用 void 定义无返回值类型。方法名遵守 Java 标识符命名规则,要合理合法。参数列表中的参数可以是 0 个,也可以是多个。多个参数需要用逗号进行分隔,参数类型可以是 Java 语言的任意数据类型。

（2）方法体

方法体是指大括号之间的部分,程序语句主要用于实现方法的功能。

【例 2-4】 输出图形程序示例

```
public class Example2_4 {
    public static void main(String[ ] args){
        showShape(3,3);    // 调用方法并传参
        showShape(2,7);
    }
    //输出由'☆'组成的矩阵图形
    public static void show Shape(int x, int y){
        for(int i = 1;i <= x;i++){
            for(int j = 1;j <= y;j++)
                System. out. print('☆');
                System. out. println();
        }
    }
}
```

程序运行结果如图 2-5 所示。

2. 方法重载

方法重载是指在一个类中定义多种同名的方法,但是每种方法都具有不同的参数类型或参数个数。

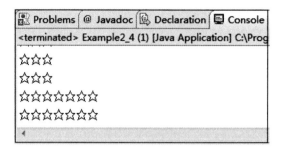

图 2-5

方法重载的特点：

①方法名相同；

②方法的参数不同，包含的参数类型不同、参数个数不同、参数顺序不同。

【**例 2-5**】　方法重载的使用示例

```
public class Example2_5 {
    public static void main(String[] args) {
        showShape(2, 2);  // 调用方法并传参
        showShape(3, 5, '◇');
    }
    // 输出矩阵图形
    public static void showShape(int x, int y) {
        for(int i = 1; i <= x; i++) {
            for(int j = 1; j <= y; j++)
                System.out.print('☆');
            System.out.println();
        }
    }
    // 输出矩阵图形
    public static void showShape(int x, int y, char c) {
        for(int i = 1; i <= x; i++) {
            for(int j = 1; j <= y; j++)
                System.out.print(c);
            System.out.println();
        }
    }
}
```

程序运行结果如图 2-6 所示。

图 2-6

任务实现

1. 任务分析

分析任务题目,可以得出以下信息:

①通过 Math.random( )产生随机数;

②需要 5 个变量:原数、逆序数、个位数、十位数、百位数;

③通过数学运算,分别获得个位数、十位数、百位数;

④计算得出逆序数。

2. 任务编码

通过分析可以编写下列代码以任务实现功能:

```
public classTask2_1{
    public static void main(String[ ] args){
        int x,y,a,b,c;
        x =(int)(Math.random() * 1000);  //产生一个 1000 以内的 3 位数
        a = x%10;          //个位
        b = x/10%10;       //十位
        c = x/100%10;      //百位
        y = a * 100+b * 10+c;
        System.out.println("原来的数 x ="+x);
        System.out.println("a ="+a);
        System.out.println("b ="+b);
        System.out.println("c ="+c);
        System.out.println("逆序数 y ="+y);
    }
}
```

3. 运行结果

程序运行结果如图 2-7 所示。

任务 2.1 微视频

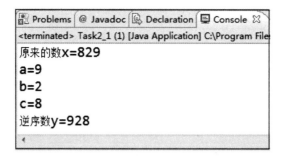

图 2-7

能力提升

一、选择题

1. 下列标识符中,不合法的是(　　　　)。

A. Main　　　　　B. $ abc　　　　　C. public　　　　　D. _123

2. 下列选项中,属于单精度型常量的是(　　　　)。

A. 600　　　　　B. 20.00　　　　　C. false　　　　　D. 7.0f

3. 表达式 17%3 的运算结果是(　　　　)。

A. 1　　　　　B. 2　　　　　C. 5　　　　　D. 7

4. System. out. println(″Welcome″+1+7);正确的输出结果是(　　　　)。

A. Welcome17　　B. Welcome8　　C. Welcome1　　D. 代码错误,无运行结果

5. 下列程序的运行结果是(　　　　)。

```
public class Ex1{
    public static void main(String[ ] args) {
        int x=0,y=0;
        boolean b=x==0||y++<0;
        System. out. println(″b=″+b+″, y=″+y);
    }
}
```

A. b=false, y=0　　B. b=false, y=1　　C. b=true, y=0　　D. b=true, y=1

二、编写程序

给出一个四位数的整型变量,编程获取这个四位数的每个数字并输出,如四位数 3567,输出结果如下:

个位数为 3

十位数为 5

百位数为 6

千位数为 7

学习评价

班级		学号		姓名	
任务 2.1 熟悉 Java 语言基本语法				课程性质	理实一体化

知识评价(30 分)

序号	知识考核点	分值	得分
1	标识符命名规则	10	
2	数据类型	5	
3	运算符的使用	10	
4	强制类型转换	5	

任务评价(60 分)

序号	任务考核点	分值	得分
1	项目案例设计思路	10	
2	项目源文件创建	10	
3	程序查错、修改及正确运行	30	
4	团队成员协调合作	10	

思政评价(10 分)

序号	思政考核点	分值	得分
1	思政内容的认识与领悟	5	
2	思政精神融于任务的体现	5	

违纪扣分(20 分)

序号	违纪考查点	分值	扣分
1	上课迟到早退	5	
2	上课打游戏	5	
3	上课玩手机	5	
4	其他扰乱课堂秩序的行为	5	
综合评价		综合得分	

任务 2.2　实现选择结构

学习目标

【知识目标】

1. 了解 Java 单选择结构；
2. 掌握双选择结构和多选择结构。

【任务目标】

1. 能够正确运用 if、if...else 和 switch case 语句；
2. 正确编写任务程序。

【素质目标】

1. 具有责任意识；
2. 养成严谨的工作作风。

任务描述

输入学生成绩（百分制）并打印出相应的等级。成绩<60，打印"不合格"；成绩 60~69，打印"合格"；成绩 70~79，打印"中等"；成绩 80~89，打印"良好"；成绩 90~100，打印"优秀"；否则打印"请输入正确的成绩"。

预备知识

语句是最基本的程序单位，所以运行语句的过程就是程序运行的过程。在程序设计中有三种最基本的结构：顺序结构、选择结构和循环结构。这三种结构有一个共同点：它们只有一个入口和一个出口。单一的入口、出口使程序可读性强、易维护、缩短了调试时间。

（1）顺序结构

顺序结构是程序设计中最常用的基本结构，计算机会按照程序自上而下逐条运行，即一条语句运行完之后继续运行下一条语句，直到程序结束。

（2）选择结构

选择结构通过判断条件是否满足要求来控制程序的运行流程。计算机按照项目程序的要求来运行任务。

（3）循环结构

循环结构根据判断条件的成立与否决定程序的运行次数，这个程序段通常称为循环体。

1. if 语句

选择结构包括 if、if... else 及 switch 语句。程序中有了选择结构,就好比程序走到了"十字路口"一样,根据不同的选择,程序会有不同的运行结果。

if 选择结构是根据条件判断之后再做处理的一种语法结构。if 语法格式如下:

```
if(条件){
    语句 1;
    …
    语句 n;
}
```

选择结构微视频

其中,if 后小括号里的条件必须是一个布尔型表达式,即表达式的值必须为 true 或 false。程序运行时先判断条件;当结果为 true 时,程序运行大括号里的语句;若 if 语句主体中只有一条语句时,则可省略左右大括号。if 语句(单选择结构)流程图如图 2-8 所示。

2. if... else 语句

当程序中存在含有选择的判断语句时,就可以用 if... else 语句处理。if... else 语法格式如下:

```
if(条件){
    语句 1;
}else{
    语句 2;
}
```

当判断条件为 true 时,运行语句 1,当判断条件为 false 时,运行语句 2。if... else 语句流程图如图 2-9 所示。

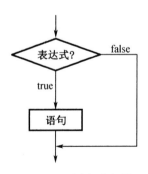

图 2-8　if 语句流程图

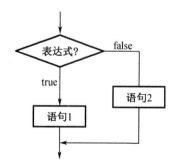

图 2-9　if... else 语句流程图

【例 2-6】　Java 成绩优秀有奖励:输入郝琪同学的成绩,如果成绩大于 90 分,奖励一个 U 盘;否则,继续加油。

```
import java.util.Scanner;
public class Example2_6 {
```

```java
public static void main(String[] args){
    Scanner in = new Scanner(System.in);
    System.out.println("请输入郝琪同学的 Java 考试成绩:");
    // 从控制台获取郝琪同学的成绩
    int score = in.nextInt();
    if(score >= 90){
        System.out.println("非常棒,奖励一个 U 盘!");
    }
    else{
        System.out.println("继续加油!");
    }
}
}
```

程序运行结果如图 2-10 所示。

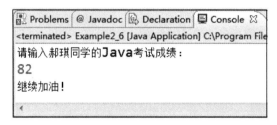

图 2-10

3. if...else if 语句

在 if...else 中判断多个条件时,就需要 if...else if 语句了,语法格式如下:

```java
if(表达式 1){
    语句 1;
}else if(表达式 2){
    语句 2;
}
...
else if(表达式 n){
    语句 n;
}else{
    语句 n+1;
}
```

if...else if 语句对多种情况做出判断并进行处理。注意 if 与 else 的匹配:else 总是与它前面最近的未配对的 if 进行配对。if...else if 语句(多选择结构)流程图如图 2-11 所示。

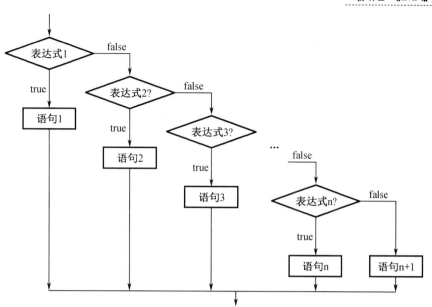

图 2-11 if...else if 语句流程图

学习 Java 语言选择结构。同学们在生活中会面临各种选择,一定要在国家法律和道德允许的范围内做出正确的选择。树立正确的世界观、人生观和价值观,透过现象看本质,面对选择时全盘分析、慎重选择,对自己的任何决定负责。当前,同学们要学好专业知识,加强职业修养,树立良好的理想信念,将来为祖国的建设贡献一份力量!

4. switch 语句

在许多选择条件中找到并运行其中一个符合判断条件的语句时,除了可以使用 if…else if 语句外,还可以使用 switch 语句。switch 语句可以将多分支语句简化,使程序简洁易懂。switch 语句语法格式如下:

```
switch(表达式){
      case  常量表达式 1:  语句 1  break;
      case  常量表达式 2:  语句 2  break;
      …
      case  常量表达式 n:  语句 n  break;
      [default: 语句 n+1];
}
```

说明 switch 语句首先计算表达式的值:如果该值与常量表达式 1 相同,则运行语句 1,运行 break 语句,跳出 switch 语句运行后面的语句;如果该值与常量表达式 1 不相同,则与常量表达式 2 进行比较,以此类推;如果该值与所有常量值都不相同,若有 default 子句,则运行 default 中的语句,若没有 default 子句,则程序不做任何操作,直接跳出 switch 语句。

switch 语句可以替换多个 if 条件语句,通常情况下,采用 switch 语句运行效率比较高。switch 语句流程图如图 2-12 所示。

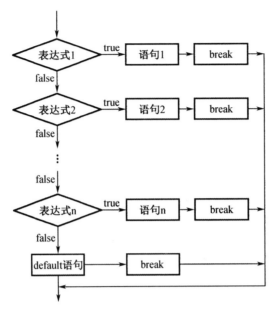

图 2-12　switch 语句流程图

温馨提示

switch 语句需要注意的问题:

· switch 括号中表达式类型只能是字节型、字符型、短整数型或整数型;

· case 后面是整数、字符或常量表达式;

· default 语句可有可无。

【例 2-7】　验证 switch 语句的作用。

```java
public class Example2_7 {
    public static void main(String[] args) {
        int x = 7;
        int y = 2;
        char operater = '%';
        switch(operater) {
            case '+': System.out.println("x="+x+" y="+y+" x+y="+(x+y)); break;
            case '-': System.out.println("x="+x+" y="+y+" x-y="+(x-y)); break;
            case '*': System.out.println("x="+x+" y="+y+" x * y="+(x * y)); break;
            case '/': System.out.println("x="+x+" y="+y+" x/y="+(x/y)); break;
            case '%': System.out.println("x="+x+" y="+y+" x%y="+(x%y)); break;
            default: System.out.println("未知的操作!");
        }
    }
}
```

程序运行结果如图 2-13 所示。

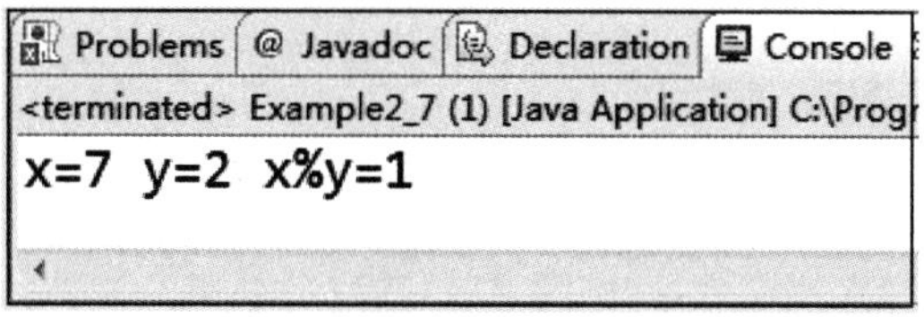

图 2-13

知识拓展

【例 2-8】　比较三个数，输出最大值。

```
import java.util.Scanner;
public class Example2_8{
    public static void main(String[] args){
    Scanner in = new Scanner(System.in);
    int a,b,c;
    System.out.println("请输入整数 a:");
    a = in.nextInt();
    System.out.println("请输入整数 b:");
    b = in.nextInt();
    System.out.println("请输入整数 c:");
    c = in.nextInt();
    if(a>b){
        if(a>c){
            System.out.println("最大值:"+a);
        }
        else{
            System.out.println("最大值:"+c);
            }
        }
    else{
        if(b>c){
            System.out.println("最大值:"+b);
        }
        else{
            System.out.println("最大值:"+c);
            }
        }
    }
}
```

程序运行结果如图 2-14 所示。

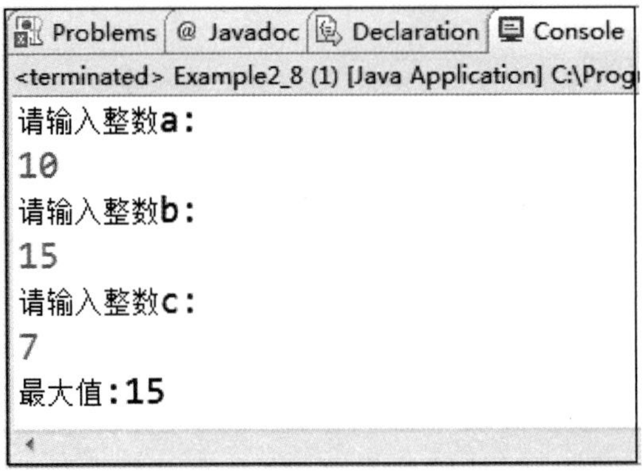

图 2-14

【例 2-9】　根据输入月份输出相应的季节。

```
import java.util.Scanner;
public class Example2_9 {
    public static void main(String[] args) {
        Scanner in = new Scanner(System.in);
        int month;
        System.out.println("请输入月份:");
        month = in.nextInt();
        switch(month) {
        case 1:
        case 2:
        case 3: System.out.println("春季"); break;
        case 4:
        case 5:
        case 6: System.out.println("夏季"); break;
        case 7:
        case 8:
        case 9: System.out.println("秋季"); break;
        case 10:
        case 11:
        case 12: System.out.println("冬季"); break;
        default: System.out.println("输入的月份有错误!");
        }
    }
}
```

程序运行结果如图 2-15 所示。

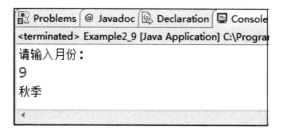

图 2-15

任务实现

任务 2.2 微课视频

1. 任务分析

分析任务题目,可以得出以下信息:

①输入成绩;

②根据成绩进行判断,采用多分支结构;

③输出结果。

2. 任务编码

通过分析可以编写下列代码以任务实现功能:

```java
import java.util.Scanner;
public classTask2_2{
    public static void main(String[] args){
    Scanner in = new Scanner(System.in);
    int x;
    String str;
    System.out.println("请输入成绩:");
    x = in.nextInt();
    switch(x/10){
      case 1:
      case 2:
      case 3:
      case 4:
      case 5:
        str="不合格"; break;
      case 6:
        str="合格"; break;
      case 7:
        str="中等"; break;
      case 8:
        str="良好"; break;
      case 9:
      case 10:
```

```
                str="优秀"; break;
            default:
                str="输入有误"; break;
        }
        if(str=="输入有误"){
            System. out. println("请输入正确的成绩!");
            }
        else{
            System. out. println("成绩的等级:"+str);}
    }
}
```

3. 运行结果

程序运行结果如图 2-16 所示。

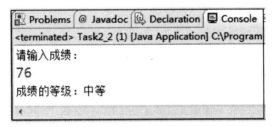

图 2-16

能力提升

一、填空题

1. 选择结构分为＿＿＿＿＿、＿＿＿＿＿和＿＿＿＿＿三种。

2. switch 语句中 default 子句是＿＿＿＿＿。（填"必须的"或"任选的"）

3. 下列程序的运行结果＿＿＿＿＿。

```
public class Ex1{
    public static void main(String[ ] args){
        int max=0;
        int x=3;
        int y=7;
        max=x>y?x: y;
        System. out. println("最大值为:"+max);
    }
}
```

二、编写程序

1. 输入一个整数,判断它是奇数还是偶数。

2.某电信公司设计一款手机话费套餐,要求:从控制台读入用户的本月国内通话时长、短信条数和数据流量,计算用户本月的应缴话费。

套餐类型	国内基本通话时长	超出部分收费	免费短信包	超出部分收费	国内数据流量	超出部分收费	套餐价格
A 套餐	200 分钟	0.15 元/分钟	100 条	0.1 元/条	20 GB	1 元/GB	29 元/月

学习评价

班级		学号		姓名	
任务 2.2 实现选择结构			课程性质	理实一体化	

知识评价(30分)

序号	知识考核点	分值	得分
1	程序设计结构	5	
2	双分支语句	10	
3	多分支语句	10	
4	选择结构程序流程图	5	

任务评价(60分)

序号	任务考核点	分值	得分
1	选择程序编写程序代码	10	
2	正确使用输入/输出函数	20	
3	程序查错纠正	20	
4	测试程序	10	

思政评价(10分)

序号	思政考核点	分值	得分
1	思政内容的认识与领悟	5	
2	思政精神融于任务的体现	5	

违纪扣分(20分)

序号	违纪考查点	分值	扣分
1	上课迟到早退	5	
2	上课打游戏	5	
3	上课玩手机	5	
4	其他扰乱课堂秩序的行为	5	
综合评价		综合得分	

任务 2.3   实现循环结构

学习目标

【知识目标】

1. 掌握 while、do...while 语句的语法格式；
2. 掌握 for 循环的语法格式。

【任务目标】

1. 能够正确运用 while、do...while、for 循环语句；
2. 能够正确编写任务程序。

【素质目标】

1. 具有坚持不懈的精神；
2. 具有多角度、多方法思考问题与解决问题的能力。

任务描述

猜字游戏：游戏运行时产生随机数，用户从控制台上输入一个数字，若该数字比产生的数字大，则输出"大了点，稍微小点！"；若该数字比产生的数字小，则输出"小了点，稍微大点！"；若该数字与产生的数字相等，则输入"聪明，恭喜您猜对了！"退出程序；如果用户猜了 5 次还未猜对，则输入"游戏结束，下次再来吧！"退出程序。

预备知识

1. 循环结构

事物周而复始地运动或变化称为循环，多次重复运行同一操作的结构称为循环结构。循环结构是程序中非常重要的一种结构，满足给定的条件，反复运行某段代码程序，直到条件不成立时为止。给定的条件称为循环条件，反复运行的程序代码称为循环体。运行循环结构程序时，运行若干次循环体后，满足终止循环条件，则结束循环程序；否则无限次地运行下去，会造成死循环，死循环无任何意义。

循环结构微视频

循环结构一般包括以下几个部分：

①初始化部分：循环前的准备工作，如设置循环变量的初始值、循环体中相关变量的初始值。

②条件部分：通过判断该条件返回的值是真或假来判断是否要运行循环。

③循环部分：又称循环体，指被反复运行的程序代码段。

④迭代部分:通过改变循环计数器(如进行加 1 或减 1 操作等)的值,来改变循环控制条件。

Java 语言常用的循环语句有 while 循环语句、do…while 循环语句和 for 循环语句。循环分为两类:确定性循环和不确定性循环。前者能确定循环结构的运行次数,后者不能确定循环结构的运行次数。其中,for 属于确定性循环,while 和 do…while 属于不确定性循环。

2. while 循环语句

while 循环属于“当”型循环,即先判断循环条件,如果条件成立,则运行循环体;如果循环条件不成立,则结束循环。while 语句流程图如图 2-17 所示。while 语法格式如下:

```
while(条件表达式){
    循环体;
}
```

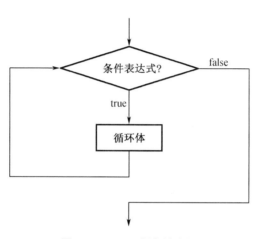

图 2-17　while 语句流程图

说明　while 循环首先判断条件表达式的值:若为 false,不运行循环体,直接运行大括号之后的语句;若为 true,运行大括号内的循环体。当循环体语句运行完后,又回到前面的 while 开始处,再次检查条件表达式的值,反复操作,直到条件表达式的值为 false,结束循环操作。

【例 2-10】　使用 while 循环语句,计算 1 到 50 之间所有奇数的和。

```java
public class Example2_10 {
    public static void main(String[] args) {
        int sum = 0;
        int i = 1;
        while(i<50) {
            sum+=i;
            i+=2;
        }
        System.out.println("1 到 50 之间所有奇数的和:"+sum);
    }
}
```

程序运行结果如图 2-18 所示。

图 2-18

3. do...while 循环语句

do...while 循环属于直到型循环,即先运行循环体,然后判断表达式的值:如果表达式的值为真,则运行循环体;如果表达式的值为假,则结束循环。do...while 语句流程图如图 2-19 所示。do...while 语法格式如下:

```
do{
    循环体;
}while(条件表达式);
```

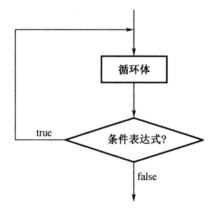

图 2-19   do...while 语句流程图

说明   do...while 先运行循环体,然后判断循环条件表达式的值:若为 false,结束循环,运行 while 后面的语句;若为 true,重复运行循环体,直至循环条件表达式值为 false,结束 do...while 循环。

while 语句和 do...while 语句的区别   while 循环条件出现在循环体之前,如果循环条件为假,那么循环体一次也不运行。而在 do...while 语句中,循环条件出现在循环体之后,先运行循环体,再进行循环条件判定,无论循环条件是真还是假,循环体都至少运行一次。

> 循环结构的原理是满足循环条件就重复运行循环体语句,强调循环即重复,类似于生活中坚持不懈的精神。同学们每天重复学习生活,在学习中要善于思考和总结,坚持不懈,持之以恒,克服学习生活中所遇到的困难,才能成为一名优秀的学生!

【例 2-11】 使用 do…while 循环语句,计算 1 到 50 之间所有奇数的和。

```
public class Example2_11 {
    public static void main(String[] args) {
        int sum = 0;
        int i = 1;
        do {
            sum += i;
            i += 2;
        } while(i<50);
        System.out.println("1 到 50 之间所有奇数的和:"+sum);
    }
}
```

程序运行结果如图 2-20 所示。

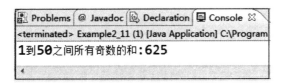

图 2-20

4. for 循环语句

for 语句是 Java 语言中最常用的循环语句,使用灵活,适合于计数型循环,属于确定型循环。for 循环语句语句格式如下:

```
for(初值表达式; 条件表达式; 增减量表达式) {
    循环体;
}
```

说明 初值表达式是循环结构的初始部分,可以并列多个表达式,用逗号分隔;条件表达式是循环结束的条件,它可以是常量、变量、关系表达式或逻辑表达式;增减量表达式是循环结构的迭代部分,通常用来修改循环变量的值。for 语句先运行初值表达式,接着运行条件表达式,如果条件表达式为真,运行循环体,然后运行增减量表达式返回条件表达式。如果条件表达式的值为真,继续运行循环,直到条件表达式的值为假,结束 for 循环。for 语句流程图如图 2-21 所示。

【例 2-12】 使用 for 循环语句,计算 1 到 50 之间所有奇数的和。

```
public class Example2_12 {
    public static void main(String[] args) {
        int sum = 0;
        int i;
        for(i=1; i<50; i+=2) {
            sum += i;
```

```
        }
        System. out. println("1 到 50 之间所有奇数的和: "+sum);
    }
}
```

程序运行结果如图 2-22 所示。

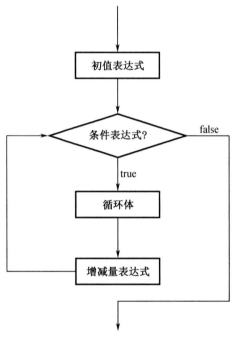

图 2-21   **for 语句流程图**

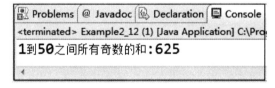

图 2-22

5. break 语句

有些时候,程序在某种条件出现时需要强行终止循环,并不是一定要等到循环条件表达式值为假时才退出循环,使用 break 语句可实现这一功能。在循环体中一旦遇到 break 语句,将完全结束循环,跳出循环体,运行循环之后的程序代码。

【例 2-13】   使用 break 语句,实现程序遇到数字 3 时即退出循环。

```
public class Example2_13 {
    public static void main(String[] args) {
        int i;
        for(i = 1; i<10; i++) {
            System. out. println("i 的值是: "+i);
```

```
            if(i==3){
                System.out.println("退出循环");
                break;
            }
        }
    }
}
```

程序运行结果如图 2-23 所示。

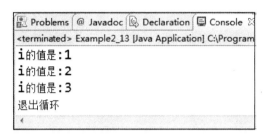

图 2-23

break 语句不仅可以用在 for、while 和 do...while 循环语句中,也可以用在 switch 多分支语句中;break 语句有时与 if 条件语句一起使用。

6. continue 语句

continue 语句与 break 语句的功能有些类似:continue 终止本次循环,本次循环余下的语句不运行,重新开始下一轮新的循环;而 break 语句则完全终止循环本身,退出循环。

【例 2-14】　使用 continue 语句,依次输出 1 到 10 之间除了 5 之外的所有值。

```
public class Example2_14 {
    public static void main(String[] args) {
        int i;
        for(i=1;i<=10;i++){
            if(i==5){
                continue;
            }
            System.out.print(i+" ");
        }
    }
}
```

程序运行结果如图 2-24 所示。

continue 语句只能用在循环结构中,可以在 while、do...while 和 for 循环语句中使用。在 while 循环中,continue 运行完毕,程序直接判断循环条件;在 for 循环中,continue 先跳到增减量表达式,然后判断循环条件,如果条件表达式值为真,继续下一次循环,否则终止循环。

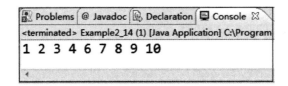

图 2-24

7. 循环嵌套

如果一个循环语句中含另一个循环语句,称为循环嵌套,又称为多重循环。循环嵌套有 for 语句循环嵌套、while 语句循环嵌套和混合嵌套。当程序运行循环嵌套时,首先判断外循环的循环条件,如果条件表达式值为真,开始运行外层循环的循环体,此时内层循环作为外层循环的循环体;当内层循环运行结束时,再判断外层循环的循环条件,决定是否再次运行外层循环。

【例 2-15】 输出 5 行 5 列的"◆"图形矩阵。

```java
public class Example2_15{
    public static void main(String[ ] args) {
        int i, j;
        for(i=0; i<5; i++) {
            for(j=0; j<5; j++) {
                System. out. print("◆");
            }
            System. out. println( );
        }
    }
}
```

程序运行结果如图 2-25 所示。

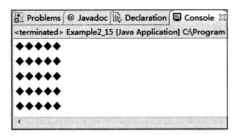

图 2-25

知识拓展

【例 2-16】 计算 n 的阶乘(n!)

```java
import java. util. Scanner;
public class Example2_16{
```

```
public static void main(String args[]) {
    System.out.println("请输入一个整数:");
    Scanner sc = new Scanner(System.in);
    int n = sc.nextInt();
    System.out.println(n+"! ="+jr(n));
}
    public static int jr(int n) {
        if(n == 1) {
            return 1;
        }
        return n * jr(n-1);
    }
}
```

程序运行结果如图 2-26 所示。

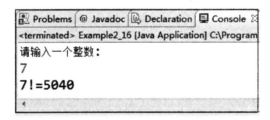

图 2-26

【例 2-17】　求出十位数与个位数相同的所有 3 位数的素数。

```
public class Example2_17{
    public static void main(String[] args) {
        int n = 0, c = 1;
        for(int i = 1; i <= 9; i++)
            //外层循环,提供百位上的数字
            Lp2: for(int j = 0; j <= 9; j++)  //中层循环,提供十位上的数
            {
                n = 100 * i + 10 * j + j;  //算出十位与个位相同的整数
                for(int k = 2; k < n; k++)
                    //内层循环,判断 n 是否为素数
                    if(n % k == 0)
                        continue Lp2;  //n 不是素数,跳转到中层循环的下一次
                System.out.print(" " + n);  //输出满足要求的素数
                if(c++ % 5 == 0)  //每行打印 5 个数
                    System.out.println();
            }
    }
}
```

程序运行结果如图 2-27 所示。

```
Problems  @ Javadoc  Declaration  Console
<terminated> Example2_17 (1) [Java Application] C:\Prog
199  211  233  277  311
433  499  577  599  677
733  811  877  911  977
```

图 2-27

任务实现

任务 2.3 微视频

1. 任务分析

分析任务题目,可以得出以下信息:

①产生的随机数;

②用户猜的数值;

③用户猜的次数。

2. 任务编码

通过分析可以编写下列代码以任务实现功能:

```java
import java. util. Scanner;
public classTask2_3{
    public static void main(String[ ] args){
        int num=(int)(Math. random() * 100); //随机产生 0 到 100 的整数
        int n=0;  //用户猜的次数
            int guessNum=-1;  //猜的数字初值为-1
            Scanner scan=new Scanner(System. in);
            do{
                System. out. println("您还有:"+(5-n)+"次机会,请输入您猜的数字:");
                guessNum=scan. nextInt();
                if(guessNum<num){
                System. out. println("小了点,稍微大点!");
                }else if(guessNum>num){
                    System. out. println("大了点,稍微小点!");
                }else{
                    System. out. println("聪明,恭喜您猜对了!");
                    break;
                }
                n++;
            }while(n<5);
            if(n>=5){
            System. out. println("游戏结束,下次再来吧!");
```

```
            }
        }
    }
```

3. 运行结果

程序运行结果如图 2-28 所示。

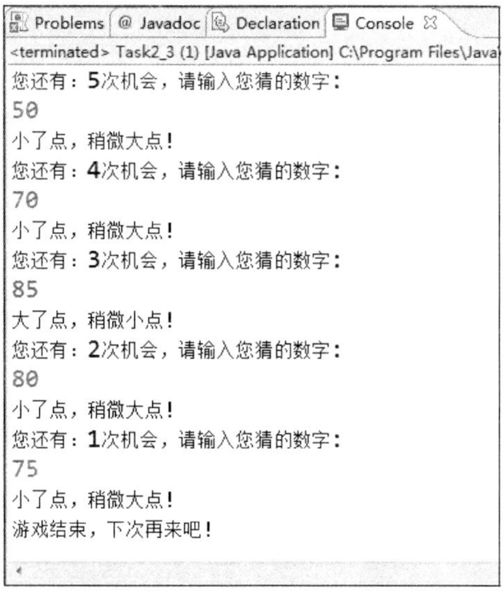

图 2-28

能力提升

一、填空题

1. 常用的循环语句有_____、_____和_____。

2. _____循环语句能确定循环结构的运行次数，_____循环语句不能确定循环结构的运行次数。

3. 下列程序的运行结果_____。

```java
public class Ex2{
    public static void main(String[] args) {
        for(int i=10; i<15; i++) {
            if(i==12) {
                continue;
            }
        System. out. print("i="+i+" ");
        }
    }
}
```

二、编写程序

1. 输出 100 以内的素数。

2. 打印九九乘法表。

学习评价

班级		学号		姓名	
任务 2.3　实现循环结构				课程性质	理实一体化
知识评价（30 分）					
序号	知识考核点			分值	得分
1	while、do...while 语句的用法与区别			15	
2	for 语句的用法			5	
3	continue、break 语句的用法			5	
4	循环嵌套			5	
任务评价（60 分）					
序号	任务考核点			分值	得分
1	循环结构编写程序代码			10	
2	三种循环结构间的变通			10	
3	解决死循环问题			5	
4	程序检查、纠正			20	
5	测试程序			15	
思政评价（10 分）					
序号	思政考核点			分值	得分
1	思政内容的认识与领悟			5	
2	思政精神融于任务的体现			5	
违纪扣分（20 分）					
序号	违纪考查点			分值	扣分
1	上课迟到早退			5	
2	上课打游戏			5	
3	上课玩手机			5	
4	其他扰乱课堂秩序的行为			5	
综合评价				综合得分	

任务 2.4　数组定义及应用

学习目标

【知识目标】

1.理解数组的存储特点；
2.掌握数组的定义及用法。

【任务目标】

1.能够根据数组的特点正确运用数组；
2.能够正确编写任务程序。

【素质目标】

1.具有民族自信心与自豪感；
2.具有善于学习和总结的能力，以及分析问题、解决问题的能力。

任务描述

在购物平台订购那记熟食，购买前都要先查找自己想要的食品，查看食品的详细信息，通常通过食品的名称进行查找。食品查询程序主要模拟食品的查找功能，系统根据输入的食品名称将相应的食品详细信息展示给客户。

预备知识

在实际应用中，有时需要处理数量大且数据类型相同的数据，Java 语言使用数组解决上述问题。所谓数组是指具有相同数据类型的数据按顺序存储在一起的有序集合。数组属于引用数据类型，所以必须实例化后才能使用。数据一般分为一维数组和二维数组。

1.一维数组

（1）一维数组的定义

Java 语言支持两种格式定义一维数组：

数据类型[ ]　数组名；
数据类型　数组名[ ]；

说明　数据类型可以是 Java 语言中的任意数据类型，数组名要符合标识符的命名规则，[ ]代表此数组是一维数组，[ ]没有指定数组长度，所以不能访问数组中的任何一个元素。

例如：

```
int[] a;                // int 数组
double   b[] ;          // double 数组
float[]    c;           // float 数组
```

Java 定义数组时，不能指定数组长度，而在 C 语言中是允许的.

```
int   array[100];       // Java 这样定义数组是非法的
```

（2）一维数组初始化

一维数组初始化分为静态初始化和动态初始化两种。

①静态初始化

静态初始化是指在初始化时直接显示数组中每个元素的初值，语法格式如下：

数据类型　数组名[] = {初值 1,初值 2,…,初值 n};

大括号内的初值依次指定给数组的第 1,2,…,n 个元素，在声明时，不需要将数组元素的个数列出，编译器根据给出的初值个数来确定数组的长度。

例如，int grade[] = {81,70,73,66,75};

声明了一个整型数组 grade，虽然没有指明数组长度，但是根据初值的个数，编译器会依次指定给数组元素存取，grade[0]为 81,…,grade[4]为 75。

②动态初始化

动态初始化是指在初始化时先指明数组长度，再为数组中的元素赋初值。语法格式如下：

数组名=new 数据类型[长度];

声明一个变量为某一数据类型的数组变量时，并没有为它分配用以存放数组元素的内存空间，也没有为数组分配元素。通常为数组分配空间，用 new 操作符。

例如，为数组 a 分配一个长度为 5 的数组：

a=new int[5];

当数组创建完毕后就可以对数组元素进行数据存取访问：给数组元素赋值或从数组元素中读取数据值。

【例 2-18】　一维数组的定义及初始化。

```java
public class Example2_18{
    public static void main(String[] args){
        int a[] = {67,57,95,61,63,76};
        for(int i = 0;i <a.length;i++){
            System.out.println("a["+i+"] ="+a[i]);
        }
    }
}
```

程序运行结果如图 2-29 所示。

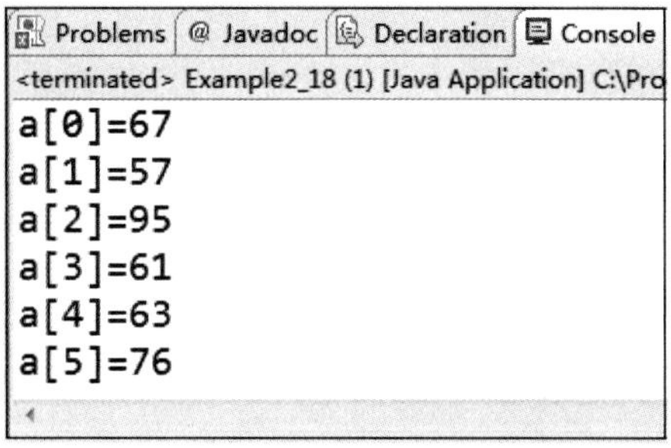

图 2-29

（3）一维数组的应用

前面已经介绍了一维数组的定义、初始化，下面通过一个范例讲解一维数组的应用。

【例 2-19】 输入 3 门课的成绩，将成绩求和输出。

```java
import java. util. Scanner;
public class Example2_19{
    public static void main(String[ ] args) {
        Scanner s = new Scanner(System. in);
        int score[ ]  = new int[3];
        String[ ] name = {"Java","C++","Python"};
        for(int i  =  0; i < score. length; i++) {
            System. out. println("输入"+name[i]+"成绩:");
            score[i] = s. nextInt();
        }
        int sum = 0;
        for(int i  =  0; i < score. length; i++) {
            sum+ = score[i];
        }
        System. out. println("总成绩:"+sum);
    }
}
```

程序运行结果如图 2-30 所示。

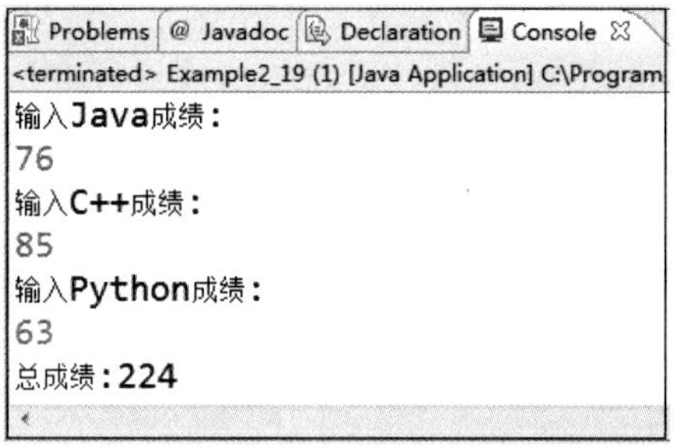

图 2-30

2. 二维数组

(1)二维数组的定义

以二维数组为例讲解多维数组,二维数组的每个元素可以看作一个一维数组,因此二维数组是特殊的一维数组。

Java 语言支持两种格式定义二维数组:

数据类型　数组名[ ][ ];

或

数据类型[ ] [ ]　数组名;

说明　二维数组的定义与一维数组相似,数据类型可以是 Java 语言中的任意数据类型,数组名要符合标识符的命名规则,[ ] [ ]代表此数组是二维数组。

例如:

```
int a[ ] [ ] ;              // int 二维数组
float[ ] [ ] b;            // float 二维数组
```

(2)二维数组初始化

二维数组初始化也分为静态初始化和动态初始化两种。

①静态初始化

数据类型　数组名[ ] [ ] ={{第 0 行初值},{第 1 行初值},...,{第 n 行初值}};

注意,用户不需要定义数组长度,所以数组后面的中括号不必填入任何内容。大括号中还包含几组大括号,每组大括号内的初值依次指定给数组的第 1,2,…,n 行元素。

例如: int grade[ ] [ ] ={{81,70},{73,66,75},{67,90,63}};

声明了一个整型二维数组 grade, grade[0][0]为 81, grade[0][1]为 70, ..., grade[2][2]为 63。

②动态初始化

二维数组动态初始化与一维数组略有不同,主要分为两种情况:

A. 为每个元素直接分配空间

为二维数组中的每个元素分配内存空间,语法格式如下:

数组名[ ] [ ] =new 数据类型[行的个数][列的个数];   // 初始化格式

数组名[ ] [ ] =new int[3][4];   // 初始化举例,分配一个 3 行 4 列的二维数组

二维数组分配内存时,必须告诉编译器二维数组行与列的个数,当数组创建完毕后就可以对数组元素进行数据存取访问:给数组元素赋值或从数组元素中读取数据值。

B. 为每一维元素从高维开始分配空间

首先确定二维数组的行数,从高维开始为每一维分配内存空间,为每一行中的元素分配内存空间。语法格式如下:

数据类型[ ] [ ] 数组名;

数组名=new 数据类型[ ] [ ];

例如:

```
int[][]a;
int a[] [] =new int [2][]; //分配二维数组空间
a[0]=new int[3]; //分别为每行元素分配空间
a[1]=new int[4];
```

【例 2-20】 二维数组的定义及初始化。

```
public class Example2_20{
    public static void main(String args[] ){
        int a[][] ={{81,70},{73,66,75},{67,90}};
        for(int i=0;i<a.length;i++){
            for(int j = 0;j<a[i].length;j++){
                System.out.print(a[i][j]+"\t");
            }
            System.out.println(" ");
        }
    }
}
```

程序运行结果如图 2-31 所示。

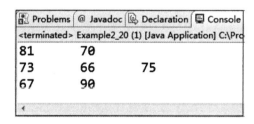

图 2-31

(3)二维数组的应用

前面已经介绍了二维数组的定义、初始化,下面通过一个范例讲解二维数组的应用。

【例 2-21】 数组应用:输出杨辉三角

```
public class Example2_21{
    public static void main(String[]args){
        int[] a = new int[11];
        int num = 1;
        for(int i = 1;i <= 10;i++){
            for(int j = 1;j <= i;j++){
                int c = a[j];
                a[j] = num + c;
                num = c;
                System.out.print(a[j]+ " ");
```

```
                }
            System. out. println( );
        }
    }
}
```

程序运行结果如图 2-32 所示。

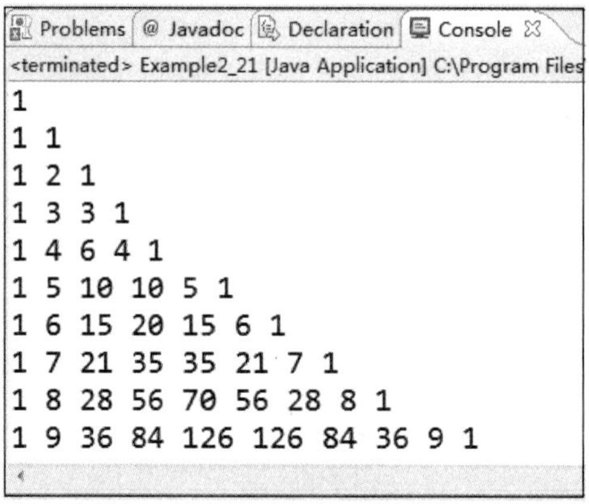

图 2-32

杨辉三角是二项式系数在三角形中的一种几何排列,最早在中国南宋数学家杨辉 1261 年所著的《详解九章算法》一书中出现。法国数学家帕斯卡(1623—1662)在 1654 年发现这一规律,所以杨辉三角又叫作帕斯卡三角形。帕斯卡的发现比杨辉要迟 393 年。杨辉三角是中国数学史上的一个伟大成就,同学们应了解并弘扬中华民族文化,培养学生增强民族自信、文化自信和教育自信。

知识拓展

【例 2-22】 输入 N 个学生的成绩,输出成绩的最高值和最低值。

```java
public class Example2_22{
    public static void main(String args[ ] ) {
        int score[ ] = {67, 89, 57, 94, 61, 63, 97, 85, 76, 72} ;
        int max = 0;
        int min = 0;
        max = min = score[0] ;
        for( int i = 0; i < score. length; i++) {
            if( score[i] > max) {
                max = score[i] ;
            }
            if( score[i] < min) {
                min = score[i] ;
```

```
                }
            }
            System. out. println("最高成绩:"+max);
            System. out. println("最低成绩:"+min);
    }
}
```

程序运行结果如图 2-33 所示。

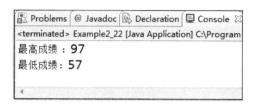

图 2-33

任务实现

1. 任务分析

分析任务题目,可以得出以下信息:

①创建 5 个一维数组,每个数组保存食品的名称、价格等信息;

②设计二维数组 food,保存每种食品的信息;

③初始化食品数组 food,添加数据;

④查询食品数组,浏览所有食品名称,与用户输入的食品名称进行对比,如果相同,将对应食品的所有信息显示出来。

任务 2.4 微视频

2. 任务编码

通过分析可以编写下列代码以任务实现功能:

```
import java. util. Scanner;
public class Task2_4{
    public static void main(String[] args){
        // 每个一维数组保存一条食品信息
        String[] f1 = { "猪手","32. 8 元／斤","那记招牌食品!" };
        String[] f2 = { "酱牛肉","66. 8 元／斤","好吃,销量好!" };
        String[] f3 = { "肘子肉","32 元／斤","味美,物美价廉!" };
        String[] f4 = { "猪肚","27 元／斤","拌菜、下酒菜首选!"};
        String[] f5 = { "小鸡","20 元／只","搞活动,特价食品!"};
        //定义二维数组用来保存 5 条食品信息
        String[][] food = new String[5][] ;
        // 初始化二维数组,将食品信息存入
        food[0] = f1;
        food[1] = f2;
```

```
food[2] = f3;
food[3] = f4;
food[4] = f5;
System. out. print("请输入你要查询的食品名称:");
Scanner sc = new Scanner(System. in);
String nameSelect = sc. next();
sc. close();
// 根据商品名字查找信息
boolean success = false;
for(int i = 0; i < food. length; i++) {
    if(food[i][0]. equals(nameSelect)) {
        success = true;
        System. out. println("你要查看的食品具体信息为:");
        System. out. println("名称:" + food[i][0]);
        System. out. println("价格:" + food[i][1]);
        System. out. println("描述:" + food[i][2]);
    }
}
// 食品不存在提示信息
if(false == success) {
    System. out. println("你查找的食品不存在!");
}
}
}
```

3. 运行结果

程序运行结果如图 2-34 所示。

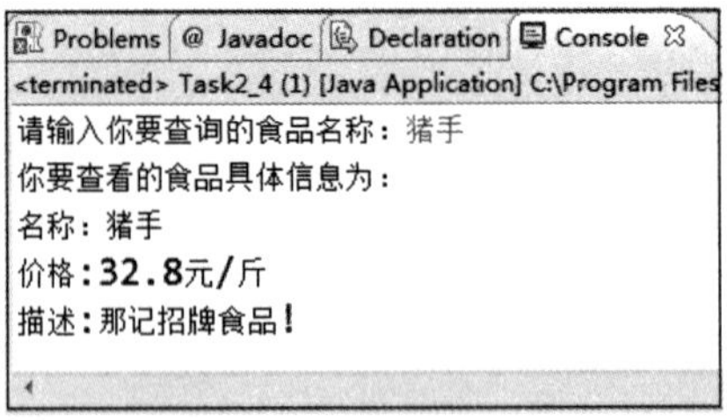

图 2-34

能力提升

一、选择题

1. 下列定义二维数组,格式错误的是(   )。

A. int[ ][ ] arr=new int[2][ ]　　　B. int[ ][ ] arr=new int[ ] [2]

C. int[ ][ ] arr=new int[2][3]　　　D. int[ ][ ] arr={{3,8,9},{6,2},{7}}

2. 若二维数组 int[ ][ ] arr＝{{1,2},{3,4,5,6},{7}},则 arr[1][2]的值为(　　)。

    A. 2　　　　　B. 4　　　　　C. 5　　　　　D. 7

二、编写程序

1. 输出学生的成绩,求平均分。

2. 定义一个3行5列的二维数组,赋初值,每个初值为行列下标值的和,输出数组中的每个元素值。

学习评价

班级		学号		姓名	
任务2.4　数组定义及应用				课程性质	理实一体化
知识评价(30分)					
序号	知识考核点			分值	得分
1	数组存储特点			5	
2	一维数组定义及使用			10	
3	二维数组定义及使用			15	
任务评价(60分)					
序号	任务考核点			分值	得分
1	使用数组编写程序代码			20	
2	程序检查、纠正			15	
3	测试程序			15	
4	团队协作			10	
思政评价(10分)					
序号	思政考核点			分值	得分
1	思政内容的认识与领悟			5	
2	思政精神融于任务的体现			5	
违纪扣分(20分)					
序号	违纪考查点			分值	扣分
1	上课迟到早退			5	
2	上课打游戏			5	
3	上课玩手机			5	
4	其他扰乱课堂秩序的行为			5	
综合评价				综合得分	

模块三　面向对象基础

【主要内容】

1. 面向对象程序设计的基本概念；
2. 类和对象；
3. 类的封装、继承、多态；
4. String 类、StringBuffer 类、Math 类、Date 类的使用。

任务 3.1　类和对象的定义及使用

学习目标

【知识目标】

1. 掌握类的定义和对象的创建；
2. 了解面向对象的基本概念。

【任务目标】

1. 掌握类的定义和对象的创建；
2. 能正确编写任务程序。

【素质目标】

1. 具有新时代的爱国主义精神；
2. 具有规范化、标准化的代码编写能力。

任务描述

在现实生活中，有时候家庭成员根据实际需要，会使用同一张银行卡进行存钱、取钱、查询余额等操作。以抗疫护士"高红"家为例编写程序，实现上述功能。

预备知识

面向对象程序设计是从客观存在的事物出发构造软件系统，强调以问题领域中的事物为中心，尽可能运用人类的自然思维方式来思考问题、认识问题，结合事物的本质特点，把它们抽象为某个对象,以这些对象为系统的基本构成单位。面向对象的基本思想是系统由各种具有自身功能和内部状态的对象组成,不同对象之间相互调用或对象之间合作实现系统功能。

1. 面向对象的三要素

(1)类

具有相同属性和行为的同一类对象的抽象称为类。类由属性和方法组成。属性是类中的具体信息,一个属性就是一个变量,而方法则是具体的行为。类是对象的模板,是抽象的,必须经过实例化才能使用。类是共性事物的集合,例如,在抗击疫情过程中,抗疫人员主要有医生、护士、警察、志愿者等。所有类都是用来描述对象结构的,以医生类为代表,医生具有姓名、性别、年龄、工作单位等共同属性特征,除了这些共同属性特征外,还具有共同的行为特征,如工作、休息、自我介绍等。

(2)对象

对象是类的实例化,是用来描述客观事物的一个具体实例。类是抽象的,而对象是具体的。生活中有许多类,如学生类、鸟类、花类等。学生类中,李亮是其中的一个对象;鸟类中,燕子是其中的一个对象;花类中,牡丹是其中的一个对象。对象由类产生,对象的行为由产生该对象的类决定,超出类的定义范围,对象就不能使用。例如,燕子是鸟类,它能使用飞、捕食的功能,但不能使用说话的功能。

温馨提示

　类是对象的模板,是抽象的,必须经过实例化,对象才能被使用。若对象是具体的,必须先定义类,才能够定义对象。

(3)继承

继承描述类与类之间的关系,有了继承关系,子类既可以继承父类的属性和方法,也可以从一个类中派生出多个子类,形成类的层次关系模型。继承不仅可以使软件重用变得简单、易行,还可以缩短软件的开发周期、降低成本。

2. 面向对象的特征

(1)封装性

封装性是将数据和对数据操作的方法定义在一个类中,对外部环境隐藏内部细节,是保护类的内部定义结构的一种安全机制。定义一个类以后,类的属性值只能在类的内部进行修改,以确保数据不被非法修改。类的封装性反映了事物的相对独立,用户只需要关心类能提供哪些功能,至于如何实现这些功能,则无须关注。例如,我们在使用计算机时,只需要关注计算机的主机有没有显示器接口、视频接口及鼠标键盘接口,而不需要关注这些接口是如何与 CPU、主板进行访问而实现通信功能的。类是封装的最基本单位,良好的封装性能够提高代码的安全性和可维护性。

(2)继承性

继承是指子类拥有父类的属性和行为,提供了一种明确表述共性的关系。子类对父类的属性和行为不必重新定义,自动拥有。子类的属性和行为也可以被它的子类继承,继承关系具有传递性。继承在代码维护过程中,既可以定义新的类,又可以继承已有的类,实现了对原有系统功能的扩充,提高了代码的可维护性。

(3)多态性

对象根据收到的消息产生行为,不同的对象对相同的消息可能产生不同的行为,称为多态。多态分为编译时多态和运行时多态。编译时多态通过方法重载实现。方法重载是指一个类中可以有多种方法,方法名称相同,但参数的个数或类型不同。运行时多态通过方法覆盖实现,方法覆盖也称方法覆盖,发生在父类和子类间,子类重新定义父类的方法,方法名称相同,但方法体不同。多态扩充了程序的功能,使程序更加灵活,提高了程序的可扩展性。

3. 面向对象的设计思路

进行面向对象的程序设计时,首先创建类,一般情况下采用项目需求中出现的名词定义类名;其次定义类的属性,用来描述事物状态的信息内容;最后定义类的功能,通常用动词描述类的行为。定义行为时,需要注意两个问题:一是是否接受类以外的数据;二是是否需要把结果告诉调用者。

4. 类定义和初始化

Java 中,类的定义通过关键字 class 来实现,它是组成 Java 程序的基本单位。类的定义语法如下:

```
[类修饰符]class 类名{
    数据类型    属性;
    …
    数据类型    方法名(参数 1,参数 2,…){
        程序语句;
    }
}
```

类定义微视频

说明   ①类的定义包括类的声明和类体,类体是大括号{}括起来的内容,包含类的属性和方法。

②类的修饰符有 public、private、protected 和默认共 4 个。public 表示类外可以进行访问,private 表示同一个包中的类或该类的子类可以进行访问,默认表示同一个包中的类之间可以进行访问。

③类单独定义,类名符合标识符命名规则,通常情况下,类名的第一个英文字母大写。

④类中属性的数据类型可以是任意数据类型,如 int、String 等,也可以是已定义类的类型。

⑤方法是提供功能,通常情况下,权限为 public。

温馨提示

类的修饰符可以是 public、private、protected、默认,在一个 Java 文件中,只允许有一个类的修饰符为 public。

例如,我们定义医生类的共同特征和行为,构建一个模型:

医生类特征:姓名、性别、年龄、工作单位

医生类的行为:工作、休息、自我介绍

```java
class Doctor{
    String name;
    String sex;
    int age;
    String workplace;
    public void work(){
        System. out. println(name+"在医治病人");
    }
    public void relax(){
        System. out. println(name+"在休息中");
    }
    public void tell(){
        System. out. println("大家好!"+"我叫"+name+","+sex+","+age+", 来自"+workplace+", 与大家同
心协力, 共同抗疫!");
    }
}
```

5. 对象定义与使用

类定义后,它成为引用类型的数据,用来定义变量、创建对象,在类的外部,类的成员不能直接使用,只有通过实例化对象才能够使用。

使用 new 关键字来创建对象,格式如下:

类名　对象名称=new 类名();

例如,创建 Student 类对象 s 的语句:

Student s=new Student();

创建对象后,通过引用变量或“.”号来访问对象成员。根据医生类,创建两个对象,并运行相关操作。

```java
class test{
    public static void main(String[ ] args){
        Doctor d1, d2;                    //定义对象指针
        d1=new Doctor();                  // 创建 Doctor 对象
        d2=new Doctor();                  // 创建 Doctor 对象
        d1. name="刘鑫强"; d1. sex="男"; d1. age=35; d1. workplace="葫芦岛市中心人民医院";
                //给医生 1 的属性赋值
        d2. name="白艳丽"; d2. sex="女"; d2. age=40; d2. workplace="葫芦岛市第二人民医院";
                //给医生 2 的属性赋值
        d1. work();  // 调用对象 d1 的 work 方法
```

```
        d1. relax( ); // 调用对象 d1 的 relax 方法
        d1. tell( ); // 调用对象 d1 的 tell 方法
        d2. tell( ); // 调用对象 d2 的 tell 方法
        }
}
```

> 抗击疫情期间,广大医护人员挺身而出来到抗疫一线,满怀热忱,无私奉献,弘扬新时代的爱国主义精神,承担时代赋予的重任,是最美逆行者。在新时代下,爱祖国、爱人民,承担社会责任是时代赋予大学生的神圣职责,要不断增强新时代责任感和使命感。

【例 3-1】 类和对象的使用

```
class Doctor{
    String name;
    String sex;
    int age;
    String workplace;
    public void work( ) {
        System. out. println( name+"在医治病人");
    }
    public void relax( ) {
        System. out. println( name+"在休息中");
    }
    public void tell( ) {
        System. out. println( "大家好!"+"我叫"+name+","+sex+","+age+", 来自"+workplace+", 与大家同
心协力,共同抗疫!");
    }
}
public class Example3_1{
  public static void main( String[ ] args) {
        Doctor d1, d2;                    //定义对象指针
        d1 = new Doctor( );               // 创建 Doctor 对象
        d1. name ="刘鑫强"; d1. sex ="男"; d1. age = 35; d1. workplace ="葫芦岛市中心人民医院";
//给医生 1 的属性赋值
        d1. work( ); // 调用对象 d1 的 work 方法
        d1. tell( ); // 调用对象 d1 的 tell 方法
    }
}
```

程序运行结果如图 3-1 所示。

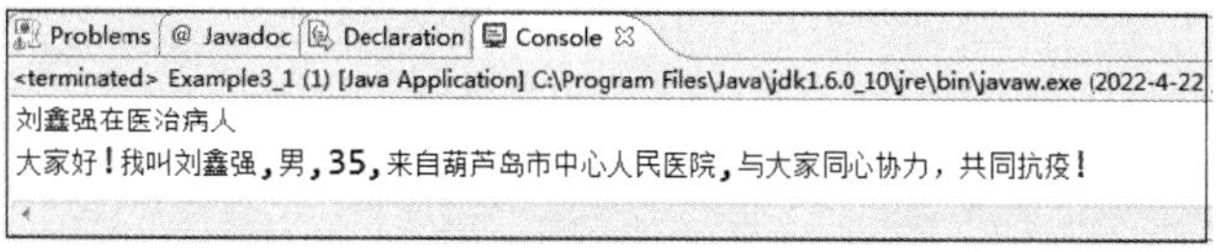

图 3-1

【例 3-2】 实例化多个对象

```java
class Nurse{
    String name;
    int age;
    public void work(){
        System.out.println(name+","+age+"岁,"+"正在护理病人");
    }
    public void relax(){
        System.out.println(name+","+age+"岁,"+"正在与家人通电话");
    }
    public void eat(){
        System.out.println(name+","+age+"岁,"+"正在吃饭");
    }
}
public class Example3_2{
public static void main(String[] args){
    Nurse n1=new Nurse();
    Nurse n2=new Nurse();
    Nurse n3=new Nurse();
    n1.name="刘玲"; n1.age=26;
    n2.name="王佳"; n2.age=45;
    n3.name="郝宁"; n3.age=37;
    n1.work();
    n2.relax();
    n3.eat();
    }
}
```

程序运行结果如图 3-2 所示。

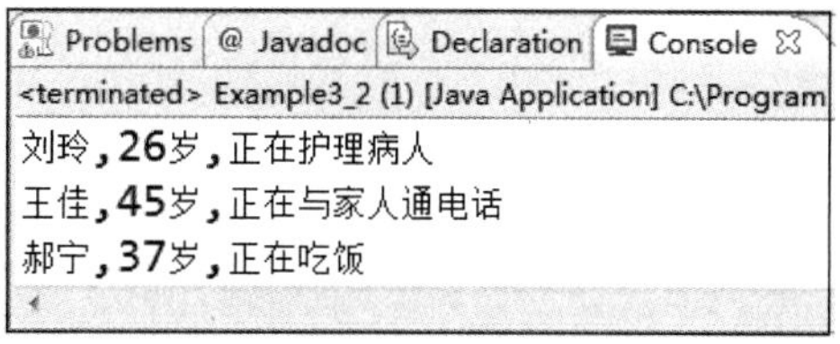

图 3-2

上面程序创建了 3 个对象,分别为 n1、n2、n3。程序分别为它们设置属性值和方法,实现了一个类中可以创建多个对象。

温馨提示

对象使用应注意:
- 对象必须先创建,后使用;
- 当对象没有任何变量引用时,不能被使用。

6. 构造方法

实例化对象后,如果需要设置对象中的属性值,必须通过直接访问对象的属性或 set 方法才能实现。如果在实例化对象的同时就可以为这个对象的属性赋值,则可以通过构造方法来实现。

(1)定义构造方法

构造方法是类中一种特殊的方法,构造方法名与类名相同且没有返回值,在方法中不能使用 return 返回一个值,但可以单独使用 return 语句来结束方法。构造方法定义格式:

```
class 类名{
        访问权限    类名(类型 1   参数 1,类型 2   参数 2,…){
        程序语句;
        …       //构造方法没有返回值
    }
}
```

构造方法是构造一个对象,并将对象初始化,构造方法具有以下几个特点:
①构造方法在 new 创建对象时自动生成并调用。
②构造方法的名称必须与类名保持一致,且不能用 void 声明。
③构造方法没有任何返回值类型的声明,不能使用 return 语句。
④每个类至少有一个构造方法,如果类中没有定义构造方法,系统会自动添加一个无参数且方法体为空的默认构造方法。如果定义了类的构造方法,系统不会提供默认的构造方法。

(2)构造方法的重载

Java 虚拟机根据参数的数量、类型来区别同名的不同方法。普通方法允许重载,构造方法也允许重载,在创建对象时通过调用不同的构造方法实现对象的初始化。

【例3-3】 构造方法的重载

```
class Police{
    private String name;
    private String post;
    public Police(){
        System. out. println("调用的是 Police 类无参数的构造方法. ");
    }
}
```

```
public Police(String n, String p) {
    name = n;
    post = p;
    System. out. println("调用的是 Police 类有 2 个参数的构造方法.");
}
public void setName(String n) {
    name = n;
}
public void setPost(String p) {
    post = p;
}
public String getName() {
    return name;
}
public String getPost() {
    return post;
}
}
public class Example3_3{
public static void main(String[ ] args) {
    Police p1 = new Police();
    Police p2 = new Police("刘洋","一级警司");
    System. out. println("姓名:"+p2. getName()+",职务:"+p2. getPost());
    }
}
```

程序运行结果如图 3-3 所示。

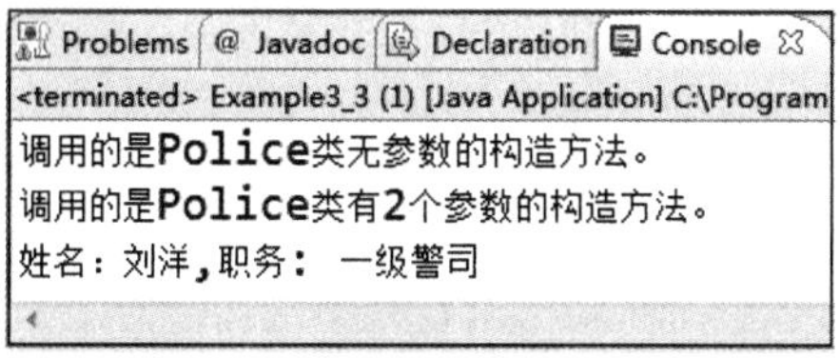

```
Problems  @ Javadoc  Declaration  Console  ⌗
<terminated> Example3_3 (1) [Java Application] C:\Program
调用的是Police类无参数的构造方法。
调用的是Police类有2个参数的构造方法。
姓名:刘洋,职务: 一级警司
```

图 3-3

在程序中,类 Police 分别定义了无参数的构造方法和有 2 个参数的构造方法。在主方法中创建对象时,分别调用两个构造方法将成员变量设为固定值和传入的参数值,实现了对象的初始化。

温馨提示

　　构造方法中,如果 private 修饰符将构造方法私有化,则在类的外部不可以使用 new 实例化对象,因此,构造方法通常会用 public 来修饰。

7. this 关键字

this 是程序运行期间当前对象本身对当前对象的引用。this 类似于"我",明确访问当前对象的属性或方法,当从类的成员方法引用本类的其他成员时,默认引用的是当前对象成员,即 this 成员。Java 中,如果 this 成员与其他变量或方法不同名,this 可以省略;如果同名,必须写成带 this 的形式。

【例 3-4】 输出 this 值

```java
class Police{
    private String name;
    private String post;
    public Police(){
        name="刘洋";
        post="一级警司";
    }
    public Police(String n, String p){
        name=n;
        post=p;
    }
    public String ShowInfo(){
        System. out. println("this 的值: "+this);
        return "姓名: "+name+", 职务: "+post;
    }
}
public class Example3_4{
    public static void main(String[] args){
        Police p1=new Police();
        Police p2=new Police("杨凡","二级警司");
        System. out. println(p1. ShowInfo());
        System. out. println(p2. ShowInfo());
    }
}
```

程序运行结果如图 3-4 所示。

图 3-4

本程序中 this 代表对象,因此它有地址,this 值以@分隔前后两个部分,前面部分代表当前 this 的类型为 Police 类型,后半部分表示十六进制地址值。

【例 3-5】 使用 this 调用本类的构造方法

```
class Police{
    private String name;
    private String post;
    public Police(){
        System.out.println("一个新的 Police 对象被实例化");
    }
    public Police(String name, String post){
        this();
        this.name=name;
        this.post=post;
    }
    public String showInfo(){
        return "姓名:"+name+",职务:"+post;
    }
}
public class Example3_5{
    public static void main(String[] args){
        Police p1=new Police("赵强","三级警司");
        System.out.println(p1.showInfo());
    }
}
```

程序运行结果如图 3-5 所示。

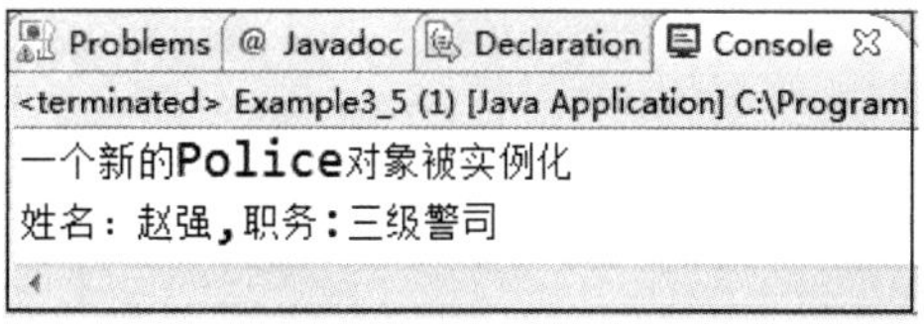

图 3-5

本程序提供了两种构造方法,其中有两个参数的构造方法使用 this() 的形式调用本类中的无参数构造方法,通过有两个参数的构造方法实例化,最终把实例化的信息打印出来。

使用 this() 调用时,构造方法是在实例化对象时被自动调用的,构造方法优先于类中的其他方法,所以使用 this() 调用构造方法必须放在构造方法的首行,可以通过调用本类的构造方法实现构造方法的重载。

使用 this( )调用构造方法的语句必须是构造方法的第一条语句,且只能使用一次。
同一个类中的两种构造方法不能使用 this 互相调用。

知识拓展

1. static 关键字

static 可以修饰类的成员变量、成员方法等,在编程时需要注意 static 修饰的类成员具有
一些特殊性质。

（1）static 定义属性

被 static 修饰的变量称为类变量或静态变量。每个对象都有自己的属性,有些属性希
望被所有对象共享,则将其声明为 static 属性。此属性可称为全局属性,也可称为静态属
性。静态变量通常采用"类名. 变量名"方式引用,也可以采用"对象名. 变量名"（非 private
成员）方式引用。静态变量随着类的加载而加载,存储在方法区的静态区域中。静态变量
在静态方法和非静态方法中均可使用。

【例 3-6】 static 变量的定义与使用

```
class Doctor{
    static String country;
    String name;
    int age;
}
public class Example3_6{
    public static void main(String[ ] args) {
        Doctor d1, d2;                    //定义对象
        d1 = new Doctor( );               // 创建 Doctor 对象
        d2 = new Doctor( );
        Doctor. country = "中国";
        d1. name = "刘鑫强"; d1. age = 35;        //给医生的属性赋值
        d2. name = "白艳丽"; d2. age = 40;
        System. out. println("姓名:"+d1. name+", 年龄:"+d1. age+ ", 国籍:"+Doctor. country);
        System. out. println("姓名:"+d2. name+", 年龄:"+d2. age+ ", 国籍:"+Doctor. country);
    }
}
```

Static 关键字微视频

程序运行结果如图 3-6 所示。

静态成员变量可以通过类名访问,也可以通过对象名访问,上面程序中,将 Doctor.
country = "中国"改为 d1. country = "中国",程序也允许。由于静态成员 country 属于类 Doctor,
通过"类名. 变量名"形式即 Doctor. country 来访问更有代表意义。

图 3-6

温馨提示

static 只能修饰成员变量,不能修饰局部变量。

(2)static 定义方法

用 static 修饰的方法,称为类方法,也称为静态方法。类方法属于类,不属于实例化对象,在类方法中不能使用 this 关键字。类方法只能访问 static 修饰的类属性,一般使用 public 权限修饰符,static 紧跟其后。

【例 3-7】 使用 static 声明方法

```java
class Nurse{
    private String name;
    private int age ;
    private static String address="辽宁";
    public static void setAddress(String s){
        address=s;
        }
    public Nurse(String name, int age){
        this. name=name;
        this. age=age;
    }
    public void showInfo(){
        System. out. println("姓名:"+name+",年龄:"+age+ ",来自:"+address);
    }
    public static String getAddress(){
        return address;
    }
}
public class Example3_7{
public static void main(String[ ] args){
    Nurse n1=new Nurse("刘玲", 37);
    Nurse n2=new Nurse("孙红", 26);
    System. out. println("修改之前:");
    n1. showInfo();
    n2. showInfo();
    System. out. println("修改之后:");
```

```
    Nurse. setAddress("辽宁葫芦岛");
    n1. showInfo();
    n2. showInfo();
    }
}
```

程序运行结果如图 3-7 所示。

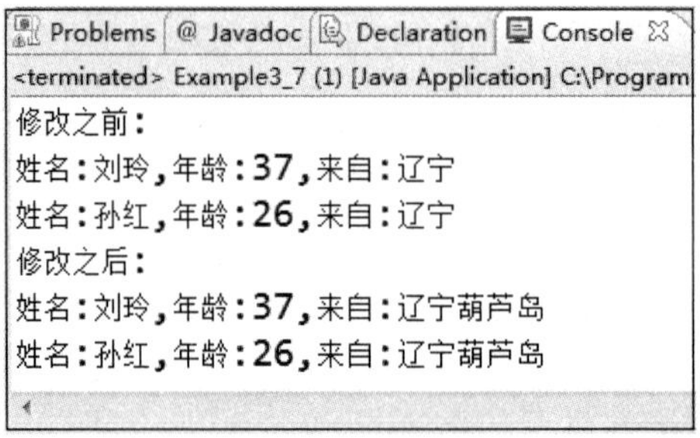

```
📇 Problems  @ Javadoc  🔍 Declaration  🖳 Console  ⊠
<terminated> Example3_7 (1) [Java Application] C:\Program
修改之前：
姓名：刘玲，年龄：37，来自：辽宁
姓名：孙红，年龄：26，来自：辽宁
修改之后：
姓名：刘玲，年龄：37，来自：辽宁葫芦岛
姓名：孙红，年龄：26，来自：辽宁葫芦岛
◀
```

图 3-7

上面程序中，Nurse 类将所有属性进行了封装，使用了 static 声明方法，直接使用类名称进行调用。

【例 3-8】 输出课程的相关信息

```java
class Course {
    private String courseID;           //课程编号
    private String courseName;         //课程名称
    private float credit;              //学分
    public void setCourseID(String id) {    //设置课程编号
        this. courseID=id;
    }
    public void setCourseName(String name) {    //设置课程名称
        this. courseName=name;
    }
    public void setCredit(float cd) {    //设置学分
        this. credit=cd;
    }
    public String getCourseID() {    //得到课程编号
        return courseID;
    }
    public String getCourseName() {    //得到课程名称
        return courseName;
    }
    public float getCredit() {    //得到学分
        return credit;
```

```
    }
    public void print(){    //输出课程信息
        System.out.println("课程编号: "+this.getCourseID());
        System.out.println("课程名称: "+this.getCourseName());
        System.out.println("学  分: "+this.getCredit());
    }
}
public class Example3_8{
    public static void main(String[] args){
        Course c1=new Course();    //创建对象,并用引用变量 c1 指向它
        c1.setCourseID("6102007");    //设置 c1 对象的各种属性
        c1.setCourseName("实用软件工程技术");
        c1.setCredit(3);
        c1.print();    //输出 c1 对象的信息
    }
}
```

程序运行结果如图 3-8 所示。

图 3-8

任务实现

1. 任务分析

分析任务题目,可以得出以下信息:

①本案例涉及对象 2 个——人和银行卡,故需要定义两个类;

②人类中有两个属性——姓名和银行卡;

③银行卡类中有两个属性——账号和金额;

④人使用银行卡进行存款、取款、查询等相关操作。

任务 3.1 微视频

2. 任务编码

通过分析可以编写下列代码以任务实现功能:

```
class Bank{
    private static Bank    b=new Bank("62834160×××");
    private double balance;                    //金额信息
    private String number;                     //卡号
    private Bank(String number){
```

```java
            this. number = number;
        }
        public void save(double balance) {            // 存款
            this. balance = this. balance+balance;
        }
        public void get(double balance) {             // 取款
            if(this. balance<balance) {
                System. out. println("余额不足");
                return;
            }
        this. balance-=balance;
        }
        public double getBalance() {                  // 余额信息
            return this. balance;
        }
        public static Bank getInstance() {
            return b;
        }
        public String showInfo() {
            return"银行卡号: "+this. number+"的余额为: "+this. balance;
        }
    }
class Person{
        private Bank bank;
        private String name;
        public Person() {
            this("高红");
        }
        public Person(String name) {
            this. name = name;
        }
        public void setBank() {
            this. bank = Bank. getInstance();
        }
        public void saveMoney(double money) {
            bank. save(money);
        }
        public void getMoney(double money) {
            bank. get(money);
        }
        public String showInfo() {
            return bank. showInfo();
        }
```

```
}
public class Task3_1{
    public static void main(String[] args){
        Person p1 = new Person("高红爸爸");
        Person p2 = new Person("高红妈妈");
        Person p3 = new Person("高红");
        p1. setBank();        //设置3次银行卡,实际是同一张卡对象
        p2. setBank();
        p3. setBank();
        System. out. println("高红爸爸存了7000元");
        p1. saveMoney(7000);
        System. out. println("高红爸爸存钱后"+p1. showInfo());
        System. out. println("高红妈妈存了2000元");
        p2. saveMoney(2000);
        System. out. println("高红妈妈存钱后"+p2. showInfo());
        System. out. println("高红取3000元");
        p3. getMoney(3000);
        System. out. println("高红取钱后"+p3. showInfo());
    }
}
```

3. 运行结果

程序运行结果如图 3-9 所示。

图 3-9

从程序的运行结果看,p1、p2、p3 三个对象分别设置了银行信息,实际上三次操作 setBank()方法指向同一张银行卡对象,实现了不同对象对同一张卡的存取操作。

能力提升

一、选择题

1. 下列类声明正确的是(　　　)。
    A. public class void Hello{…}　　　　B. public class Run(){…}
    C. public void Count{…}　　　　　　D. public class Teacher{…}

2. 下面对构造方法的描述错误的是(　　　)。
    A. 系统提供默认的构造方法　　　　B. 构造方法可以重载构造
    C. 构造方法可以有返回值　　　　　D. 构造方法可以设置参数

3. 设 Teacher 为已定义的类名,下列声明 Teacher 类的对象 t 的语句中正确的是(　　　)。
    A. float Teacher t;　　　　　　　　B. Teacher t＝new Teacher();
    C. Teacher　t＝new　String();　　　D. public t＝Teacher();

4. (　　　)是 Java 语言中定义类时必须使用的关键字。
    A. declare　　　　B. new　　　　C. class　　　　D. public

5. 每个对象都有自己的属性,有些属性希望被所有对象共享,则将其声明为(　　　)属性。
    A. static　　　　B. private　　　　C. this　　　　D. public

二、填空题

1. 在 Java 程序中定义的类中包括两种成员,分别是_____和_____。
2. this()调用构造方法的语句必须是构造方法的_____语句,且只能使用一次。
3. _____是抽象的,而_____是具体的。
4. 下面是一个类的定义,请将其补充完整。

```
class _____{
    private String name;
    private int age;
    public Student(_____ s, int i)
    {
        name＝s;    age＝i;
    }
}
```

三、编写程序

设计一个类,类中有计算圆和长方形的面积,编写程序进行类功能测试。

学习评价

班级		学号		姓名	
任务 3.1　类和对象的定义及使用			课程性质	理实一体化	

知识评价(30 分)

序号	知识考核点	分值	得分
1	面向对象的特征	5	
2	类的定义、对象的创建	15	
3	this 关键字	5	
4	static 关键字	5	

任务评价(60 分)

序号	任务考核点	分值	得分
1	定义类程序代码	10	
2	对象属性的设置	10	
3	程序功能的实现	15	
4	程序查错、纠正	15	
5	团队协作	10	

思政评价(10 分)

序号	思政考核点	分值	得分
1	思政内容的认识与领悟	5	
2	思政精神融于任务的体现	5	

违纪扣分(20 分)

序号	违纪考查点	分值	扣分
1	上课迟到早退	5	
2	上课打游戏	5	
3	上课玩手机	5	
4	其他扰乱课堂秩序的行为	5	
综合评价		综合得分	

任务 3.2　实现类的封装、继承和多态

学习目标

【知识目标】

1. 了解类的封装概念；
2. 掌握类的继承用法；
3. 掌握类的多态实现。

【任务目标】

1. 掌握类的继承和多态概念；
2. 能使用类的继承进行程序开发。

【素质目标】

1. 具有继承中华优秀文化的意识；
2. 具有守时、保质、规范的能力。

任务描述

设计医院员工工资管理程序,计算员工的工资,并打印工资清单。

预备知识

1. 类的封装

封装是保护类内部结构的一种安全机制,即将类内部的数据和操作隐藏起来,保护内部免受外部的干扰,外部通过特定操作的接口函数进行访问。例如手机,其各个部件用机盒进行封装,保护手机内部部件的安全。定义一个类时,为确保数据的安全,类的属性值只能在类的内部修改。对于类的实现,为使程序不被非法恶意修改,需尽可能隐藏它的内部细节,外部通过接口进行访问。

类的封装反映事物的相对独立性,用户只需要关心类能实现什么功能,即能做什么,而不需要知道它如何实现这些功能,即工作原理。例如手机,用户只关注手机能否提供接打电话、收发短信、智能计算、语音连接、手机游戏等功能,而不关注手机是怎么实现和完成这些功能的。

2. 类的继承

类的继承是指在一个类的基础上创建一个新类,新类不仅能继承原有类的属性和方法,还能创建新的属性和方法。新类称为子类或派生类,原有类称为父类或基类。Object 类

是所有类的父类。

在 Java 语言中,只允许单重继承,即一个父类可以有多个子类,但一个子类只允许有一个父类,子类还可以有子类,子类的属性和方法可以被它的子类继承,因此继承具有传递性。子类可以继承父类中的 public、static 和默认修饰符。子类中的访问控制方式与父类中相同,但是子类不能直接访问父类的 private 成员。

进行程序编码时,新的子类继承原有类的属性和方法,也可以对原有类进行扩充,定义自己的成员。这种技术让程序员充分利用已经存在的类,减少了代码和数据的冗余,增强了代码的复用性和可维护性,缩短了程序开发周期,降低了开发成本。

继承具有如下特点:

①继承具有传递性,继承的传递性构成了对象的继承体系;

②继承能清晰地体现类的层次结构关系;

③继承提供了软件复用功能,可增强程序的重用性;

④只支持单重继承,一个子类只能有一个父类,而不允许有多个

父类。

类的继承微视频

> 生活中有很多继承的实例,如继承和弘扬中华民族优秀传统文化,我国传统文化中的书法、京剧、剪纸、中医、武术、国画等历史悠久、源远流长。将优秀传统文化与美育教育相结合,能够丰富学生的生活,提高学生的综合素养,提升学生的审美水平。

继承通过关键字 extends 来实现,定义继承关系的语法格式:

[访问权限]class 子类名 extends 父类名{

    …   //类体

}

【例 3-9】 类的继承使用示例

```
class Animal {
    private int weight;
    private String color;
    public void setWeight(int w) {
        weight=w;
    }
    public void setColor(String s) {
        color=s;
    }
    public int getWeight() {
        return weight;
    }
    public String getColor() {
        return color;
    }
}
```

```
}
class Fish extends Animal {
        public void swim() {
            System. out. println("鱼儿在水里游!");
        }
    }
class Bird extends Animal {
        public void fly() {
            System. out. println("小鸟在空中飞!");
        }
}
class Example3_9 {
        public static void main(String[] args) {
            Fish f1 = new Fish();
            f1. setWeight(600); f1. setColor("红色");
            Bird b1 = new Bird();
            b1. setWeight(300); b1. setColor("灰色");
            System. out. print("一条鱼儿重"+f1. getWeight()+"克,颜色为:"+f1. getColor()+",");
            f1. swim();
            System. out. print("一只鸟儿重"+b1. getWeight()+"克,颜色为:"+b1. getColor()+",");
            b1. fly();
        }
}
```

程序运行结果如图 3-10 所示。

图 3-10

上面程序 Fish 类继承了 Animal 类的所有属性和方法,并在此基础上增加了"swim()"方法;Bird 类也继承了 Animal 类的所有属性和方法,在此基础上增加了"fly()"方法。

3. super 关键字

子类不仅可以继承父类的成员,还可以自己定义新成员。在创建对象实例化时,子类不仅要对自己的成员变量进行初始化,还要对父类的成员变量进行初始化,引用 super 关键字实现对父类成员变量的初始化。

使用 super 关键字可以从子类中调用父类的属性和方法。调用父类的构造方法时,语句必须放在子类构造方法的首行。

【例 3-10】　使用 super 关键字调用父类同名的成员变量

```
class Animal {
    int weight = 700;
}
class Bird extends Animal {
    int weight = 600;
    public void showInfo( ) {
        System. out. println("子类的 weight = "+weight) ;
        System. out. println("父类的 weight = "+super. weight) ;
    }
}
public classExample3_10 {
    public static void main(String[ ] args) {
        Bird b1 = new Bird( ) ;
        b1. showInfo( ) ;
    }
}
```

程序运行结果如图 3-11 所示。

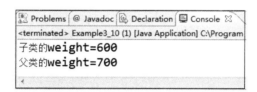

图 3-11

上面的程序在实际开发过程中并不提倡使用,因为子类使用成员变量在父类中已经定义,无须重复定义,以免造成程序代码冗余。在继承关系中,使用变量时优先使用局部变量,其次是子类的成员变量,最后是父类的成员变量。

【例 3-11】　使用 super 关键字调用构造方法

```
class Animal {
    private int weight;
    private String color;
    public Animal( ) {
        weight = 300;
        color = "红色";
    }
    public Animal( int w, String s) {
        weight = w;
        color = s;
    }
```

```java
        public void setWeight(int w) {
            weight = w;
        }
        public void setColor(String s) {
            color = s;
        }
        public int getWeight() {
            return weight;
        }
        public String getColor() {
            return color;
        }
    }
    class Bird extends Animal {
            public Bird() {
                super();
            }
            public Bird(int w, String s) {
                super(w, s);
            }
            public void fly() {
            System.out.println("小鸟会飞!");
            }
    }
public class Example3_11 {
    public static void main(String[] args) {
        Bird b1 = new Bird();
        Bird b2 = new Bird(600, "绿色");
        System.out.println("第一只小鸟重"+b1.getWeight()+"克,颜色为:"+b1.getColor());
        System.out.println("第二只小鸟重"+b2.getWeight()+"克,颜色为:"+b2.getColor());
        b2.fly();
    }
}
```

程序运行结果如图 3-12 所示。

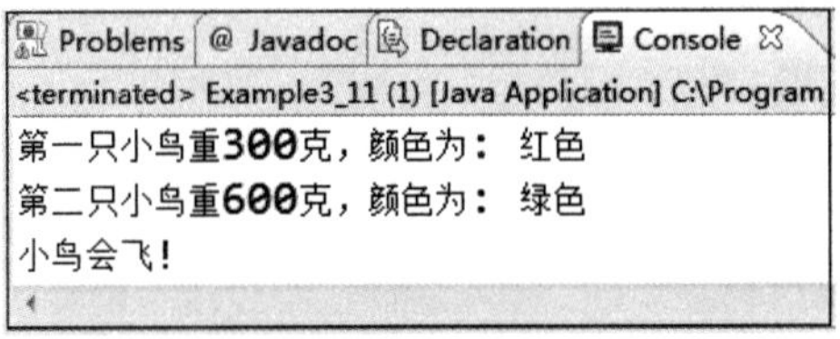

图 3-12

上面程序中,使用 super( )方法调用父类的默认构造方法和两个参数的构造方法,然后在子类中又调用了 Bird 类中的 fly( )方法,所以输出的内容是子类中定义的内容。

从上述代码中,我们发现 super 与 this 非常相似,都能调用构造方法、普通方法和属性,尤其在调用构造方法时它们必须放在构造方法的首行。this 指向当前对象,因为它有地址值,可以输出 this 的值;super 并不代表对象,不能输出 super 的值,否则产生编译错误。在访问属性时,this 可以访问本类的属性,如果本类没有此属性,可以在父类中查找;super 只访问父类的属性。在访问方法时,this 可以访问本类的方法,如果本类没有此方法,可以在父类中查找;super 只访问父类的方法。调用构造方法时,this 调用本类的构造方法,必须放在首行;super 调用父类的构造方法,必须放在子类构造方法的首行。

4. 方法覆盖

子类定义与父类同名的方法,叫作覆盖技术。在继承关系中,子类继承了父类的成员变量和方法,并根据自身需要,在父类的基础上添加了一些自己的成员变量和方法。有时子类定义一种与父类的某种方法完全相同的方法,包括方法名称、参数类型、参数个数、返回值类型,称为方法覆盖或方法重写。

【例 3-12】 方法覆盖

```
class Person{
    String name="人";
    void relax(){
        System.out.println("休闲");
    }
}
class Student extends Person{
    private String name="干强";          //子类中定义与父类同名的成员变量
    void showName(){
        System.out.println("学生姓名:"+name);
    }
    void relax(){                       //覆盖父类的 relax( )方法
        System.out.println("听音乐");
    }
}
public class Example3_12{
    public static void main(String[] args){
        Student s1=new Student();
        s1.showName();
        s1.relax();
    }
}
```

程序运行结果如图 3-13 如示。

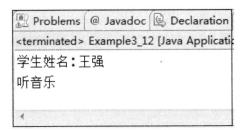

图 3-13

上面程序中,定义了 Student 子类,并继承了 Person 父类。子类中定义了一个与父类名称相同的成员变量 name,同时在子类 Student 中定义了与父类同名的 relax( )方法,它覆盖了父类方法。从运行结果可以看出,访问 name 属性时,输出的是子类 Student 的 name 成员变量,父类 Person 的 name 属性值被覆盖了。同时调用子类 Student 的 relax( )方法时,父类 Person 的 relax( )方法被覆盖了。

温馨提示

方法覆盖时,需要注意:

①采用子类覆盖方法时,必须保证父类的访问权限不高于子类覆盖之后方法的访问权限,访问权限按照由低到高的顺序分别是 private、默认、protected、public;

②子类进行覆盖时,方法的名称、参数个数、参数类型和返回值格式上必须保持一致;

③覆盖父类的静态方法,子类覆盖后必须也是静态方法。

5. 类的多态

子类的对象赋值给父类的对象之后,父类对象根据当前值调用对应子类对象的方法,实现一个对象多种状态,称为多态。多态扩展了程序的功能,特别是在参数传递时,统一了形参的类型,多态通过方法覆盖来实现。

(1)对象的类型转换

对象多态主要有向上转型和向下转型两种。向上转型:子类对象→父类对象,向下转型:父类对象→子类对象。向上转型,系统会自动完成;向下转型,必须明确指明要转型的子类类型。

【例 3-13】 对象的向上转型

```
class A{                    //定义类 A
    public void fun1(){    //定义 fun1()方法
        System. out. println("A--> public void fun1(){}");
    }
    public void fun2(){
        this. fun1();      // 调用 fun1()方法
    }
```

```
}
class B extends A{
    public void fun1(){     // 此方法被子类覆盖了
        System. out. println("B--> public void fun1(){}");
    }
    public void fun3(){
        System. out. println("B--> public void fun3(){}");
    }
}
public class Example3_13{
    public static void main(String asrgs[ ]){
        B b = new B();          //实例化子类对象
        A a = b;                //向上转型关系
        a. fun1();              //此方法被子类覆盖过
    }
}
```

　　程序运行结果如图 3-14 所示。

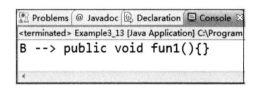

图 3-14

　　上面的程序是对象向上转型,从运行结果来看,虽然使用父类对象调用了 fun1()方法,但实际上调用的方法是被子类覆盖过的方法,也就是说,如果对象发生了向上转型的关系,所调用的方法一定是被子类覆盖过的方法。

【例 3-14】 对象的向下转型

```
class A{                    //定义类 A
    public void fun1(){     //定义 fun1()方法
        System. out. println("A--> public void fun1(){}");
    }
    public void fun2(){
        this. fun1();       //调用 fun1()方法
    }
}
class B extends A{
    public void fun1(){     //此方法被子类覆盖
        System. out. println("B--> public void fun1(){}");
    }
    public void fun3(){
```

```
            System. out. println("B--> public void fun3(){}");
        }
    }
    public class Example3_14{
        public static void main(String asrgs[ ]){
            A a = new B();
            B b =(B)a ;        //向下转型关系
            b. fun1();         //调用被覆盖的方法
            b. fun2();
            b. fun3();
        }
    }
```

程序运行结果如图 3-15 所示。

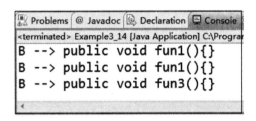

图 3-15

上面程序如果想调用子类的方法,则只能用子类实例化的对象。子类对象调用了从父类继承的 fun2()方法,fun2()方法要调用 fun1()方法,此时 fun1()方法已经被子类覆盖,所以此时的调用方法是被子类覆盖过的方法。

(2)多态的实现

多态是指程序中引用变量所指向的具体类型和该引用变量的调用方法在编程时不确定,在程序运行时才能确定,即程序在运行期间才能确定该引用变量指向哪个类的实例化对象,引用变量的方法调用到哪个类中实现的方法。多态是 Java 程序中经常使用的技术,能够解决方法同名的问题,多态使用灵活,可提高程序的扩展性、灵活性、替换性。实现多态必须具备有继承关系的类、方法能覆盖、父类引用指向子类对象的三个必要条件。

【例 3-15】 多态的实现

```
//定义 Person 类
class Person {
    String name;
    //定义 work()方法
    void work(){
        System. out. println("人在工作!");
    }
}
//定义 Person 类的子类 Doctor 类
```

```
class Doctor extends Person {
    // 覆盖父类的 work( )方法
    void work( ){
        System. out. println("医生给病人治病!");
    }
}
// 定义 Person 类的子类 Nurse 类
class Nurse extends Person {
    // 覆盖父类的 work( )方法
    void work( ){
        System. out. println("护士在护理病人!");
    }
}
public class Example3_15 {
    public static void main(String[ ] args) {
        Person p1 = new Doctor( );  // 父类引用"指向"子类对象
        p1. work( );
        Person p2 = new Nurse( );  // 父类引用"指向"子类对象
        p2. work( );
    }
}
```

程序运行结果如图 3-16 所示。

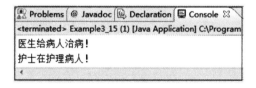

图 3-16

在上面程序中,调用 Person 类引用的方法 work( ),使用对象的多态性,所以能接收任何子类对象。当传入 Doctor 类的对象时,调用 Doctor 类的覆盖 work( )方法;当传入 Nurse 类的对象时,调用 Nurse 类的覆盖 work( )方法。虽然 p1 和 p2 是 Person 类型,但运行时分别是 Doctor 类和 Nurse 类的 work( )方法,出现了多态的现象。

温馨提示

实现多态的三个必要条件:
①有继承关系的类;
②方法有覆盖;
③父类引用指向子类对象。

知识拓展

1. final 关键字

final 在 Java 中表示"最终、终止"的意思,也称完结器。final 可以修饰类、属性和方法,当子类继承父类时,子类可以访问父类的成员和方法,也可以通过子类方法改变父类方法的实现内容,这可能会导致一些不安全因素,为保证某个类不被继承或类中的方法不被覆盖,可以使用 final 关键字进行修饰。

方法中的变量可以用 final 修饰,被 final 修饰的变量称为常量。它既可以在定义时指定默认值,也可以在其后的代码中被赋初值,但只能被赋值一次。final 具有以下特点:

①final 修饰的类不能被继承,所以它没有子类;
②final 修饰的变量是常量,常量不能被修改;
③final 修饰的方法不能被覆盖。

final 关键字微视频

【例 3-16】 使用 final 修饰的方法不能被子类覆盖

```
class Person{
    public final void showInfo( ) {        // 使用 final 修饰的方法不能被覆盖
        System. out. println("Hi, Welcome to China!");
    }
}
class Student extends Person{
    public final void showInfo( ) {         // 错误,不能覆盖 final 修饰的方法
        System. out. println("Hello, Welcome to China!");
    }
}
```

编译时出现如图 3-17 所示错误。

The final method cannot overrid by the subclass.

图 3-17

【例 3-17】 使用 final 修饰的变量是常量,常量不能被修改。

```
class Person{
    private final String school="渤海船舶职业学院"       // 使用 final 声明的常量
    public final void showInfo( ) {
        school="船舶工业学校";                       // 错误,final 声明的常量不能被修改
    }
}
```

编译时出现如图 3-18 所示错误。

The variable school is the type final cannot modify.

图 3-18

2. 内部类

内部类是指定义在一个类的内部,把它当作这个类的一个成员,下面定义一个内部类:

```
class Bank{
    private String name;
    …
    class ChinaBank{      //内部类成员
       …
    }
    …
}
```

上面的示例中,类 ChinaBank 是内部类,Bank 类是外部类,内部类具有以下特点:

①内部类是一个独立的类,可被编译成一个独立的文件。这个文件名由外部类名、$ 和内部类名构成:Bank $ ChinaBank. class。

②内部类是外部类的一个成员,可以使用 public、prtected、private、final、static 等关键字修饰。

③static 关键字修饰的内部类,可以作为一个独立的类使用。

④内部类不能用普通方式访问,可以直接使用外部类中定义的成员。外部类要想访问内部类的成员,必须实例化内部类对象。

⑤成员内部类中不能定义静态成员,只能定义实例成员。

任务实现

1. 任务分析

分析任务题目,可以得出以下信息:

①定义一个职工类和院长、医生、护士三个子类;

②创建员工对象,设置成员变量;

③用循环遍历显示每位员工的收入情况。

任务 3.2 微视频

2. 任务编码

通过分析可以编写下列代码以任务实现功能:

```
class Person{            //职工类
    private String name;          //姓名
    private float salary;         //基本工资
```

```java
    public Person(String name, float salary) {
        this.name = name;  this.salary = salary;
    }
    public String getName() {
        return name;
    }
    public void setName(String name) {
        this.name = name;
    }
    public float getSalary() {
        return salary;
    }
    public void setSalary(float salary) {
        this.salary = salary;
    }
    public float getEarnings() {     // 总工资
        return salary;
    }
}
class Director extends Person        //院长
{
    private float bonus;             //奖金
    public float getBonus() { return bonus; }
    public void setBonus(float bonus) { this.bonus = bonus; }
    public Director(String name, float salary) {
        super(name, salary);
    }
    public float getEarnings() {     // 总工资(覆盖父类方法)
        return this.getSalary() + this.getBonus();
    }
}
class Doctor extends Person {        //医生
    private float royalty;           //效益工资
    public float getRoyalty() {
        return royalty;
    }
    public void setRoyalty(float royalty) {
        this.royalty = royalty;
    }
    public Doctor(String name, float salary) {
        super(name, salary);
    }
    public float getEarnings()       // 总工资(覆盖父类方法)
```

```
        { return this. getSalary() +this. getRoyalty(); }
}
class Nurse extends Person {              //护士
    private float deduct;                 //加班费
    public Nurse(String name, float salary) {
        super(name, salary);
    }
    public float getDeduct() {
        return deduct;
    }
    public void setDeduct(float deduct) {
        this. deduct = deduct;
    }
    public float getEarnings()     // 总工资(覆盖父类方法)
    {   return this. getSalary() +this. getDeduct(); }
}
public class Task3_2{
    public static void main(String[] args) {
        Director d= new Director("郑强", 7000); // 院长
        d. setBonus(3000);
        Doctor d1 =new Doctor("刘红", 4000);     // 医生
        d1. setRoyalty(3000);
        Doctor d2 =new Doctor("赵亮", 4000);     // 医生
        d2. setRoyalty(2500);
        Nurse n1 =new Nurse("刘佳", 3000);      // 护士
        n1. setDeduct(1000);
        Nurse n2 =new Nurse("赵静", 2500);      // 护士
        n2. setDeduct(1000);
        Person[] per =new Person[]{d, d1, d2, n1, n2};
    for(int i=0; i<per. length; i++) {            // 输出员工的收入
        System. out. println ("姓名:" + per [i]. getName () +","+"职务:" + per [i]. getClass ().
getSimpleName()+","+"总工资:"+per[i]. getEarnings()+" ");
        }
    }
}
```

3. 运行结果

程序运行结果如图 3-19 所示。

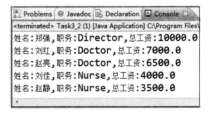

图 3-19

能力提升

一、选择题

1. Java 中,一个类中可以定义名字相同但参数个数或参数类型不同的方法,这种面向对象程序的特性称为( )。

　　A. 重载　　　　　B. 覆盖　　　　　　　C. 继承　　　　　　　D. 封装

2. 关于 private 修饰的成员变量说法正确的是( )。

　　A. 只能被同一个包中的类访问

　　B. 可以被该类本身、该类的所有子类访问

　　C. 只能被该类自身所访问

　　D. 可以被该类自身、同一个包中的其他类、在其他包中的该类的子类访问

3. 假设 Bird 类定义如下,设 b 是 Bird 类的一个实例,下列语句调用哪个是错误的? ( )

```
public class Bird{
        int i;
        static String s;
        void aMethod(){ }
        static void bMethod()  {  }
}
```

　　A. b. aMethod( )　　　　　　　B. Bird. s

　　C. System. out. println(Bird. i)　　　D. Bird. bMethod( )

4. ( )是 Java 语言所有类的父类。

　　A. String　　　　　B. Object　　　　　　C. Vector　　　　D. Data

5. 关于 final 的说法正确的是( )。

　　A. final 修饰的类可以有子类

　　B. final 修饰的变量是常量,常量不能被修改

　　C. final 修饰的变量是常量,可以被多次赋值

　　D. final 修饰的方法可以被覆盖

二、填空题

1. 面向对象有_____、_____和_____三个特性。

2. Java 中指明继承关系的关键字是_____。

3. 子类定义一种与父类的某种方法完全相同的方法,包括方法名称、参数类型、参数个数、返回值类型,称为_____。

三、编写程序

1. 编写一个整型数组类,可以实现插入、删除、浏览等功能。

2. 设计一个银行存款程序:为某人开设一个银行账户,不同银行根据自己的利率、时间

等不同方式来计算用户存款后的利息。

学习评价

班级		学号		姓名	
任务 3.2　实现类的封装、继承和多态				课程性质	理实一体化

知识评价（30 分）				
序号	知识考核点		分值	得分
1	类的封装、继承		5	
2	多态的实现		5	
3	方法覆盖		10	
4	final 关键字		5	
5	内部类		5	

任务评价（60 分）				
序号	任务考核点		分值	得分
1	定义父类、子类		15	
2	方法覆盖的实现		10	
3	程序功能的实现		15	
4	程序检查、纠正		10	
5	程序测试		10	

思政评价（10 分）				
序号	思政考核点		分值	得分
1	思政内容的认识与领悟		5	
2	思政精神融于任务的体现		5	

违纪扣分（20 分）				
序号	违纪考查点		分值	扣分
1	上课迟到早退		5	
2	上课打游戏		5	
3	上课玩手机		5	
4	其他扰乱课堂秩序的行为		5	
综合评价			综合得分	

任务 3.3　Java 语言常用 API 的使用

学习目标

【知识目标】

1. 认识 Java 类库，掌握 Java API 的使用方法；
2. 掌握字符串类、日期类的常用方法；
3. 掌握 Math 类、Random 类的使用方法。

【任务目标】

1. 能够正确运用 Java API 类库；
2. 熟悉 String 类、StringBuffer、Date 类、Math 类、Random 类的使用方法；
3. 能够正确编写任务程序。

【素养目标】

1. 具有忠于职守、尊重他人劳动成果的职业道德；
2. 具有时间观念，懂得珍惜时间。

任务 3.3.1　字符串类的使用

任务描述

作业提交前进行合法验证：文件是否为合法的 Java 文件，电子邮箱是否为合法的电子邮箱。

预备知识

Java 系统提供了大量的类，程序员在开发过程中，可以通过 import 引入系统包来加载所需要的类，提高程序的开发效率。Java. lang 是 Java 的核心包，不需要加载，可直接引用。其他包需要用关键字 import 加载引用，大多数工具类包含在 java. util 包中，需要引用时，使用 import java. util 语句加载。

1. String 类的特点

String 类是 Java 中经常使用的一个类，它继承于 Object 类，能实现字符序列化。String

类内部采用 char 数组的数据结构,能够提供查找、比较、复制、连接等一系列操作方法。String 类具有以下特点:

①定义了 String 类的变量后,不能在原有值的基础上进行插入、删除等操作,所以 String 类是不可变的字符序列。

②String 类进行字符串操作时,会产生一个新的 String 类副本。副本与原字符串彼此独立,对它们中的任何一个进行内容修改都不会影响另一个。

③String 类被 final 关键字修饰,是不可继承的。

2. String 类的常用方法

String 类中提供大量的方法供程序员直接使用,下面介绍 String 类的常用方法。

(1)计算字符串长度

public int length( )

获取当前字符串长度,字符串长度是指字符串包含的字符个数。

(2)截取单个字符

public char charAt(int index)

获取字符串对象指定位置 index 处的单个字符,index 取值为 0 到 length( )−1

(3)截取子串

public String substring(int begingIndex,int endIndex)

截取一个从指定 begingIndex 处开始直到 endIndex−1 处的子字符串。该字符串的长度为 endIndex−begingIndex。

(4)字符串比较

public int compareTo(String anotherString)

指定字符串 anotherString 与当前字符串比较,如果大于 0,表示大于指定字符串;如果等于 0,表示两个字符串相等;如果小于 0,表示小于指定字符串。

(5)字符串内容比较

public boolean equals(Object anObject)

指定对象 anObject 与当前字符串比较,相等为 true,否则为 false。

(6)检索子串位置

public int indexOf(String str)

在当前字符串中查找指定的字符串,返回指定字符串第一次出现的位置。

public int indexOf(String str,int fromIndex)

在当前字符串中从指定 fromIndex 处开始查找,返回指定字符串第一次出现的位置。

(7)字符串替换

public String replace(char oldChar,char newChar)

把当前字符串 oldChar 替换成指定字符串 newChar。

(8)字符串转换成小写

public String toLowerCase( )

把当前字符串转换成小写。

String 类微视频

（9）字符串转换成大写

public String toUpperCase( )

把当前字符串转换成大写。

（10）删除字符串空格

public String trim( )

把当前字符串前面和后面的空格删掉。

【例 3-18】 字符串应用举例

```
public class Example3_18{
    public static void main(String args[ ] ){
        String s = "I like Java very much!";
        System. out. println("字符串长度:"+s. length( ));
        System. out. println("字符串里第 7 个位置的字符是:"+s. charAt(7));
        System. out. println("第 7 个字符后面的子字符串是:"+s. substring(7));
        System. out. println("7 到 16 之间的子字符串是:"+s. substring(7, 16));
        System. out. println("测试字符串是否以 Ja 开头:"+s. startsWith("Ja"));
        System. out. println("将字符串全部转换为小写字符:"+s. toLowerCase( ));
        System. out. println("e 第一次出现的位置是:" + s. indexOf('e'));
        System. out. println("e 最后一次出现的位置是:" + s. lastIndexOf('e'));
    }
}
```

程序运行结果如图 3-20 所示。

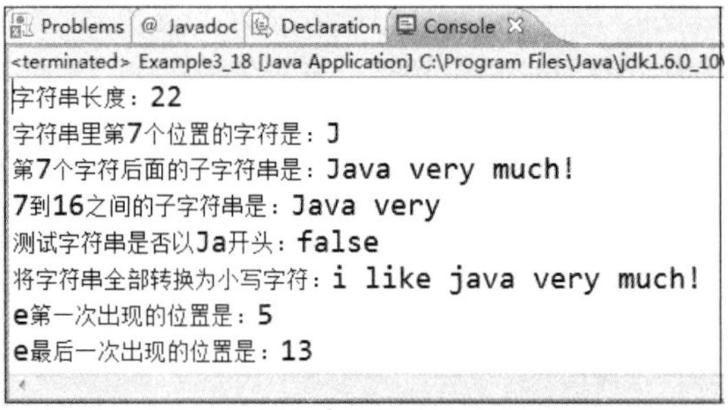

图 3-20

知识拓展

StringBuffer 类和 String 类相似，都用来存储和处理字符串，String 使用连接运算符产生新的字符串，生成新的字符串对象，这会造成许多对象垃圾，Java 提供 StringBuffer 类来解决这个问题。StringBuffer 类进行字符串操作时，长度可变，不生成新的对象，比 String 类内存占用小，使用效率更高。

1. StringBuffer 对象的创建

StringBuffer s = new StringBuffer( )

创建不含任何内容的 StringBuffer 对象,若需要创建带有内容的 StringBuffer 对象,可以给构造方法传递参数。

StringBuffer s＝new StringBuffer("Hi")

创建 StringBuffer 对象的内容是"Hi"。

2. StringBuffer 的常用方法

(1)append 方法

public StringBuffer apppend(String)

将指定字符串追加到字符串缓冲区中,StringBuffer 类中提供很多重载的 append( )方法,在当前字符串的末尾添加任意数据类型。

(2)deleteCharAt 方法

public StringBuffer deleteCharAt(int Index)

删除指定位置 Index 的字符,返回 StringBuffer 对象。

(3)delete 方法

public StringBuffer delete(int start,int end)

删除从位置 start 到 end 之间的字符,返回 StringBuffer 对象。

(4)insert 方法

public StringBuffer insert(int offset,String str)

在指定位置 offset 插入指定字符 str,StringBuffer 类中提供很多重载的 insert( )方法,可以插入任意数据类型。

(5)reverse 方法

public StringBuffer reverse( )

将字符串反转,返回新的 StringBuffer 对象。

(6)toString 方法

public String toString( )

将字符串缓冲区对象转换成字符串对象。

　　字符串以字符数组存放,同一个字符数组中的字符串"物以类聚"成为"好朋友"。中国古代"孟母三迁",说的就是为了营造良好学习的氛围,孟母三次搬家,直至搬迁至学馆旁,孟子才开始专心读书,最终成为著名的思想家。与什么人交往,对一个人的成长非常重要,甚至能改变一个人的人生轨迹。一个人若想变得优秀,就要多结交优秀的朋友,受其影响和熏陶,才会更加出类拔萃!

【例 3-19】 StringBuffer 类应用举例

```
public class Example3_19{
    public static void main(String args[ ] ){
        StringBuffer sb = new StringBuffer("我在学习 Java 语言");
        System. out. println("原字符串是:"+sb);
        System. out. println("原字符串长度是:"+sb. length( ));
        System. out. println("添加后的字符串是:"+sb. append(",共 56 学时"));
```

```
        System.out.println("插入后的字符串是:"+sb.insert(8,"程序设计"));
        System.out.println("插入数字后的字符串是:"+sb.insert(2,"努力地"));
        System.out.println("替换后的字符串是:"+sb.replace(0,1,"白强"));
        System.out.println("删除后的字符串是:"+sb.deleteCharAt(2));
        System.out.println("逆序排列后的字符串是:"+sb.reverse());
        System.out.println("处理后字符串是:"+sb);
    }
}
```

程序运行结果如图 3-21 所示。

![Console output showing terminated Example3_19 Java Application with string processing results]

图 3-21

任务实现

1. 任务分析

分析任务题目,可以得出以下信息:

①验收合法 Java 的文件名,主要判断是不是以".java"结尾;

子任务 3.3.1 微视频

②电子邮箱是否合法,电子邮箱名中是否含有"@"和"."字符,检查"@"是否在"."之前;

③用 String 类提供的提取和搜索字符串。

2. 任务编码

通过分析可以编写下列代码以任务实现功能:

```java
import java.util.Scanner;
public class Task3_3_1{
    public static void main(String[] args){
        boolean fileCorrect=false;    // 文件名是否正确
        boolean emailCorrect=false;    // 电子邮件是否正确
        System.out.println("作业提交系统");
        Scanner input=new Scanner(System.in);
        System.out.println("请输入提交的文件名:");
        String fileName=input.next();
        System.out.println("请输入您的邮箱:");
```

```
String email = input. next( );
    // 检查文件名
    int index = fileName. lastIndexOf(". ");    //". "的位置
    if( index! = -1&& index! = 0 && fileName. substring(index+1, fileName. length( ) ). equals("java"))
{

        fileCorrect = true;                    // 文件名正确
    }else{
        System. out. println("文件名不正确!");
    }
    // 检查电子邮件格式
    if( email. indexOf("@")! = -1 && email. indexOf(". ") >email. indexOf("@")) {
        emailCorrect = true;                    // 电子邮件正确
    }else{
        System. out. println("电子邮件不正确!");
    }
    // 输出检测结果
    if( fileCorrect && emailCorrect) {
        System. out. println("作业提交成功!");
    }else{
        System. out. println("作业提交失败!");
    }
    }
}
```

3. 运行结果

程序运行结果如图 3-22 所示。

图 3-22

能力提升

一、选择题

1. 比较两个字符串的方法是(   )。
    A. =   B. = =   C. compareTo( )   D. equals( )

2. 关于截取子串函数 substring(beginIndex,endIndex),下面说法正确的是(　　　)。

　　A. 第一个字符位置是 1

　　B. 截取子串的长度为 endIndex-beginIndex

　　C. 截取子串的长度为 endIndex-beginIndex+1

　　D. 截取子串的第一个字符位置是 beginIdex,最后一个字符位置是 endIndex

3. 定义字符串:String str="I love China!",则 str.length()的结果是(　　　)。

　　A. 10　　　　　　　　B. 12　　　　　　　　C. 13　　　　　　　　D. 14

4. 下面程序段的输出结果是(　　　)。

```
String s="abcdef";
s.concat("m");s.replace("f","n");
System.out.println(s);
```

　　A. abcdefm　　　　　B. abcdefmn　　　　　C. abcdef　　　　　D. abcdenm

5. 在字符串中查找某个关键字第一次出现的位置,使用的方法是(　　　)。

　　A. indexOf( )　　　B. lastIndexOf( )　　　C. search( )　　　D. find( )

二、填空题

1. 下面程序段的输出结果是_____。

```
String s=new String("Java Language.");
System.out.println(s.charAt("n"));
```

2. Java 定义两个类来封装字符串的操作,分别是_____和_____。

3. 根据下列赋值语句:

```
s=new StringBuffer().append("Apple").append(6).append("X");
```

可知 s 的类型是_____,它的值是_____。

三、编写程序

1. 验证登录信息,用户名:Lily;密码:abc123。

2. 统计字符串"I am studying java program!"中单词的个数。

子任务 3.3.2　数学类的使用

任务描述

　　由于工作需要,某医院急需护理人员,现决定招聘一批合同制护士,进行面试选拔。为公平起见,随机安排面试顺序号。要求:面试人员的考号由"考场号+顺序号"组成;面试顺序号总数与面试人数相同,从 1 号开始,按考号顺序输出考号和面试顺序号。

预备知识

1. Math 类介绍

Java 提供了用于数学计算的类,例如:Math 类封装了数学中一些常量和函数,Random 类产生伪随机数。Math 类是标准的数学类,属于 java. lang 包,提供了指数、对数、三角函数、平方根等基本数学运算的方法和常用的数学常量,其属性和方法都是静态的。因为 Math 类中只有一种私有构造方法,所以无法获得 Math 类的实例,只能通过类名调用静态常量和方法。

2. Math 类常量

(1)Math. E

自然对数的底数,值为 2. 718 281 8。

(2)Math. PI

圆周率,值为 3. 141 592 6。

3. Math 类方法

(1)绝对值

public static double abs(double a)

求 a 的绝对值,提供大量重载方法,求任意数值类型的绝对值。

(2)正弦函数

public static double sin(double a)

求 a 的正弦值。

(3)余弦函数

public static double cos(double a)

求 a 的余弦值。

(4)正切函数

public static double tan(double a)

求 a 的正切值。

(5)最小整数

public static double ceil(double a)

求大于或等于 a 的最小整数。

(6)最大整数

public static double floor(double a)

求小于或等于 a 的最大整数。

(7)自然对数

public static double log(double a)

求 a 的自然对数。

(8)次幂

public static double pow(double a, double b)

求 a 的 b 次幂。

(9)平方根

public static double sqrt(double a)

求 a 的平方根。

(10)较大数

public static double max(double a,double b)

求 a 和 b 中的较大数。

(11)较小数

public static double min(double a,double b)

求 a 和 b 中的较小数。

(12)随机数

public static double random()

产生大于或等于 0 且小于 1 的随机数。

【例3-20】 Math 类应用举例

```java
public class Example3_20{
    public static void main(String[] args){
            System.out.println("获得 π 值:"+ Math.PI);
            System.out.println("获得 e 值:"+ Math.E);
            System.out.println("-12.3 绝对值:"+ Math.abs(-12.3));
            System.out.println("不小于参数值的最小整数:"+
                Math.ceil(7.6)+","+Math.ceil(7.6));
            System.out.println("不大于参数值的最大整数:"+
                Math.floor(5.9)+","+Math.floor(5.9));
            System.out.println("36 的平方根:"+Math.sqrt(36));
            System.out.println("计算 3^4 ="+Math.pow(3,4));
            System.out.println("计算正弦:"+
                Math.sin(Math.toRadians(90)));    //参数为弧度
            System.out.println("计算余弦:"+
                Math.cos(Math.toRadians(45)));    //参数为弧度
            System.out.println("计算正切:"+
                Math.tan(Math.toRadians(45)));    //参数为弧度
            System.out.println("计算 10 为底的对数:"+Math.log10(1000));
            System.out.println("计算自然对数:"+Math.log(10));
            System.out.println("取 5.6 和 8.1 的最大者:"+Math.max(5.6,8.1));
            System.out.println("获得[0,1]之间的一个随机数:"+ Math.random());
    }
}
```

程序运行结果如图 3-23 所示。

图 3-23

知识拓展

1. Random 类介绍

Random 类是伪随机数生成器,属于 java. util 包。Random 类可以随机生成 int 型、double 型或 boolean 型数值。进行随机时,随机算法的起源数字称为种子数,在种子数的基础上进行一定变换,从而产生我们需要的随机数。

2. Random 类方法

(1)public Random( )

以系统当前时间为初始值实例化一个随机数产生器。

(2)public Random(long seed)

以指定参数 seed 值为初始值实例化一个随机数产生器。

(3)public boolean nextBoolean( )

随机生成一个布尔型的值。

(4)public float nextFloat( )

随机生成一个 float 型的值。

(5)public double nextDouble( )

随机生成一个 double 型的值。

(6)public int nextInt( )

随机生成一个整型值。

(7)public int nextInt(int n)

随机生成一个 0 到 n 之间的整型值。

(8)public void setSeed(long seed)

修改随机数生成器的种子。

【例 3-21】　Random 类应用举例

```
import java.util.Random;
public class Example3_21{
    public static void main(String[] args){
    Random r = new Random();
    System.out.println("随机生成布尔型值:"+ r.nextBoolean());
    System.out.println("随机生成 0 至 10 之间的整数:"+r.nextInt(10));
    System.out.println("随机生成 100 以内的 double 型值:"+r.nextDouble() * 100);
    }
}
```

程序运行结果如图 3-24 所示。

```
Problems  @ Javadoc  Declaration  Console ⊠
<terminated> Example3_21 [Java Application] C:\Program Files\Java\jdk1.6.0
随机生成布尔型值:true
随机生成0至10之间的整数:8
随机生成100以内的double型值:42.80449801313815
```

图 3-24

任务实现

子任务 3.3.2 微视频

1. 任务分析

分析任务题目,可以得出以下信息:

①面试考生号由"考场号+顺序号"组成,从键盘输入考场号和面
试人数。例如,考场号为 2022,面试人数为 10,则考号为 202201~202210。

②面试人数与面试号总数相同,从 1 开始。面试人数为 10,面试号为 1~10,面试号随
机分配,不允许重复且在面试号范围之内。

③按考号顺序输出考号和面试号,例如,考号:202201,面试号:n(随机值)。

2. 任务编码

通过分析可以编写下列代码以任务实现功能:

```
import java.util.Random;
import java.util.Scanner;
public class Task3_3_2 {
    public static void main(String[] args){
        // 从键盘输入考场号和面试人数
        Scanner sca = new Scanner(System.in);
        System.out.println("请输入考场号:");
        int td = Integer.parseInt(sca.nextLine());  // 从键盘输入考场号 td
        System.out.println("请输入面试人数:");
```

```
        int n = Integer.parseInt(sca.nextLine());  // 从键盘输入面试人数
        // 二维数组存储考号和座位号: a[0] 保存考号, a[1] 保存座位号
        int[][] a = new int[2][n];
        TestNumbers(td, a[0]);  // 生成考号
        RandomNumbers(a[1]);  // 生成面试顺序号
        // 遍历数组输出考号和座位号
        for(int i = 0; i < n; i++){
            System.out.println("考号:" + a[0][i] + ",面试顺序号:" + a[1][i]);
        }
        sca.close();
    }
    // 按考场号 s 和考生数 n 生成顺序的考号, 保存在数组 a 中
    public static void TestNumbers(int s, int[] b){
        for(int i = 0; i < b.length; i++){
            if(i < 9){  // 为末两位是 10 以下考号序号补足空位 0, 考号从 01 开始
                b[i] = Integer.parseInt(s + "0" +(i + 1));
            } else {
                b[i] = Integer.parseInt(s + "" +(i + 1));
            }
        }
    }
    // 产生 arr.length 个不同的随机数存入数组, 随机数范围 1~arr.length
    public static void RandomNumbers(int[] b){
        Random ran = new Random();
        int i = 0;
        int n = b.length;  // 产生随机数的个数
        // 产生 n 个值为 1 到 n 之间的不同的随机数
        L1: while(i < n){
            int m = ran.nextInt(n + 1);  // 产生一个 0 到 n 之间的随机整数
            if(m == 0)
                continue;  // 若产生的随机数为 0, 则重新产生随机数
            for(int j = 0; j < i; j++)  // 若产生的随机数已存在, 则重新产生随机数
                if(b[j] == m)
                    continue L1;
            b[i] = m;
            i++;  // 将随机数存入数组, 继续产生下一个随机数
        }
    }
}
```

3. 运行结果

程序运行结果如图 3-25 所示。

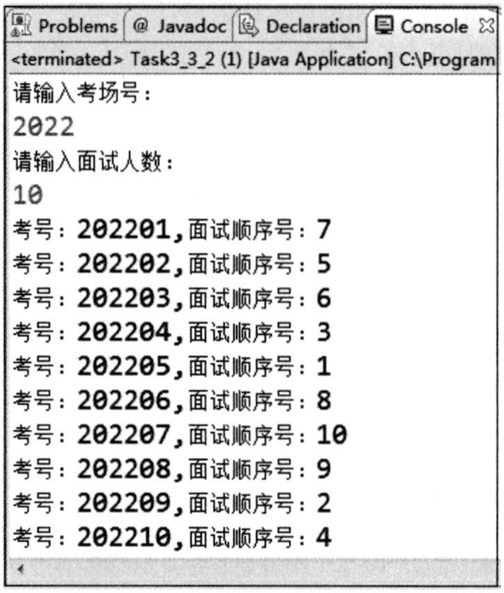

图 3-25

能力提升

一、选择题

1. Random 对象不能生成(　　　)类型的随机数。

　A. int　　　　　　B. string　　　　　　C. double　　　　　　D. boolean

2. 以下 Math 类的常用方法中,计算绝对值的方法是(　　　)。

　A. ceil( )　　　　B. floor( )　　　　　C. sin( )　　　　　　D. abs( )

3. 产生[20,999]的随机整数使用以下哪个表达式?(　　　)

　A. 20+(int)(Math. random( ) * 980)

　B. (int)(20+Math. random( ) * 979)

　C. (int)(Math. random( ) * 999)

　D. 20+(int)Math. random( ) * 980

4. 下列程序运行的结果为(　　　)。

```
public static void main(String args[ ] ) {
    int i;
    float f = 2.9f;
    double d = 2.7;
    i = (int)Math. ceil(f) * (int)Math. floor(d);
    System. out. println(i);
}
```

　A. 4　　　　　　　B. 5　　　　　　　C. 6　　　　　　　D. 9

5. 下列关于 Math. random( )方法的描述中,正确的是(　　　)。

　A. 返回一个不确定的整数

　B. 返回 0 或是 1

　C. 返回一个随机的 double 类型数,该数大于或等于 0.0、小于 1.0

　D. 返回一个随机的 float 类型数,该数大于 0.0、小于 1.0

二、填空题

1. Math 类用_____修饰,因此不能有子类。

2. Math. sqrt(49)等于_____。

3. Random 类位于_____包中。

4. Math 类提供了基本数学运算的方法和常用的数学常量,其属性和方法都是_____。

三、编写程序

随机生成位置和大小不同的五角星,并显示出来。

子任务 3.3.3　日期类的使用

任务描述

输入某医院职工的基本信息:姓名、性别、出生日期、职务,并存储在职工对象中。从键盘上输入时,各项之间用逗号作为分隔符,输入　条职工信息后,提示是否继续输入。输入"yes"代表继续,输入"no"代表结束。

预备知识

日期时间相关的类有 Date 类、Calendar 类和 GregorianCalendar 类等,它们存放在 Java 内置的一个工具包 Java. util 中。Java. util 包不会默认导入,如果要使用该包中的类,必须在程序第一行输入 import 关键字进行导入。

1. Date 类

在 JDK 1.0 中,Date 类代表时间类,只用来实例化日期对象。Date 类的构造器如下:

(1)Date( )

这个构造函数分配一个 Date 对象并初始化,它表示被分配的时间,精确到毫秒。

(2)Date(long date)

这个构造函数分配一个 Date 对象并初始化,它表示指定的毫秒数,以 1970 年 1 月 1 日 00:00:00 GMT 为基准时间。

Date 类中的常用方法如下:

（1）getTime( )

Date 对象返回自 1970 年 1 月 1 日 00：00：00 GMT 表示的毫秒数。

（2）setTime(long time)

设置当前时间与 1970 年 1 月 1 日 00：00：00 相差的毫秒数。

（3）equals(Object obj)

比较两个日期是否相等。

（4）compareTo(Date anotherDate)

比较两个日期的顺序。

（5）before(Date when)

检查此日期是否在指定日期之前。

（6）after(Date when)

检查此日期是否在指定日期之后。

（7）toString( )

将 Date 对象转换为字符串形式。

> 著名作家鲁迅曾说过："时间就像海绵里的水，只要愿意挤，总还是有的"。鲁迅年少读书时，父亲患重病，两个弟弟年幼，他每天不仅上当铺、跑药店，还帮母亲做家务。为避免耽误学业，他合理安排时间。鲁迅博览群书，又喜欢写作、绘画等，在他的眼中，时间就是生命。同学们要向鲁迅先生学习，养成时间观念，珍惜时间，努力学习，不负韶华，报效祖国。

【例 3-22】 Date 类应用举例

```
import java.util.Date;
public class Example3_22{
    public void getTime(){
        System.out.println("当前的系统时间:"+System.currentTimeMillis());
    }
    public void getDate(){
        Date d=new Date();
        System.out.println("今天的日期是:"+d.toString());
        System.out.println("自 1970 年 GMT 至今所经历的毫秒数:"+d.getTime());
    }
    public static void main(String[] args){
        Example3_22 e=new Example3_22();
        e.getTime();
        e.getDate();
    }
}
```

程序运行结果如图 3-26 所示。

图 3-26

2. Calendar 类

从 JDK1.1 版本以后,使用 Calendar 类进行日期和时间处理,Calendar 类在 java. util 包中,是一个抽象类,它的功能比 Date 类强大。Calendar 类不能使用 new 关键字来实例化对象,只能通过它的静态方法 getInstance()来获得它的实例化对象。

Date 对象和 Calendar 对象可以相互转换,使用 Date 对象的 setTime()方法将 Date 对象转换为 Calendar 对象,反之 Calendar 对象的 getTime()方法将转换 Calendar 对象为 Date 对象。

Calendar 类构造器:

(1)protected Calendar()

构建 Calendar 系统默认的时区。

(2)protected Calendar(TimeZone,Local aLocale)

构建 Calendar 系统指定的时区。

Calendar 类微视频

Calendar 类的常用静态属性:

(1)public static final int DAY_OF_MONTH

表示一个月中的某一天。

(2)public static final int DAY_OF_YEAR

表示一年中的某一天。

(3)public static final int DAY_OF_WEEK

表示一周中的某一天。

(4)public static final int HOUR

表示一天中的某个小时,以 12 小时制计数。

(5)public static final int HOUR_OF_DAY

表示一天中的某个小时,以 24 小时制计数。

(6)public static final int MINUTE

表示 1 小时当中的某分钟。

(7)public static final int SECOND

表示 1 分钟当中的某秒。

(8)public static final int MONTH

表示月份。

(9)public static final int YEAR

表示年份。

Calendar 类的常用方法：

（1）get（int field）

获取给定日历字段的值。

（2）Calendar getInstance（）

获得 Calendar 类的实例化对象。

（3）set（int field，int value）

设置指定日历字段的值。

（4）set（int year，int month，int date）

设置日历字段 year、month 和 date 的值。

（5）set（int year，int month，int date，int hour，int Day，int minute）

设置字段 year、month、date、hour、minute 和 second 的值。

（6）clear（）

清除当前日历对象的值。

【例 3-23】 Calendar 类应用举例

```java
import java.util.Calendar;
import java.util.Date;
public class Example3_23{
    public static void main(String[] args){
        //Date 类
        Date d1=new Date();
        System.out.println("d1="+d1.toString());
        //Calendar 类
        Calendar c1=Calendar.getInstance();
        System.out.println("年:"+c1.get(Calendar.YEAR));
        System.out.println("月:"+(c1.get(Calendar.MONTH)+1));
        System.out.println("日:"+c1.get(Calendar.DAY_OF_MONTH));
        c1.set(2017,7,6,3,16,27);
        System.out.println("修改后的年:"+c1.get(Calendar.YEAR));
    }
}
```

程序运行结果如图 3-27 所示。

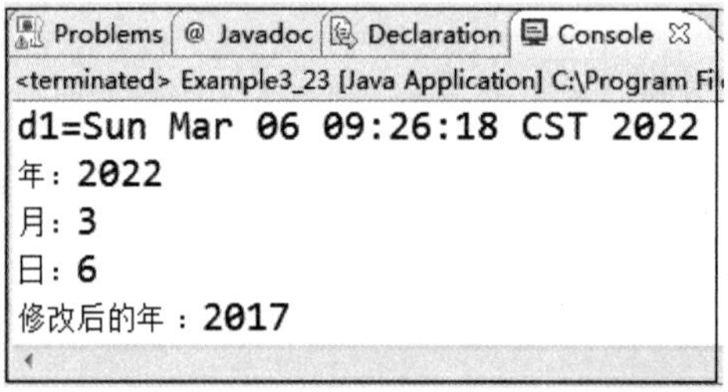

图 3-27

3. GregorianCalendar 类

GregorianCalendar 类是 Calendar 类的一个子类,提供了大多数国家/地区的标准日历系统,并且提供了比较丰富的方法,可以对年、月、日、时、分、秒进行修改和增减。GregorianCalendar 是一种混合日历,通过 setGregorianChange( )来更改日期的起始值。

GregorianCalendar 类构造器:

(1)GregorianCalendar( )

用当地默认的时区和当前时间创建对象。

(2)GregorianCalendar(int year,int month,int date)

用指定的 year、month、date 创建对象。

(3)GregorianCalendar(int year,int month,int date,int hour,int minute,int second)

用指定的 year、month、date、hour、minute 和 second 创建对象。

Calendar 类是个抽象类,如果想使用这个抽象类,必须依靠对象的多态性,通过子类对父类进行实例化操作,GregorianCalendar 类是 Calendar 类在 Java 中的唯一实现。GregorianCalendar 类继承于父类 Calendar。

【例 3-24】 GregorianCalendar 类应用举例

```
import java.util.Calendar;
import java.util.GregorianCalendar;
public class Example3_24{
    public static void main(String[] args){
        Calendar c1 = new GregorianCalendar();  //获取当前日期
        int m1,d1,day1;
        int wDay;
        int i;
        String[] w = {" 日"," 一"," 二"," 三"," 四"," 五"," 六"};
        //打印表头
        for(i=0;i<w.length;i++)
            System.out.print(w[i]+"    ");
            System.out.println();
        m1=c1.get(Calendar.MONTH);    //当前月
        d1=c1.get(Calendar.DAY_OF_MONTH);    //该月第几天
        c1.set(Calendar.DATE,1);    //将日期设置为当月 1 号
        wDay=c1.get(Calendar.DAY_OF_WEEK);    //获知 1 号是星期几
        //根据 1 号是星期几,前面留若干空白
        for(i=1;i<wDay;i++)
            System.out.print("    ");
        while(c1.get(Calendar.MONTH)==m1)    //月份变为下一月时代表结束
        {
            day1=c1.get(Calendar.DATE);
            //一位数前面补空格
            System.out.print(String.format("%1$2d",day1));
```

```
            if(day1 = = d1)System. out. print(" * ");    // 当天用 * 作为标志
            else System. out. print("   ");
            if(c1. get(Calendar. DAY_OF_WEEK) = = Calendar. SATURDAY)
                System. out. println();
            c1. add(Calendar. DATE, 1);    // 每循环一次加一天
        }
        System. out. println();    // 换行
    }
}
```

程序运行结果如图 3-28 所示。

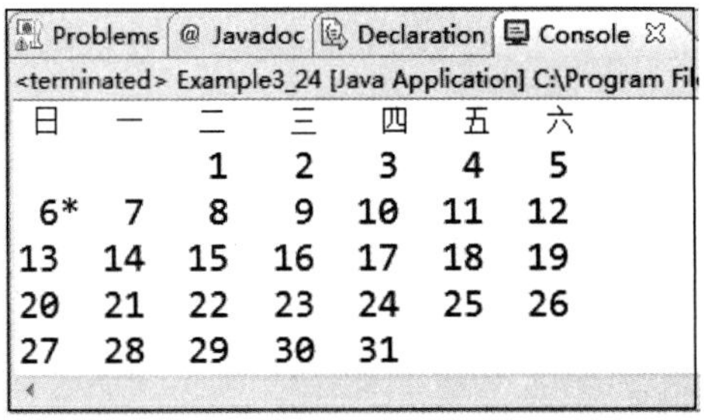

图 3-28

本程序输出当前系统时间所在月的日历,首先获得该月份 1 号是星期几,其次计算出该月的天数,最后输出该月的日历。

4. DateFormat 类

DateFormat 格式化日期时间类,是一个抽象类,它位于 java. text 包中,提供了许多时间格式方法,它的常用子类为 SimpleDateFormat,该子类是一个与语言环境有关的时间格式类,例如,常用的一种日期和时间格式"yyyy-MM-dd HH: mm: ss"。

【例 3-25】 SimpleDateFormat 类应用举例

```
import java. text. SimpleDateFormat;
import java. util. Date;
import java. util. Calendar;
public class Example3_25{
    public static void main(String[] args) {
        Date d1 = new Date();
        Calendar c1 = Calendar. getInstance();
        System. out. println("今天:"+c1. get(Calendar. YEAR)+"年"+(c1. get(Calendar. MONTH)+1)
        +"月"+c1. get(Calendar. DAY_OF_MONTH)+"日");
        System. out. println("星期:"+(c1. get(Calendar. DAY_OF_WEEK)-1));
        SimpleDateFormat formater = new SimpleDateFormat("yyyy-MM-dd HH: mm: ss");
        System. out. println("现在时间:"+formater. format(d1));
```

```
        }
}
```

程序运行结果如图 3-29 所示。

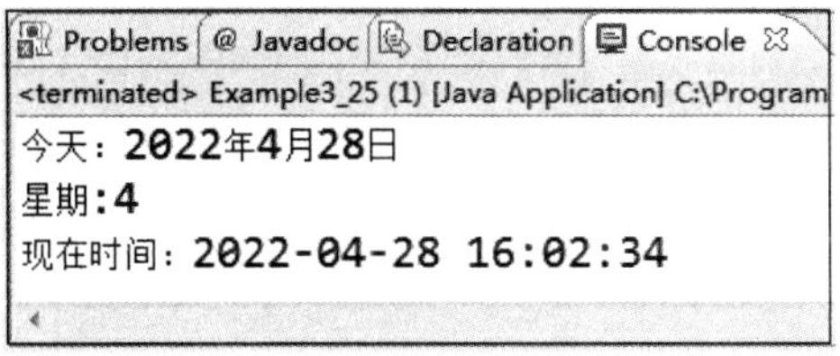

图 3-29

知识拓展

1. System 类介绍

System 类提供了系统的属性和方法,是一个很实用的类,在程序中经常使用成员 out 进行输出操作,向屏幕输出内容并换行的语句为 System. out. println( )。Sysytem 类中的属性和方法都是静态成员,直接通过 System 类进行引用。

System 类的常用静态属性如下:

(1) in

表示标准输入流。

(2) out

表示标准输出流。

(3) err

表示标准错误流。

System 类的常用方法:

(1) CurrentTimeMillis( )

返回当前系统时间,计算当前时间与 GTM 时间的差值,单位毫秒。

(2) exit(int status)

退出 Java 虚拟机,参数 status 非 0 时表示强行退出。

(3) Properties getProperties( )

获取系统属性,属性包含两部分内容:属性名称=属性值。

(4) String getProperty(String key)

获取参数 key 指定的属性值,其中 os. name 表示操作系统,user. name 表示用户名,user. dir 表示用户目录,user. home 表示系统用户的主目录,file. separator 表示系统路径的分隔符。

(5) String getProperty(String key,String key)

设置系统属性值。

【例 3-26】　System 类应用举例

```
import java. util. Properties;
public class Example3_26{
```

```
    public static void main(String[] args) {
    System. out. println("当前时间与 1970 年标准 GMT 相差的毫秒数:"+System. currentTimeMillis());
    Properties p1 = System. getProperties();
    System. out. println("用户工作目录:"+p1. getProperty("user. dir"));
    System. out. println("系统用户目录:"+p1. getProperty("user. home"));
    System. out. println("当前系统操作系统类型:"+p1. getProperty("os. name"));
    System. out. println("系统路径分隔符:"+p1. getProperty("file. separator"));
    System. out. println("Java 的主目录:"+p1. getProperty("java. home"));
    }
}
```

程序运行结果如图 3-30 所示。

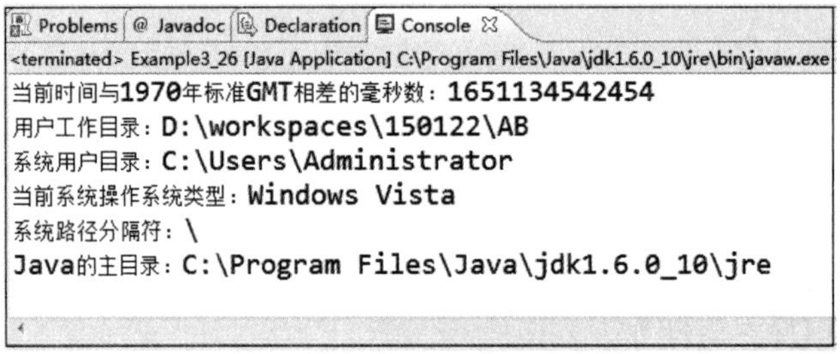

Problems @ Javadoc Declaration Console
<terminated> Example3_26 [Java Application] C:\Program Files\Java\jdk1.6.0_10\jre\bin\javaw.exe
当前时间与**1970**年标准**GMT**相差的毫秒数: 1651134542454
用户工作目录: D:\workspaces\150122\AB
系统用户目录: C:\Users\Administrator
当前系统操作系统类型: Windows Vista
系统路径分隔符: \
Java的主目录: C:\Program Files\Java\jdk1.6.0_10\jre

图 3-30

任务实现

任务 3.3.3 微视频

1. 任务分析

分析任务题目,可以得出以下信息:

①职工的信息,包括姓名、性别、出生日期、职务。

②从键盘上进行信息输入,每项数据之间用逗号分隔,输入一条
记录后,提示信息:是否继续输入,输入"yes"代表继续,输入"no"代表结束。

③将输入的每个职工信息分割成字符数组,根据每个字段的数据类型进行相应的转
换,存入职工对象的数组。

2. 任务编码

通过分析可以编写下列代码以任务实现功能:

```java
// Person. java
import java. util. *;
public classPerson            //职工
{
    private String name;      //姓名
    private String sex;       //性别
    private Date birthday;    //生日
    privateString post;       //职务
```

```
        public String getName() {return name; }
        public void setName(String name) {this. name = name; }
        public String getSex() {return sex; }
        public void setSex(String sex) {this. sex = sex; }
        public Date getBirthday() {return birthday; }
        public void setBirthday(Date birthday)    {this. birthday = birthday; }
        public String getPost() {return post; }
        public void setPost(String post) {this. post = post; }
}
import java. util. *;
import java. text. SimpleDateFormat;
public class Task3_3_3{
    public static void main(String[] args) throws Exception
    {
        Person[] pe=new Person[100];    //最多存放100个员工对象(指针)
        int count=0;                      //实际存放的职工数量
        String s;
        System. out. println("请输入职工的信息");
        System. out. println("按姓名、性别、生日、职务顺序,逗号作为分隔符进行输入");
        Scanner in = new Scanner(System. in);
        s = in. nextLine();
        while(! s. equals(""))    //不输入内容,直接回车结束
        {
            String[] sa=s. split(",");
            Person per=new Person();
            per. setName(sa[0]);   //设置职工姓名
            per. setSex(sa[1]);    //设置职工性别
            SimpleDateFormat df=new SimpleDateFormat("yyyy-mm-dd");
            per. setBirthday(df. parse(sa[2]));   //设置职工生日
            per. setPost(sa[3]);   //设置职工职务
            pe[count++]=per;       //存入数组中
            System. out. print("继续输入职工信息吗?(yes/no)");
            String result=in. nextLine();   //获取回答内容
            if(result. equals("yes"))        //回答"yes"
                s = in. nextLine();          //继续输入
            else break;
        }
        System. out. println("输出职工信息:");
        for(int i=0; i<count; i++)
        {
            System. out. print("姓名:"+pe[i]. getName()+",");
            System. out. print("性别:"+pe[i]. getSex()+",");
            SimpleDateFormat df=new SimpleDateFormat("yyyy-mm-dd");
```

```
        System.out.print("生日:"+df.format(pe[i].getBirthday())+",");
        System.out.println("职务:"+pe[i].getPost());
      }
    }
}
```

3.运行结果

程序运行结果如图 3-31 所示。

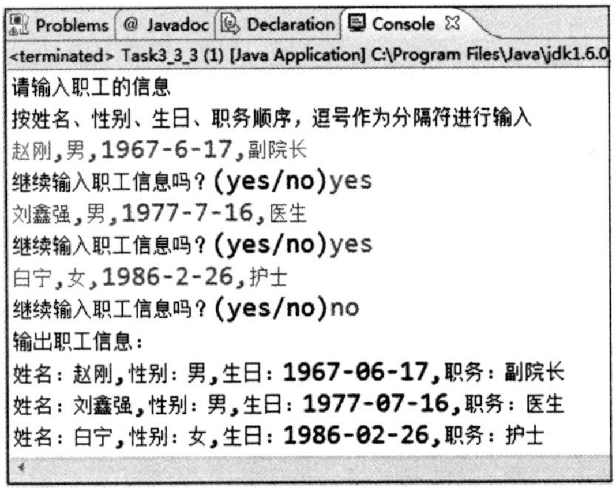

图 3-31

能力提升

一、选择题

1.关于 Calendar 类,下列说法错误的是(　　　)。

　　A. Calendar 类是一个抽象类

　　B. Calendar 类能实现对日期进行加减的操作

　　C. 可以用 Calendar.getInstance()产生对象

　　D. 可以用 new Calendar()产生对象

2.日期时间等相关的类都在(　　　)包中。

　　A. java.io　　　　　B. java.lang　　　　　C. java.util　　　　　D. java.awt

3.下列说法正确是(　　　)。

　　A. GregorianCalendar 类通过 setGregorianChange()来更改日期的起始值

　　B. Calendar 类提供了大多数国家/地区使用的标准日历系统

　　C. Calendar 类是 GregorianCalendar 类的一个子类

　　D. Date 类比 Calendar 类使用功能强

4.(   )是 System 类的方法。

  A. in   B. exit   C. err   D. out

5.Date 类中,能将 Date 对象转换为字符串的方法是(   )。

  A. equals( )   B. toString( )   C. after( )   D. compareTo( )

二、填空题

1. Sysytem 类中的属性和方法都是_____成员。

2. Calendar 类清除当前日历对象的值的方法是_____。

3. Calendar. DAY_OF_WEEK 表示_____。

三、编写程序

1. 使用 Calendar 类输出当前月的日历。

2. 使用 GregorianCalendar 类输出 2000—3000 年的闰年和程序运行的时间。

学习评价

班级		学号		姓名	
任务3.3　Java 语言常用 API 的使用			课程性质	理实一体化	
知识评价(30分)					
序号	知识考核点			分值	得分
1	String 类			10	
2	Math 类			10	
3	Date 类			10	
任务评价(60分)					
序号	任务考核点			分值	得分
1	String 类应用			15	
2	Math 类应用			15	
3	Date 类应用			15	
4	程序检查、纠正			15	
思政评价(10分)					
序号	思政考核点			分值	得分
1	思政内容的认识与领悟			5	
2	思政精神融于任务的体现			5	

班级		学号		姓名	
任务 3.3　Java 语言常用 API 的使用				课程性质	理实一体化
违纪扣分（20 分）					
序号	违纪考查点			分值	扣分
1	卜课迟到早退			5	
2	上课打游戏			5	
3	上课玩手机			5	
4	其他扰乱课堂秩序的行为			5	
综合评价				综合得分	

模块四　面向对象进阶

【主要内容】

1. 抽象类的概念和定义格式；
2. 抽象类的应用；
3. 接口的实现与使用；
4. 包的定义；
5. 包的创建和常用包的引入；
6. 异常的概念和异常模型；
7. 对程序中出现的异常进行处理。

任务 4.1　抽象类定义及实现

学习目标

【知识目标】

1. 了解抽象类的概念；
2. 掌握抽象类的使用。

【任务目标】

1. 掌握抽象类的使用；
2. 能正确编写任务程序。

【素质目标】

1. 具有忠于职守、尊重他人劳动成果的职业道德；
2. 养成时间观念,具有珍惜时间的意识。

任务描述

图形程序设计:定义一个图形抽象类 Graph;并定义子类——圆类 Circle、矩形类 Triangle,分别计算它们的周长和面积。

✢ **预备知识**

1. 抽象类概述

定义一个类时,可以实例化对象。对有些类来说,实例化对象没有什么实际意义,比如在图形领域中"形状"这个概念,既可以指三角形,也可以指圆,还可以指六边形,等等。"形状"只是个抽象的概念,因此不能表示具体的对象。

当一个类被 abstract 修饰时,称为抽象类。抽象类的作用类似于"模板",根据它的格式来修饰并创建新的类。不能直接由抽象类创建对象,只能通过抽象类派生新类,再由这个新类来创建对象。定义抽象类的语法格式:

abstract class 类名{
　　声明成员变量;
　　返回值的数据类型 方法名(参数表){
　　…
　　}
　　abstract 返回值的数据类型 方法名(参数表);
}

抽象类微视频

用 abstract 修饰的方法,称为抽象方法,抽象方法只有一个声明,没有方法体,是一种不完整的方法,抽象方法的定义:

　　abstract 抽象方法名称( );

2. 抽象类和抽象方法的特点

①包含抽象方法的类必须是抽象类。

②抽象方法只需要声明,没有方法体。

③抽象类必须被子类继承,子类(如果不是抽象类)必须覆盖抽象类中的全部抽象方法。

④抽象类不能被实例化,如果使用 new 关键字创建抽象类的对象,会出现编译错误。

⑤final 修饰的类不允许被继承,final 的方法不允许被覆盖,所以关键字 final 与关键字 abstract 不能同时使用。

⑥关键字 abstract 不能与 private、static 关键字共存。

⑦抽象类中可以有抽象方法,也可以没有抽象方法。

【例 4-1】 抽象类的使用

```
public class Example4_1 {
    public static void main(String[ ] args){
        Student s=new Student();
        s. relax();
    }
}
abstract class Person{
    abstract void relax();  //定义抽象方法,它没有方法体
```

```
}
class Student extends Person{
    void relax(){
        System.out.println("学生们休闲时正在听音乐");
    }
}
```

程序运行结果如图 4-1 所示。

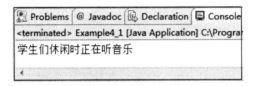

图 4-1

从上面的程序可以看出,抽象类只能当成父类继承,不能创建对象。抽象类是多个具体类中抽象出来的父类,抽象类的作用类似于模板,作为多个子类是通用模板,子类在抽象类的基础上进行修改、扩展。

知识拓展

定义抽象类后,对共同类型的操作变得更为简单,通过调用子类的覆盖方法实现多态。抽象类有默认的构造方法,也可以自定义构造方法,这些构造方法不能实例化自己的对象,但可以通过子类对象进行初始化。

【例 4-2】　定义抽象类 Canines,内有一个抽象方法 shout(),定义子类 Wolf 和 Dog 在子类中实现 shout()方法,进行测试。

```
public class Example4_2{
    public static void main(String[] args){
        Canines w=new Wolf("狼儿战战");
        Canines d=new Dog("狗儿乐乐");
        w.shout();
        d.shout();
    }
}
abstract class Canines{
    String name;
    public Canines(String n){
        name=n;
    }
    public abstract void shout();
    public String getName(){
        return name;
```

```
        }
    }
public class Wolf extends Canines{
    public Wolf(String n){
        super(n);
    }
    public void shout(){
        System. out. println(name+"嗷嗷叫");
    }
}
    public class Dog extends Canines{
        public Dog(String n){
            super(n);
        }
    public void shout(){
        System. out. println(name+"旺旺叫");
    }
}
```

程序运行结果如图 4-2 所示。

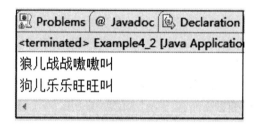

图 4-2

上面程序中,定义抽象类 Canines,不能直接创建对象,但可以通过抽象类的子类创建对象 Canines w = new Wolf("狼儿战战") 声明抽象类引用指向子类的对象,实现多态。其中 Wolf 类和 Dog 类是实现抽象类中抽象方法的子类,是普通类。

任务实现

1. 任务分析

分析任务题目,可以得出以下信息:

①定义抽象类 Graph,在类中定义两种抽象方法:getPerimeter( ) 和 getArea( )。

任务 4.1 微视频

②定义一个继承 Graph 的子类 Rectangle,覆盖 getPerimeter( ) 和 getArea( ) 方法。

③定义一个继承 Graph 的子类 Circle,覆盖 getPerimeter( ) 和 getArea( ) 方法。

④定义测试类,测试程序的运行结果。

2. 任务编码

通过分析可以编写下列代码任务实现功能：

```java
abstract class Graph {        //定义抽象类
    static final float PI = 3.14F;
    public abstract float getPerimeter();
    public abstract float getArea();
}
class Rectangle extends Graph {    //长方形子类
    private float len;
    private float wid;
    public Rectangle(float len, float wid){
        this.len = len;
        this.wid = wid;
    }
    public float getPerimeter(){    //覆盖父类方法
        return(len+wid) * 2;
    }
    public float getArea(){    //覆盖父类方法
        return len * wid;
    }
}

    class Circle extends Graph {    //圆子类
    private float rad;
    public Circle(float r){
        rad = r;
    }
    public float getPerimeter(){    //覆盖父类方法
        return 2 * PI * rad;
    }
    public float getArea(){    //覆盖父类方法
        return PI * rad * rad;
    }
}
public class Task4_1 {
    public static void main(String[] args){
        Rectangle rect = new Rectangle(3,5);    //创建对象
        Circle cir = new Circle(6);
        System.out.println("长方形的周长是："+rect.getPerimeter()+",面积是："+rect.getArea());
        System.out.println("圆的周长是："+cir.getPerimeter()+",面积是："+cir.getArea());
    }
}
```

3. 运行结果

程序运行结果如图 4-3 所示。

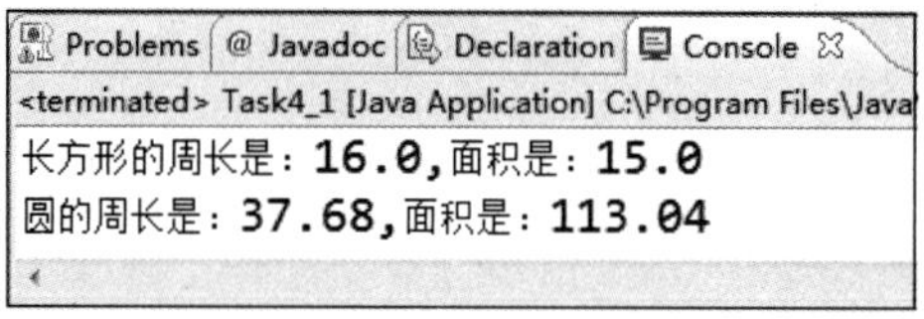

图 4-3

能力提升

一、选择题

1. 以下为定义抽象类格式的是(   )。
   A. abstract class   B. static class
   C. public class   D. private class

2. 下面说法中正确的是(   )。
   A. 有抽象方法的类不一定是抽象类
   B. 有抽象方法的类一定是抽象类
   C. 抽象类中一定有抽象方法
   D. 抽象类中一定没有抽象方法

3. 下面说法错误的是(   )。
   A. 抽象类中可以有 0 个或多个抽象方法
   B. 构造方法不能声明为抽象方法
   C. 允许 new 关键字实例化抽象类对象
   D. 抽象类可以有具体的属性和方法

4. 能与 final 共同使用的关键字是(   )。
   A. private   B. static   C. abstract   D . public

二、填空题

1. 在 Java 语言中,抽象用关键字_____表示。

2. 抽象方法所在的类一定是_____。

3. 抽象方法只有方法头,没有_____。

三、编写程序

设计一个抽象类 Animal,内有一个抽象方法 howl( ),两个子类 Wolf 和 Cat,在子类中实现 howl( )方法,编写程序进行测试。

学习评价

班级		学号		姓名	
任务4.1 抽象类定义及实现			课程性质	理实一体化	

知识评价(30分)

序号	知识考核点	分值	得分
1	抽象类的特点	10	
2	抽象方法	10	
3	抽象类的使用	10	

任务评价(60分)

序号	任务考核点	分值	得分
1	定义抽象类	10	
2	代码任务的编写	10	
3	程序功能的实现	15	
4	程序检查、纠正	15	
5	项目测试	10	

思政评价(10分)

序号	思政考核点	分值	得分
1	思政内容的认识与领悟	5	
2	思政精神融于任务的体现	5	

违纪扣分(20分)

序号	违纪考查点	分值	扣分
1	上课迟到早退	5	
2	上课打游戏	5	
3	上课玩手机	5	
4	其他扰乱课堂秩序的行为	5	
综合评价		综合得分	

任务 4.2 接口的使用

学习目标

【知识目标】

1. 了解接口的概念和定义格式；
2. 掌握接口的实现和使用；
3. 理解抽象类和接口的区别。

【任务目标】

1. 掌握接口的实现和使用；
2. 能使用接口技术进行相关程序开发。

【思政育人目标】

1. 在程序编写过程中，养成良好的编程习惯；
2. 具有团队合作、精益求精的工匠精神。

任务描述

定义一个报警接口 IAlert，一个窗户的抽象类 Window，一个塑钢窗类 IronWindow 和一个防盗窗类 SecurityWindow。IAlert 接口内有抽象方法 alert( )；抽象类 Window 内含有抽象方法 open( ) 和 close( )；子类 IronWindow 继承 Window 类，实现 open( ) 和 close( ) 方法；子类 SecurityWindow 继承 Window 类，也继承接口 IAlert，编写程序并测试。

预备知识

1. 接口的定义

如果一个类中的方法全部是抽象方法，那么这样的抽象类可以使用 Java 中的接口技术。Java 接口是更深层次的抽象，可以理解为"纯"抽象类，只含有常量和抽象方法，没有成员变量和其他方法。

Java 只支持单继承，但在实际生活中多继承例子比比皆是。例如：a 可以从属于 x，也可以从属于 y，还可以从属于 z，单继承无法实现上述表达，但通过接口的多重实现能够解决这一问题。接口能实现多重继承，可以被一个或多个类继承，一个类可以实现多个接口。Java 允许利用类的多态性"一个接口，多种方法"。

用关键字 interface 从类的实现中抽象出一个类的接口，接口可以指定一个类需要做什么，而不是规定它具体如何做。类实现了接口就要实现接口中的所有方法，否则该类定义

为抽象类。接口中没有实例变量,并且它定义的方法必须是抽象方法。接口的定义格式:

接口微视频

```
interface 接口名称{
修饰符 final 符号常量名 = 常数;
返回值类型 方法名();
    …
}
```

接口是个特殊的抽象类,这种抽象类中只包含常量和抽象方法,而没有变量和其他方法,所以说接口是常量和抽象方法的集合。接口体中的常量,修饰符 public、static、final 可以省略不写,系统编译时会自动加上。接口中的方法声明,默认的修饰符 public abstract 也可以省略不写。例如,以下两种格式是等价的:

```
public interface IGraph{                       public interface IGraph{
    public static final double PI = 3.14;  或      double PI = 3.14;
    public abstract double getArea();              double getArea();
}                                              }
```

接口的特点:

①接口不可以创建对象,但可以定义接口的引用。

②接口的作用是用来实现的,实现接口的类必须覆盖接口的方法,否则这个类只能是抽象类。接口的子类可以实例化对象,一个类可以实现多个接口,但实现接口的类必须覆盖所有接口的抽象方法。

③接口可以继承接口,即允许一个接口继承另一个接口。

2. 接口的实现

要实现一个接口,必须实现该接口中的所有抽象方法。每个类根据自身程序功能的需要自由地决定实现的具体细节。Java 允许利用类的多态性"一个接口,多种方法"。

类和接口之间是实现关系,实现接口的关键字是 implements。

接口的定义格式:

```
class 类名称  implements 接口名{
…
}
```

一个类实现接口时,需要特别说明以下三点:

①类实现某接口的抽象方法时,必须使用完全相同的方法头;

②接口中抽象方法修饰符指定为 public,类在实现方法时,必须用 public 进行修饰;

③非抽象类不能存在抽象方法。

【例 4-3】 接口的实现

```
interface A{                         //定义接口 A
    public String AUTHOR = "赵明亮";   //全局常量
    public void printA();            //抽象方法
```

```
    }
interface B{
    public void printB();
}
interface C extends A, B{
    public void printC();
}
class M implements C{          // M 类继承 C 类
    public void printA(){
        System.out.println("A.Hello World!");
    }
    public void printB(){
        System.out.println("B.Hello MLDN!");
    }
    public void printC(){
        System.out.println("C.Hello LXH!");
    }
}
public class Example4_3{
    public static void main(String args[]){
        M   m = new M();        // 实例化子类对象
        m.printA();
        m.printB();
        m.printC();
    }
}
```

　　程序运行结果如图 4-4 所示。

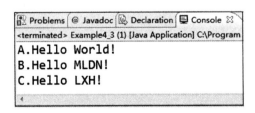

图 4-4

　　父类与子类之间是继承关系,接口与接口之间也可以是继承关系。Java 不支持多重继承,但可以利用接口技术实现。上面程序中,我们看出接口可以实现多重继承。多重继承是指一个子类可以有一个以上的直接父类,该子类可以继承它所有父类的成员。一个类可以继承多个接口,这样就摆脱了 Java 单继承局限性的限制。Java 中通过接口实现多继承,定义接口后可以实现多态。

3. 接口和抽象类的区别

接口和抽象类都可以通过多态性生成实例化对象,二者区别如表 4-1 所示。

表 4-1　接口和抽象类的区别

序号	区别	接口	抽象类
1	概念	全局常量和抽象方法的集合	含有抽象方法的类
2	关键字	interface 修饰	abstract 修饰
3	组成	全局常量、抽象方法	常量、变量、抽象方法、一般方法、构造方法
4	关系	接口不能继承抽象类,可以继承多个接口	抽象类可以实现多个接口
5	实现	子类继承接口,关键字为 implements	子类继承抽象类,关键字为 extends
6	局限	打破单继承局限	单继承局限
7	实际	作为一个标准或表示一种能力	作为一个模板

一个抽象类可以包含多个接口,一个接口也可以包含多个类。在程序设计中要明确遵守一个原则:程序既可以用接口实现,也可以用抽象类实现时,最好选择接口,因为它没有单继承的局限性,更具通用性。

知识拓展

1. 接口与多态性

接口作为一个标准或一种能力,主要表现为“规定一个类具体做什么,而不管它如何去做”,它只关心做的结果,不关心做的过程。例如:计算机的 USB 接口,只要外围设备是 USB 接口,就能与计算机相连接,这些设备怎么工作,USB 接口不需要管。

接口的多态性与类的多态性实现方式相同,均指向子类的实例化对象。例如:

interface X{ }
class Y implements X{ }
X=new Y();

接口的多态是数据的向上转型,接口类型的引用指向了实例化的子类对象,上面程序中接口引用 X 指向了实现它的子类 Y 的实例化对象。

【例 4-4】　接口的多态使用示例

假设一台计算机只有 USB 接口,打印机和扫描仪为了能与这台计算机相连接,都采用 USB 接口,保证打印机和扫描仪都能够正常工作和断电停止工作。

```
interface USB{        //定义接口
    void begin();
    void halt();
}
```

```
class Printer implements USB{      // 打印机类实现接口 USB
    public void begin(){            // 覆盖接口的抽象方法 begin()
        System. out. println("打印机开始工作.");
    }
    public void halt(){             // 覆盖接口的抽象方法 halt()
        System. out. println("打印机停止工作.");
    }
}
class Scanner implements USB{      // 扫描仪类实现接口 USB
    public void begin(){
        System. out. println("扫描仪开始工作.");
    }
    public void halt(){
        System. out. println("扫描仪停止工作.");
    }
}
class Computer{
    public void work(){
        System. out. println("计算机开始工作.");
    }
    public void applyUSB(USB usb){
        usb. begin();
        usb. halt();
    }
}
public class Example4_4{
    public static void main(String args[] ){
        Computer c=new Computer();
        Printer p=new Printer();
        Scanner s=new Scanner();
        c. work();
        c. applyUSB(p);
        c. applyUSB(s);
    }
}
```

程序运行结果如图 4-5 所示。

上面的程序中,虽然实参是 Printer 和 Scanner 类型,但是形参是这两个类型的父接口类型。在进行参数传递的同时进行数据向上转型,程序中数据的调用采用的是子类覆盖的方法。

2. 接口的作用

①接口定义的一组标准或功能。例如,一个设备想连接到计算机上,只要这个设备有与计算机相对应的接口类型,就能实现。

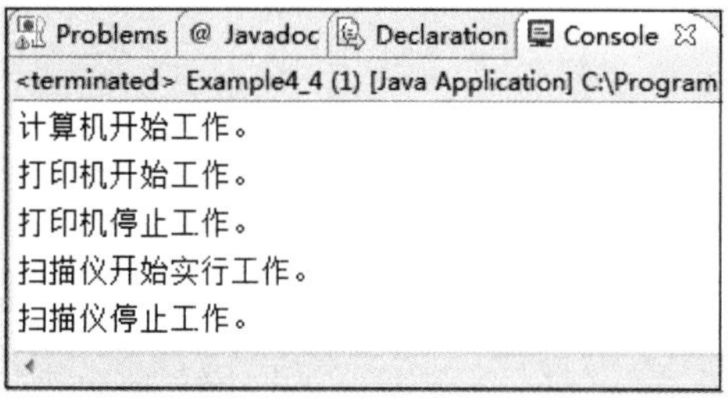

图 4-5

②接口能实现功能的扩展。例如,计算机有了不同的接口类型,就能连接很多外围设备,扩展了计算机的使用功能。

③接口降低了耦合性,完成了解耦。事物之间联系的紧密程度称为耦合性。例如,有一台计算机,如果其外围设备的连线焊接在主板上,一旦主板损坏,就可能连同外围设备一起维修,延长了维修时间,造成时间和人工的浪费。如果通过接口外围设备与计算机连接,一旦主板损坏,只维修主板即可,不需要连带外围设备一起进行维修检查。这样降低了计算机与外围设备之间联系的紧密度,实现了它们之间的解耦。

任务实现

1. 任务分析

分析任务题目,可以得出以下信息:

①定义一个接口 IAlert,接口中定义一个 alert( )抽象方法。

任务 4.2 微视频

②定义一个抽象类 Window,在类中定义 2 个抽象方法 open( )和 close( )。

③定义类 Window 的子类 IronWindow,在 IronWindow 中实现 open( )和 close( )方法。

④定义类 Window 的子类 SecurityWindow,在类中继承了接口 IAlert,实现了三种方法:父类的 open( )和 close( )方法,接口 IAlert 中的 alert( )方法。

⑤定义主类,进行程序测试。

2. 任务编码

通过分析可以编写下列代码以任务实现功能:

```
// 定义报警方法 alert( );
public interface IAlert {
    public void alert( );
}
// 定义抽象类 Window
public abstract class Window {
    private String name;    // 窗户的名称
    // 定义构造方法
    public Window(String name) {
        this. name = name;
```

```
    }
    // 定义 name 属性的 getter 方法
    public String getName() {
        return name;
    }
    // 定义 name 属性的 setter 方法
    public void setName(String name) {
        this. name = name;
    }
    // 抽象方法
    public abstract void open();    // 开
    public abstract void close();    // 关
}
// 定义塑钢窗类, 该类继承了父类 Window
public class IronWindow extends Window{
    // 定义塑钢窗的构造方法
    public IronWindow(String name) {
        super(name);
    }
    // 覆盖父类的 open() 方法
    public void open() {
        System. out. println(this. getName() +"实现了父类 Window 中的 open()方法");
    }
    // 覆盖父类的 close() 方法
    public void close() {
        System. out. println(this. getName() +"实现了父类 Window 中的 close()方法");
    }
}
// 定义防盗窗类 SecurityWindow, 该类继承了父类 Window, 又继承了接口 IAlert
public class SecurityWindow extends Window implements IAlert {
    // 定义一个参数的构造方法
    public SecurityWindow(String name) {
        super(name);
    }
    // 覆盖接口 IAlert 中的抽象方法 alert()
    public void alert() {
        System. out. println(this. getName() +"实现了接口 IAlert 中的抽象方法 alert()");
    }
    // 覆盖父类中的 open() 方法
    public void open() {
        System. out. println(this. getName() +"实现了父类 Window 中的抽象方法 open().");
    }
    // 覆盖父类中的 close() 方法
```

```
public void close(){
    System.out.println(this.getName()+"实现了父类 Window 中的抽象方法 close().");
    }
}
// 测试塑钢窗类和防盗窗类
public class Task4_2{
    public static void main(String[] args) {
        Window iWindow=new IronWindow("结实牌塑钢窗");    // 塑钢窗对象
        SecurityWindow sWindow=new SecurityWindow("盼盼牌防盗窗");    // 防盗窗对象
        iWindow.open();
        iWindow.close();
        sWindow.open();
        sWindow.close();
        sWindow.alert();
    }
}
```

3. 运行结果

程序运行结果如图 4-6 所示。

图 4-6

计算机语言开发程序是人类运用智慧设计出来的,不仅体现了人类的逻辑思维,还沉淀着人类几千年文化的积累。中国有句古话:不积跬步,无以至千里。任何成功,绝非偶然。在编写程序过程中,同学们会遇到编码错误、功能无法实现、测试不成功等困难,只要我们团队合作,齐心协力,逐渐积累,一定能学有所获、学有所成。

能力提升

一、选择题

1. 定义接口的关键字是(   )。

    A. class   B. extends   C. interface   D. implements

2. 关于抽象类与接口,下列说法正确的是(　　　)。

　　A. 抽象类中可以有非抽象方法,而接口中也可以有非抽象方法

　　B. 含有抽象方法的类必须是抽象类,接口中方法必须是抽象方法

　　C. 抽象类必须有抽象方法,接口必须有抽象方法

　　D. 抽象类打破单继承局限,接口只能单继承

3. 一个类继承接口,使用的关键字是(　　　)。

　　A. implements　　　B. extends　　　C. abstract　　　D. interface

4. abstract 修饰方法时,不能和(　　　)修饰符共用。

　　A. public　　　　　B. static　　　　C. void　　　　　D. final

5. 已知有一个接口 A,如下所示:

```
interface A{
int method1(int i);
int method2(int j);
}
```

下列类中实现了接口,但不是抽象类的是(　　　)。

```
A. class B implements A{
    int method1(){...}
    int method2(){...}
}
B. class B{
    int method1(int i){...}
    int method2(int j){...}
}
C. class B implement A{
    int method1(int i){...}
    int method2(int j){...}
}
D. class B extends A{
    int method1(int i){...}
    int method2(int j){...}
}
```

二、填空题

1. 在 Java 中实现类的多重继承,需要该类继承_____来实现。

2. 在 Java 中,接口中的抽象方法的权限都是_____。

3. 在 Java 中,接口可以定义_____和_____。

三、编写程序

按以下要求编写程序：

1. 定义一个接口 Shape，其中声明一个抽象方法 area( ) 用于计算图形面积，一个抽象方法 perimeter( ) 用于计算图形周长；

2. 定义一个长方形（Rectange）类，描述三角形的宽和高，并实现 Shape 接口；

3. 定义一个圆形（Circle）类，实现 shape 接口，添加圆半径 radis，并实现 Shape 接口；

4. 定义一个应用程序测试类 Test，对以上创建的类中各成员进行调用测试。

学习评价

班级		学号		姓名	
任务 4.2　接口的使用			课程性质	理实一体化	
知识评价（30分）					
序号	知识考核点			分值	得分
1	接口的定义			10	
2	接口的实现			10	
3	接口与抽象类的区别			10	
任务评价（60分）					
序号	任务考核点			分值	得分
1	定义接口			5	
2	项目任务中接口的实现			10	
3	项目功能的实现			15	
4	程序检查、纠正			10	
5	程序测试			10	
6	项目团队合作			10	
思政评价（10分）					
序号	思政考核点			分值	得分
1	思政内容的认识与领悟			5	
2	思政精神融于任务的体现			5	
违纪扣分（20分）					
序号	违纪考查点			分值	扣分
1	上课迟到早退			5	
2	上课打游戏			5	
3	上课玩手机			5	
4	其他扰乱课堂秩序的行为			5	
综合评价				综合得分	

任务 4.3　包 的 实 现

学习目标

【知识目标】

1. 了解包的定义；
2. 掌握包的创建，能正确引入常用包。

【任务目标】

1. 理解包的定义，掌握包的创建；
2. 学会使用 import 关键字，正确编写任务程序。

【素质目标】

1. 具有规范化、标准化的代码编写习惯；
2. 具有仔细认真、团队合作的职业精神。

任务描述

　　申请银行卡账户程序：银行给新客户申请银行卡是其常规业务，编写程序，实现客户申请银行卡开户功能。

预备知识

　　编译 Java 源文件时，系统会给源文件中的每个类和接口生成一个独立的 class 类文件，不同的源文件可能存在同名的类，会导致在运行程序时得到意想不到的运行结果。对于大型的应用程序，类和接口的数量很多，零散地放在一起，显得多而乱，不方便分类管理。为了解决同名冲突和管理困难的问题，Java 中引入了"包"。

　　1. 包的定义

　　Java 中包将各类文件组织在一起，类似于文件夹，是一种松散类的集合。Java 允许将功能相似或相关的类放在同一个包中，从而组成逻辑上的类库单元。

　　平时我们在设计程序时，无论是 Java 中提供的标准类，还是我们自己定义的类文件都放在一个包中。包的管理机制提供了类的多层命名空间，避免了同名冲突的问题，解决了类文件组织的管理难题，方便使用。

　　包的命名规范遵守 Java 标识符的命名规则。多数情况下，程序员写好的类供给外界使用，所以定义一个唯一且具有一定意义的包名非常重要。包的名字有层次关系，各层次之间用".", 号分隔, 包层次必须与 Java 系统的文件结构保持一致。包的命名格式与网络域名相似, 例如, 若想拥有唯一的域名"www. examine. com", 编写一些工具类, 将包名定义为"com. examine. tools"。

包的定义关键字为 package, 定义格式如下:

package <包名>;

包的定义语句必须是程序的第一个语句, 它的前面只允许有程序注释。一个源文件只能定义一个包, 一旦 Java 源文件中使用了 package 语句, 该文件定义的所有类都属于这个包。位于包中每个类的完整类名是包名与类名的组合, 例如"com. examine. tools. Example4_6"。

【例 4-5】 包中创建类的使用示例

```
package com. examine. tools;
class Disp{
    public void    display( ) {
        System. out. println("Welcome to Beijing, 2022!");
    }
}
public class Example4_5{
    public static void main( String args[ ] ) {
        Disp d = new Disp( );
        d. display( );
    }
}
```

程序运行结果如图 4-7 所示。

图 4-7

上面程序定义了一个包, 采用域名倒序的方式为包命名, 包具有层次结构, 用点"."分隔各层次, 最外层是 com, 然后依次是 examine 和 tools。

2. Java 常用的系统包

Oracle 公司在 JDK 中提供了功能丰富的实用类, 被称为标准的 API 类, 这些类分别放在不同的包中, 供用户使用。之前我们学过的程序在运行过程中, 加载了默认的系统包 java. lang, 它是系统的核心包, 不需要用户显示加载。

随着 JDK 版本的不断升级, 标准类包的功能越来越强, 使用越来越方便。Java 提供的标准类都放在标准包中, 下面介绍几个常用包:

(1) java. lang 包

java. lang 包是 Java 语言的核心包, 它自动载入系统, 不需要使用 import 语句引入。

java. lang 包中包含 Object、String、System、Throwable、Integer 等常用包,还包含一个反射开发包 java. lang. relflect,这是 Java 语言的特色之一。

（2）java. util 包

java. util 包是 Java 语言的开发工具包,提供了大量的工具类,如定义系统特性、使用日期日历相关的方法和链表相关的 collect 集合。这个包中的子包 java. util. regex 是正规的工具包。

（3）java. awt 包

包中包含构建抽象窗口工具类的多个类,如 Frame、Button、TextField 等,这些类用于构建和管理应用程序的图形用户界面。

（4）java. swing 包

包中提供了丰富精美、功能强大的 GUI 组件,是 java. awt 包功能的扩展,使用 JoptionPane 类的静态方法进行对话框的操作,与之相对应的是 GUI 图形界面设计包的相关组件更灵活、更实用。

（5）java. io 包

java. io 包是 Java 语言对文件和其他输入/输出设备进行操作时的包,如 File、InputStream、OutputStream 都在这个包中。

（6）java. applet 包

包中提供了支持编写、运行小程序所需要的一些类。

（7）java. sql 包

数据库操作包,提供了各类数据库操作的类和接口。

（8）java. net 包

包中提供了与网络通信相关的类,用于编写网络实用程序,完成网络编程。

（9）java. text 包

包中提供了一些国际化的处理类库。

3. 包的引入

在程序开发过程中,编写新的源文件时,可以使用已存在的类实例化对象,提高代码的复写率,缩短程序开发周期。这些已存在的类可以与新的源文件在同一个包中,也可以在不同的包中。若想使用不在同一个包中的其他类,需要使用关键字 import 把包引入,格式如下:

```
import <包名.类名>;    //只引入包中类名指定的类
import <包名. * >;      //可以使用包中所有的类
```

import 语句应放在 package 语句之后,如果没有 package 语句,则 import 语句放在程序的开始处。一个程序根据自身的需要,可以引入多个包,含有多个 import 语句,也就是说,一个类中可以引用多个包中的类。在引入包之前,必须先指定包所在的位置,设置好 classpath 路径。

【例 4-6】 包的引入示例

分别创建两个不同的包,假设这两个包都放在 C:\Program Files 目录下,源文件都放在 C:\Program Files\Src 目录下。

```
package ywsh. com;      // 定义包 ywsh. com
class Parrot {
    public void tell( ) {
        System. out. println("鹦鹉在学说话!");
    }
}
package lhbs. info;      // 定义包 lhbs. info
class Tiger {
        public void hunt( ) {
            System. out. println("老虎在捕食!");
        }
    }
import ywsh. com. * ;
import lhbs. info. * ;
public class Example4_6 {
    public static void main(String[ ] args) {
        Parrot p = new Parrot( );
        Tiger t = new Tiger( );
        p. tell( );
        t. hunt( );
    }
}
```

程序运行结果如图 4-8 所示。

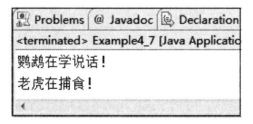

图 4-8

上面程序在编译好源文件后,使用了 ywsh. com、lhbs. info 这两个包,并把它们放在 C:\Program Files 目录下。系统中设置 classpath,把目录 C:\Program Files 加到这个路径中。

知识拓展

类、变量和方法声明中都遇到了访问权限修饰符,权限修饰符用于限定类、成员变量和方法能被其他类访问的权限。访问权限包括:公有(public)、私有(private)、保护(protected)、默认(default)。

权限修饰符微视频

1. public

public 修饰类称为公有类,公有类允许类内部的方法访问,也允许类外部的方法访问,即应用程序的所有方法都允许访问。

> **温馨提示**
>
>   public 权限修饰符需要注意:Java 源程序中可以定义多个类,但只有一个类限定为 public 类,程序名必须与 public 类名保持一致,public 限定符不能用于限定内部类。

2. private

private 限定修饰成员变量、方法和内部类。private 修饰类的成员称为私有类成员。私有类成员只允许所属类的方法直接访问,不允许类以外的方法访问。通常把不被外界知道的数据或方法定义为私有类成员,这样有利于保护数据的安全性。

3. protected

protect 限定修饰成员变量、方法和内部类。protect 修饰类的成员称为保护类成员。保护类成员允许其所属的类、子类及同一个包中的其他类访问。如果一个类有子类,为使子类能够直接访问父类成员,多数情况下,把这些成员数据设为保护类成员。

4. default

一个类成员省略了访问限定修饰符,没有任何关键字进行修饰,它允许所属类的成员访问,还允许同一个包中的其他类访问,不同包中的类不能访问、继承该类成员。

各个权限修饰符的访问范围如表 4-2 所示,其中"√"代表可访问。

表 4-2   访问限定的引用范围

权限修饰符	同一个类	同一个包	不同包的子类	不同包的非子类
public	√	√	√	√
private	√			
protected	√	√	√	
default	√	√		

特别说明,访问级别控制可以用来修饰类和类的成员,对于类的成员可以使用 public、static、protected 和 default 访问权限,对于类的访问权限控制只能使用 public 权限和 private 权限。

任务实现

1. 任务分析

分析任务题目,可以得出以下信息:

①建立一个包 applybankcard。

任务 4.3 微视频

②包中定义一个银行账户 Accout;两个内部成员类:客户类 Customer 和银行卡类 Card。

③银行账户类 Accout 提供静态方法 openAccout(Bankcard,Customer)实现开户功能。

④需要对客户年龄合法性进行判定,如果年龄不小于18周岁,则申请银行卡成功,否则提示申请失败。

⑤编写程序进行测试。

2. 任务编码

通过分析可以编写下列代码以任务实现功能:

```
package applybankcard;
// 任务 4.3 申请银行卡账户程序----银行账户类
public class Account {      // 银行账户类
     // 内部类客户类 Customer
   class Customer{
     private String name;    // 用户名
     private int age;         // 年龄
     public String getName() {
       return name;
     }
       public void setName(String name) {
         this. name = name;
       }
       public int getAge() {
         return age;
       }
     public void setAge(int age) {
         this. age=age;
       }
     }
     // 内部类银行卡类 Card
class Card{
     private String cardNumber;    // 卡号
     public String getCardNumber() {
       return cardNumber;
     }
     public void setCardNumber(String cardNumber) {
       this. cardNumber = cardNumber;
     }
   }
// 开户方法
public static boolean openAccount(Card card, Customer customer) {
     // 判断用户和卡的合法性, 若用户年龄不小于 18, 返回 true
     if(customer! =null && card! =null && customer. getAge() >=18) {
```

```
                return true;
            }else{
                return false;
            }
        }
    }

package applybankcard;
//任务 4.3 申请银行卡账户程序----主类
public class Task4_3 {
    public static void main(String[] args) {
        Account a = new Account();
        // 创建银行卡对象, 为卡号属性赋值
        Account. Card card = a. new Card();
        card. setCardNumber("62210123545777");
        // 创建用户对象, 为姓名、年龄属性赋值
        Account. Customer customer = a. new Customer();
        customer. setName("郝强");
        customer. setAge(19);
        // 调用开户方法, 根据方法的返回结果进行判断
        if(Account. openAccount(card, customer)) {
            System. out. println("郝强银行卡申请成功!");
        } else {
            System. out. println("郝强银行卡申请失败!");
        }
    }
}
```

3. 运行结果

程序运行结果如图 4-9 所示。

图 4-9

能力提升

一、选择题

1. 包的定义格式是(　　　)。
   A. package 包名. 类名　　　　　B. final 包名
   C. implement 包名　　　　　　　D. package 包名. *

2. 在 Java 中,要想引入包,则需用关键字(　　　)。
   A. package　　　　　　　　　B. inteface
   C. extends　　　　　　　　　D. import

3. 被声明为 public private 和 protected 的类成员,在类的外部(　　　)。
   A. 都可以被访问　　　　　　　B. 都不能被访问
   C. 只能访问到声明名 public 和 protected 成员
   D. 只能访问到声明名 public 成员

4. 在 Java 程序中,(　　　)包中的类系统自动加载,不需要导入。
   A. java. io　　　　　　　　　B. java. lang
   C. java. awt　　　　　　　　　D. java. util

5. 下列说法中正确的是(　　　)。
   A. java. net 包是数据库操作包,提供了各类数据库操作的类和接口
   B. 创建包时语句可以写在任何位置
   C. 创建包时必须写在第一条语句的位置(注释行和空行除外)
   D. java. util 是 Java 中的核心包

二、编写程序

创建一个包,设计银行存款程序:用户到银行存款,不同银行根据自己的利率、时间等不同方式来计算用户存款后的利息。

学习评价

班级		学号		姓名	
任务 4.3　包的实现				课程性质	理实一体化
知识评价(30 分)					
序号	知识考核点			分值	得分
1	包的定义			5	
2	包的引入			10	
3	系统包			10	
4	访问权限			5	

班级		学号		姓名	
任务 4.3　包的实现			课程性质	理实一体化	

任务评价（60 分）

序号	任务考核点	分值	得分
1	包的引入	10	
2	项目功能的实现	15	
3	程序检查、纠正	15	
4	程序测试	10	
5	项目团队合作	10	

思政评价（10 分）

序号	思政考核点	分值	得分
1	良好的编码习惯和测试习惯	5	
2	团队合作精神融于任务的体现	5	

违纪扣分（20 分）

序号	违纪考查点	分值	扣分
1	上课迟到早退	5	
2	上课打游戏	5	
3	上课玩手机	5	
4	其他扰乱课堂秩序的行为	5	
综合评价		综合得分	

任务 4.4　异常与异常的处理

学习目标

【知识目标】

1. 了解异常的定义；
2. 掌握异常的分类；
3. 掌握异常的处理方法。

【任务目标】

1. 掌握异常的分类及处理方法；
2. 正确编写任务程序。

【素质目标】

1. 通过异常知识学习，具有未雨绸缪的意识；
2. 具有仔细认真、克服困难、勇于挑战的精神。

子任务 4.4.1　异 常 概 述

任务描述

输入两个整数，分别为被除数和除数，计算并输出它们的商值，如果正确，输出信息"本程序正确，谢谢使用！"；如果输入的被除数和除数不是整数，输出信息"被除数或除数不是整数，请您退出程序！"；如果除数输入为 0，输出信息"除数不能为 0，请您退出程序！"。

预备知识

在现实生活中，经常有一些意外的情况发生。比如，同学们在使用 Wi-Fi 进行线上学习时，若突然停电 Wi-Fi 使用不了，并且没有手机流量或流量不足，线上学习就只能停止。这种异常情况虽然偶尔发生，但也是真实存在的。

我们在编写程序时，有时候欠缺考虑，难免出现错误。Java 语言中的错误分为语法错误、运行错误和逻辑错误三种。语法错误是由于没有遵守 Java 的语法规则而产生的，在编译时我们就能发现并解决。运行错误是指程序运行时会遇到错误，例如除数为 0、数组下标越界等，都会导致程序意外中断，容易引发系统的不安全事件。逻辑错误是指程序能正常运行，但是运行结果不是我们期待的结果。比如程序本来要求数组的最大值，但由于表达式错误却得出数组的最小值。解决处理这些异常问题，是保证程序质量和效率的关键。Java 语言提供了异常处理机制，可以对程序进行检测、报告和处理，能够有效阻止因程序异常而导致的不安全事件。

1. 异常的定义

异常是指 Java 程序在运行期间发生的问题，有多种表现形式，如资源分配错误、网络连接错误、找不到文件、数组下标越界、0 为除数、类型转换异常等，它会中断指令的正常运行。当访问一个不存在的对象时，如果不进行异常处理，程序将无法正常运行。Java 语言中提供了异常机制和保证程序退出的安全通道。当出现问题时，程序发生运行流程的改变，将程序的控制权交给异常处理器处理。

异常和错误的区别：
①异常能被程序员处理；错误是系统自身带的，一般不需要程序员来处理。

②异常是在程序运行过程中出现的一个事件,它中断了程序正常的运行;而错误是偏离了可接受代码行为的一个动作或实例。

> 同学们在生活中遇到异常情况时,要冷静处理,积极乐观地面对,用正确的方法解决异常问题;培养未雨绸缪的意识,面对生活中可能发生的异常情况,采用有效的规避措施,避免其发生。

【例 4-7】 数组下标越界异常

```java
public class Example4_7 {
    public static void main(String[] args) {
        int a[] = new int[5];
        int i;
        for(i=0; i<5; i++)
        {
            a[i] = i * i;
            System.out.println("a["+i+"] = "+a[i]);
        }
        System.out.println("a[5] = "+a[5]);
        System.out.println("over");
    }
}
```

异常微视频

程序运行结果如图 4-10 所示。

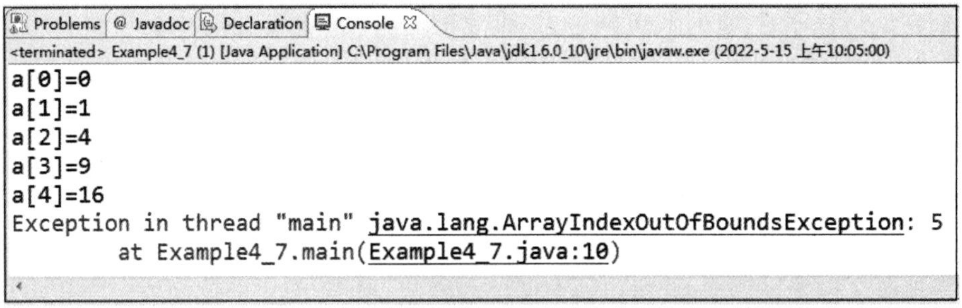

```
Problems  @ Javadoc  Declaration  Console ⌗
<terminated> Example4_7 (1) [Java Application] C:\Program Files\Java\jdk1.6.0_10\jre\bin\javaw.exe (2022-5-15 上午10:05:00)
a[0]=0
a[1]=1
a[2]=4
a[3]=9
a[4]=16
Exception in thread "main" java.lang.ArrayIndexOutOfBoundsException: 5
        at Example4_7.main(Example4_7.java:10)
```

图 4-10

由上面程序的运行结果可知,程序在运行时产生了异常,在产生异常的位置中断,并告诉我们异常产生的信息。产生的异常原因是使用了下标为 5 的数组元素,异常的名称是 ArrayIndexOutOfBoundsException,产生异常的语句在第 10 行。

上面的异常信息是从 Java 的虚拟机抛出并显示在屏幕上的,程序结果只显示一部分,从异常开始后面语句将不被运行,程序由于异常提前结束。程序员要捕获这些异常信息,进行有效处理,确保程序遇到异常时,也能够让程序正确地运行完毕。

2. 异常的分类

Java 提供了多种多样的标准异常类,类 Throwable 是所有异常类的祖先类,它位于 java. lang 包中;其他异常类都定义在各自的系统包中,这些异常类按照层次结构进行组织。例如,输入/输出异常类 IOException 及其子类位于 java. io 包中。异常类的层次结构如图 4-11 所示。

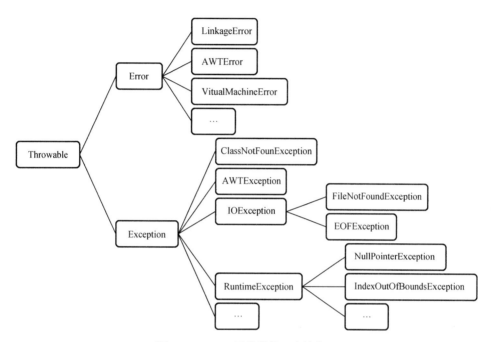

图 4-11 Java 异常类的层次结构图

类 Throwable 有两个直接子类:Exception 类和 Error 类。Exception 类是所有异常类的父类,Error 类是所有错误类的父类。异常类分为运行时异常类和编译时异常类。运行时异常类是指 RuntimeException 及其子类,它同时又是 Exception 类的子类。Exception 类及其子类都是在编译时产生的异常,如果不对这些异常类进行处理,编译器会在编译时产生错误。

Java 编译器将异常分为需要检查的异常和无须检查的异常。编译时异常类及其子类都是需要检查的异常,类 RuntimeException 和 Error 以及它们的子类属于无须检查的异常。

(1)需要检查的异常

需要检查的异常必须进行声明或捕获,当一种方法中的语句抛出需要检查异常类出现的异常时,我们或者在方法之前使用关键字 throws 声明抛出异常类型,或者在方法中捕获异常并进行相应处理,否则会产生编译错误。需要特别说明的是,编译器虽然不能对程序运行时异常类及其子类进行检查,但是如果能在程序中预料到,也要进行捕获并做相应处理,以此提高程序的高效性和鲁棒性。

常见的需要检查的异常类:

①AWTException

AWT 异常,位于 java. lang 包中。

②IOException

I/O 异常,位于 java. io 包中。

③FileNotFoundException

找不到文件异常,位于 java. io 包中。

④EOFException

访问文件结束,位于 java. io 包中。

⑤IllegalAccessException

对类的访问被拒,位于 java. lang 包中。

⑥InterruptedsException

线程等待、休眠或占用状态被中断异常,位于 java. lang 包中。

⑦IllegalArgumentException

方法收到非法参数,位于 java. lang 包中。

（2）无须检查的异常

无须检查的异常不需要显式处理,编译器在编译时不会出现错误,但这类异常通常在运行期间出现问题,例如数组下标越界、0 为除数、引用一个空值对象变量等。如果程序设计正确,该类异常就不会出现,因此,对于这类异常在程序中是否进行了处理,编译器不会进行检查。

常见的无须检查的异常类：

①RuntimeException

运行时异常的基类,位于 java. lang 包中。

②ArithmeticException

算术异常,如除数为 0,位于 java. lang 包中。

③ArrayStoreException

数组存储异常,如类型不相符,位于 java. lang 包中。

④ArrayIndexOutOfBoundsException

数组下标越界,位于 java. lang 包中。

⑤UnknownTypeException

未知种类的类型异常,位于 java. lang 包中。

⑥NumberFormatException

字符串转换为数值型数据时格式不匹配,位于 java. lang 包中。

⑦NumberFormatException

空堆栈异常,位于 java. util 包中。

知识拓展

1. Throwable 类

Throwable 类是所有异常类的父类,位于 java. lang 包中,Throwable 类中定义的成员方法都是 public,所以所有的异常类都允许使用这些成员方法。Throwable 类的构造方法如下：

Throwable(String message)

其中 message 内容是对错误信息内容的描述,创建 Throwable 对象,记录异常发生的位置。

2. Throwable 类常用方法

（1）public String getMessage( )

返回字符串变量 message 的内容,它的内容是描述错误信息。

（2）public String toString( )

返回当前对象包含的错误信息。

（3）public void printStackTrace( )

输出当前异常发生的位置和方法调用的顺序。

任务实现

1. 任务分析

分析任务题目,可以得出以下信息:

①输入两个整数——被除数和除数;

②输入正确合理的数据,输出正确的内容;

③输入不合理的数据,输出相关提示内容,并退出程序。

子任务 **4.4.1** 微视频

2. 任务编码

通过分析可以编写下列代码以任务实现功能:

```java
import java.util.Scanner;
public class Task4_4_1{
    public static void main(String[] args){
        Scanner in = new Scanner(System.in);
        System.out.println("请输入被除数:");
        int num1 = 0, num2 = 0, num3;
        if(in.hasNextInt()){
            num1 = in.nextInt();
        }
        else{
            System.out.println("输入的被除数不是整数,请您退出程序!");
            System.exit(1);
        }
        System.out.println("请输入除数:");
        if(in.hasNextInt()){
            num2 = in.nextInt();
            if(num2 == 0){
                System.out.println("除数不能为0,请您退出程序!");
                System.exit(1);
            }
        }
    }
```

```
    else{
        System. out. println("输入的除数不是整数,请您退出程序!");
        System. exit(1);
    }
    num3 = num1 / num2;
    System. out. println(String. format("%d / %d = %d", num1, num2, num3));
    System. out. println("本程序正确,谢谢使用!");
    }
}
```

3. 运行结果

程序运行结果如图 4-12 所示。

图 4-12

能力提升

一、选择题

1. (　　)是所有异常类的父类。

A. Exception　　　B. Error　　　C. Throwable　　　D. IOException

2. 需要检查的异常类是(　　)。

A. ArrayStoreException

B. IOException

C. ArrayIndexOutOfBoundsException

D. ArithmeticException

3. Throwable 类包括两个直接子类,它们是(　　)。

A. Exception 和 Error

B. IOException 和 Error

C. EOFException 和 IOException

D. Error 和 ArithmeticException

4. IOException 类位于(　　)包中。

A. java. io　　　　B. java. lang　　C. java. awt　　　　D. java. util

5. 下列说法中正确的是(　　)。

A. Java 中的错误分为语法错误和异常错误两种

B. ArithmeticException 是指运行时异常

C. Throwable 类的方法可以是 public,也可以是 private

D. Throwable 类的方法均为 public

二、简答题

列举在生活中,会出现哪些异常情况。

子任务 4.4.2　异常的处理

任务描述

计算机故障分为硬件故障和软件故障。硬件故障用户一般无法自行处理,需要请专业计算机维修人员进行修理;软件故障如果是应用软件故障,用户只需要重新安装程序或重新启动计算机,待故障处理结束后,计算机即可继续运行。

预备知识

生活中的异常处理,如学生因停电无法正常进行线上学习,采取告诉老师的方式来处理好相应的事情,通过课堂回放来完成线上学习,而不至于因断电耽误了学习。

Java 语言把异常看作一个特殊对象,采用面向对象的方式来处理异常,使异常像其他对象一样被创建。创建异常对象是指发生某种异常而创建标识该异常的对象,方便发现、捕获和处理异常,特别强调的是创建异常对象本身并不产生异常。

1. 异常处理定义

Java 语言提供了一种特殊的处理异常机制,在程序设计中针对可能会出现的意外情况,预先设计好一些处理方法。即使程序在运行过程中出现了异常,也会按照预先处理好的办法对异常进行妥善处理,处理完毕后,程序将继续运行。

Java 语言中异常处理方式包括声明异常、抛出异常、捕获异常和处理异常。其中常用的异常处理方式是抛出异常和捕获异常,主要通过 try、throw、throws、catch 和 finally 这 5 个关键字来实现。一般情况下使用 try 来运行一段程序,如果出现异常,系统会抛出(throw)一个异常,此时通过捕捉(catch)它,最后(finally)由默认处理器处理。

2. 捕获异常

当 Java 程序运行过程中出现一个异常对象时,系统会自动寻找处理异常对象的代码。找到能够处理对应类型的异常的方法后,运行系统把当前对象交给这种方法进行处理,称为捕获异常。通常使用 try...catch 语句进行处理。语法格式如下:

```
try{
    // 可能产生异常的语句
}catch(异常类型 1　对象 1){
    // 对捕获的异常类型 1 进行处理
}catch(异常类型 2　对象 2){
```

```
            // 对捕获的异常类型 2 进行处理
    }finally{
            // 运行异常处理后的收尾工作
    }
```

捕获异常首先把可能发生的异常语句放在 try 模块中,在程序运行过程中,如果 try 模块中的语句产生了异常,就会中断 try 语句块,抛出异常,程序将向下运行 catch 语句块。

catch 语句块用来处理 try 语句块中抛出的异常,一个 try 语句块可以配有多个 catch 语句块。catch 后面必须有一个参数来指明所捕获的异常类型。程序根据 catch 先后顺序逐个进行匹配,当发现某个 catch 后声明的异常类型恰好是 try 语句块抛出的异常类或它的父类时,就表示找到了相匹配的 catch 语句,此时程序就会运行该 catch 语句块对应的语句。若捕获成功,其后面的 catch 语句块就不需要匹配查找了。因此,catch 语句块的书写顺序必须将异常类的子类写在前面,祖先类或父类写在后面。如果一个异常类放置的先后顺序不合适,那么 catch 中的语句可能永远不会被运行。例如:

```
try{
    // 可能产生异常
}catch(Exception e1){
    // 异常处理 1
}catch(ArithmeticException e2){
    // 异常处理 2
}
```

如果在 try 语句块中产生了 ArithmeticException 类的异常,首先访问第一个 catch 模块,因为 ArithmeticException 类是 Exception 类的子类,那么它将捕获成功。后面的 catch 块永远没有机会到达,程序会出现"Unreachable catch block..."的错误。正确的书写顺序是 ArithmeticException 异常类写在 Exception 异常类的前面。

所有的异常类都是 Throwable 类的子类,通过它的 getMessage() 方法来获取异常事件的相关内容,它的 printStackTrace() 方法跟踪异常事件发生时堆栈的信息内容。

finally 语句块是可选项,finally 语句块为异常处理的统一出口,不管 try 语句块中是否发生了异常,finally 语句都将被运行。finally 语句主要释放对象占用的资源,节省内存空间。当对象占用某些资源时,程序运行过程中会发生异常事件,需要把这些对象占用的资源释放出来,提高资源利用率和使用率。

程序有时会出现异常情况,同学们要结合程序本身,妥善处理程序的异常。在此过程中,同学们要具备仔细认真、勇于挑战、坚持不懈的工匠精神,大胆尝试、敢于挑战,解决学习中的难题。

【例 4-8】 try...catch 语句捕获并处理异常

```
public class Example4_8 {
    public static void main(String[] args) {
        int a[] = new int[5];
```

```
        int i;
        for(i=0;i<5;i++)
        {
            a[i]=i*i;
            System.out.println("a["+i+"]="+a[i]);
        }
        try{
          System.out.println("a[5]="+a[5]);  //产生异常的语句,放在 try 语句块中
        }catch(ArrayIndexOutOfBoundsException e){
                System.out.println("--------------处理异常------------");
                e.printStackTrace();
            }
        }
}
```

程序运行结果如图 4-13 所示。

图 4-13

上面程序,加入 try…catch 语句进行异常处理后,程序能够进行正常结束,提高了程序的鲁棒性。

【例 4-9】　带有 finally 语句的异常处理程序

从键盘上输入两个数,对这两个数进行除法运算,需要考虑以下问题:接收数据时,使用 args[] 数组,如果程序中数组下标越界,将产生 ArrayIndexOutOfBoundsException 异常。

参与运算的两个数必须是数值型数据,如果不是数值型数据,会产生 NumberFormat Excepton 异常。

```
public class Example4_9 {
    public static void main(String[] args) {
        int a,b,c;
        try{
            a=Integer.parseInt(args[0]);
            b=Integer.parseInt(args[1]);
            c=a/b;
        System.out.println("a/b="+c);
```

```
        }catch(ArrayIndexOutOfBoundsException e1){
            System. out. println("处理数组越界异常!");
            e1. printStackTrace();
        }catch(NumberFormatException e2){
            System. out. println("处理数据类型异常!");
            e2. printStackTrace();
        }finally{
            System. out. println("异常处理结束!");
        }
    }
}
```

程序运行结果如图 4-14 所示。

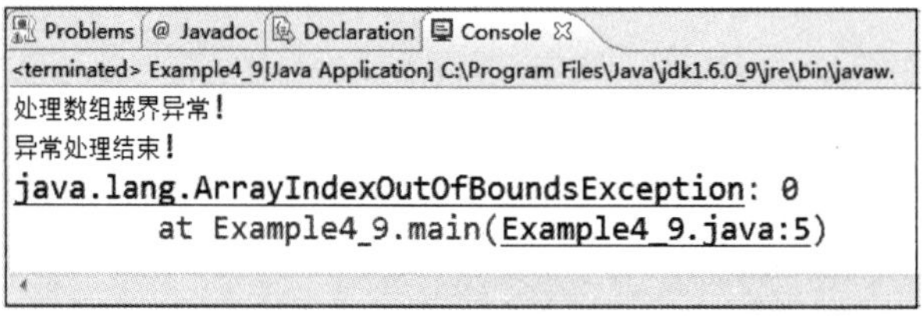

图 4-14

在程序运行时,如果不输入数据,就会产生 ArrayIndexOutOfBoundsException 异常;如果输入非数值类型的数据,就会产生 NumberFormatException 异常。不管产生什么异常,finally 语句块都会被运行,并且保证程序正常结束。

为了确保所有异常都能匹配成功,通常情况下,Exception 放在最后面一个 catch 语句用来捕获异常,因为 Exception 异常是所有异常类的父类,如果发生异常,一定能捕获成功。使用 Exception 类对例 4-9 所示程序进行改写,代码如下:

【例 4-10】 带有 finally 语句的异常处理的改进程序

```
public class Example4_10 {
    public static void main(String[] args){
        int a, b, c;
        try{
            a=Integer. parseInt(args[0]);
            b=Integer. parseInt(args[1]);
            c=a/b;
        System. out. println("a/b="+c);
        }catch(Exception e){
            System. out. println("处理异常!");
            e. printStackTrace();
        }finally{
            System. out. println("异常处理结束!");
```

```
        }
    }
}
```

程序运行结果如图 4-15 所示。

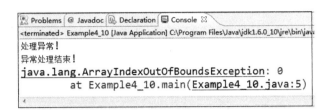

图 4-15

异常处理的过程:

①程序出现异常时,Java 虚拟机根据异常的类型实例化一个与该类型匹配的异常类对象。

②产生异常对象后,判断当前语句是否在 try 语句块中,如果不在,Java 虚拟机会采用自动默认处理异常方式:输出异常信息,程序结束运行。

③如果产生异常的语句在 try 语句块中,try 就会对实例化的异常对象进行捕获,与 try 后面的 catch 进行匹配。如果 catch 中所带的异常类参数类型与捕获类型相同,就会进行异常处理;否则,与其后面的 catch 进行匹配,直到匹配所有的 catch。

④无论异常处理是否能够匹配所对应的 catch,都会运行它后面的 finally 语句块。

⑤finally 语句块运行结束后,程序会根据之前与 catch 匹配的结果来决定怎么运行,如果之前的捕获异常与 catch 匹配,程序会运行 finally 后面的语句,直到程序结束;如果匹配不成功,Java 虚拟机会默认处理。

3. 抛出异常

(1)throws 关键字

如果在当前方法中对产生的异常不做处理或者不知道怎么处理异常事件时,使用 throws 子句抛出异常,可以传给调用此方法的方法体,也可以传给更上一层的方法。throws 声明抛出异常的语法格式:

[public]返回值类型方法名([参数 1,参数 2…])throws Exception{

　　…　//方法体

}

例如:

public void show() throws java.io.IOException{

　　…

}

show()方法不对 IOException 异常进行处理,由方法的调用者决定怎么处理。Java 程序中输入／输出信息时引发的异常称为 IOException 异常类。throws 子句可以同时抛出多个异常，例如：

public void main(String[ ] args) throws java. io. IOException, ArithmeticException{

   …

   }

　　main( )方法声明抛出 java. io. IOException, ArithmeticException 异常暂不处理，如果 main ( )方法真的抛出了异常，Java 虚拟机将捕获异常，输出相关的异常信息后，程序运行将被中止。

　　说明　①声明异常(throws Exception)，异常可以有多个，多个异常之间使用逗号","分隔符进行隔开。

　　②当方法体中产生编译异常时，如果没有进行捕获和处理异常时，必须在方法定义的头部声明该异常类型。

　　③参数列表能作为方法的重载条件，声明异常不能作为方法的重载条件。

　　④子类如果覆盖父类的方法，那么子类中覆盖的方法不能抛出比父类更多的异常，子类方法中声明的抛出异常类只能是被覆盖方法 throws 子句所抛出异常类的子集。

【例 4-11】　throws 异常处理程序

```
import java. util. Scanner;
public class Example4_11 {
    public static void main(String[ ] args) throws Exception {
        div( );
    }
    public static void div( )throws Exception{
        Scanner in = new Scanner(System. in);
        System. out. println("请输入被除数");
        int num1 = in. nextInt( );
        System. out. println("请输入除数: ");
        int num2 = in. nextInt( );
        int num3 = num1 / num2;
        System. out. println(String. format("%d / %d = %d", num1, num2, num3));
    }
}
```

　　程序运行结果如图 4-16 所示。

　　程序中，由于使用 div( )方法中的 throws Exception 进行异常处理，所以程序捕获了 Exception 类的子类异常 ArithmeticException：除数为 0，无法输出运行结果。

　　(2)throw 关键字

　　异常对象既可以由 Java 虚拟机生成，也可以由异常类的实例生成。使用 throw 关键字可以抛出实例化的异常对象。如果程序在编译时异常，方法没做相应的处理，则必须使用 throw 在方法头部进行声明，能够被抛出的异常类必须是 Throwable 类的子类。输出异常类的格式：

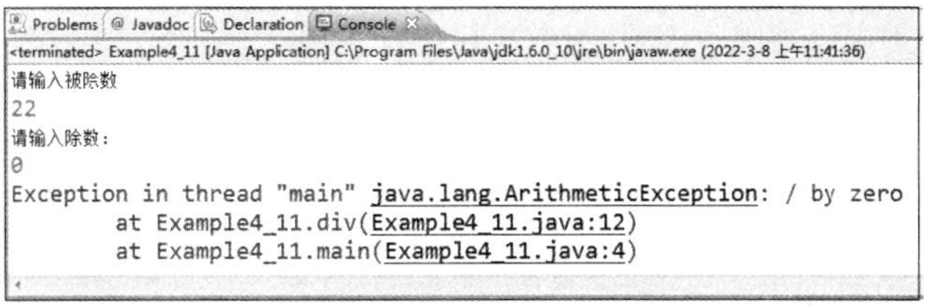

图 4-16

FileNotFoundException e=new FileNotFoundException();

throw e;

【例 4-12】 throw 应用示例

```java
public class Example4_12 {
    public static void main(String[] args) {
        //下面定义了一个 try...catch 语句来捕获异常
        try {
            int c = div(22,0);  //调用 divide()方法
            System.out.println(c);
        }catch(Exception e){  //对捕获到的异常进行处理
            System.out.println("异常处理!");
            e.printStackTrace();
        }
    }
    //声明异常
    public static int div(int a,int b) throws Exception {
        if(b==0){
            throw new Exception();   //生成抛出异常
        }
        int c = a/b;
        return c;
    }
}
```

程序运行结果如图 4-17 所示。

上述程序中,方法 div()进行除法运算,判定除数是否为 0,如果为 0 由 Exception 异常类抛出,由于方法 div()没做相应的处理,必须在方法头部定义,使用 throw 语句进行抛出处理。

(3) throws 和 throw 的区别

①throws 主要用于方法内抛出异常;throw 主要用于程序自动产生并抛出异常。

②throws 必须放在方法参数列表的后面,不允许单独使用;throw 位于方法体内部,允许作为单独语句使用。

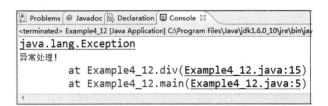

图 4-17

③throws 用于声名异常,可以有一个或多个异常类;throw 抛出一个异常对象,而且只能有一个。

知识拓展

1. 自定义异常类

Java 中提供了系统预定义的异常类,如找不到文件、数据格式错误、数组下标越界、输入/输出异常等。但在项目开发过程中程序员可能会遇到系统无法识别的错误,例如,学生的成绩必须在 0 至 100 之间,如果超出这一范围,就是错误的;是否团员,其值只能是 true 或 false,如果是其他值,也是错误的。针对上述情况,程序员可以根据实际需要自定义异常类,来解决异常处理问题。自定义异常类必须继承 Exception 类或其子类。语法格式如下:

```
class 自定义异常类名 extends Exception{
    …
}
```

自定义异常类,如果它在运行时产生异常事件,无法预测它发生的具体时间、具体地点,我们通常就把这样的类定义为 RuntimeException 类的子类,否则定义为编译时异常类。

自定义异常类,通常情况下声明两种构造方法:一种是没有参数的构造方法,另一种是含有字符串参数的构造方法。含有字符串参数的构造方法中的字符串用来描述异常的内容,如果使用 getMessage( )方法,就可以返回该字符串。

2. 创建与抛出自定义异常

使用已定义的异常类生成该类的实例就是自定义异常的创建,例如定义自定义异常类 AgeException,创建该类异常的语句如下:

创建完异常类对象,使用 throw 语句抛出后才能被程序捕获,抛出创建 e 的异常,语句如下:

```
throw e;
```

如果只使用一次抛出异常,则上面的两条语句可以合并为一条语句,格式如下:

```
throw new AgeException("一个自定义的异常类实例!")
```

【例 4-13】 自定义类应用举例

定义一个学生类,包含姓名、年龄两个属性。年龄的范围是 5 至 40 岁,如果超出这一范围,抛出 AgeException 自定义异常类,这个类是 Exception 的子类。

```java
class AgeException extends Exception{
    public AgeException(){
        super();
    }
    public AgeException(String str){
        super(str);
    }
}
class Student{
    private String name;
    private int age;
    public Student(String name,int age) throws AgeException{
        if(age<5||age>40){
            throw new AgeException("年龄异常!");
        }
        this.name=name;
        this.age=age;
    }
    public String toString(){
        return "姓名:"+this.name+",年龄:"+this.age;
    }
}
public class Example4_13 {
    public static void main(String[] args){
        Student s1,s2;
        try{
            s1=new Student("孙明",17);
            System.out.println(s1.toString());
            s2=new Student("赵强",46);
            System.out.println(s2.toString());
        }catch(AgeException e){
            e.printStackTrace();
        }
    }
}
```

程序运行结果如图 4-18 所示。

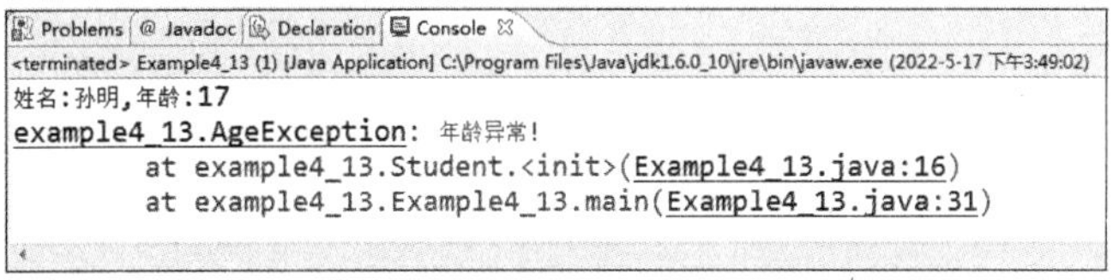

图 **4-18**

程序中声明了自定义异常类 AgeException,该类是 Exception 的子类,是一种运行时异常,代表"年龄异常"。在自定义构造方法声明部分,使用 throws 声明方法抛出自定义异常,在方法内部判断参数 age 的值是否在 5 至 40 之间,如果不在,使用 throw 抛出异常类对象,表示程序中出现了这种错误。若抛出错误,则不再运行它后面的代码。

任务实现

1. 任务分析

分析任务题目,可以得出以下信息:

子任务 4.4.2 微视频

①设计一个 Exception 子类——ComException 异常类;

②计算机硬件故障异常,计算机无法运行,需要维修人员处理;

③计算机软件故障异常,用户可自行处理;

④故障类型不能用户自己处理的,属于编译异常,软件故障结束,计算机继续运行。

2. 任务编码

通过分析可以编写下列代码以任务实现功能:

```java
public class Task4_4_2{
    public static void main(String[] args){
        Computer c=new Computer();
        System.out.println("****************************");
        c.open();
        try{
            c.comSoftRun(-1);
        }
        catch(ComException e){
            System.out.println("计算机软件出现故障,请您处理!");
        }finally{
            System.out.println("软件故障已处理完毕,继续运行!");
        }
        c.close();
        System.out.println("****************************");
        c.open();
        c.comPowerOn();
    }
}
class ComException extends Exception{
    public ComException(String news){
        super(news);
    }
}
class Computer{
    public void comPowerOn(){
```

```
        System. out. println("计算机硬件故障, 请专业维修人员进行处理, 运行中断!");
        throw(new RuntimeException());
    }
    public void comSoftRun(int s) throws ComException{
        System. out. println("计算机正在运行软件!");
        if(s<0){
            throw(new ComException("计算机软件故障!"));
        }
    }
    public void close(){
        System. out. println("关闭计算机!");
    }
    public void open(){
        System. out. println("打开计算机!");
    }
}
```

3. 运行结果

程序运行结果如图 4-19 所示。

图 4-19

能力提升

一、选择题

1. 关于 finally 语句块, 说法正确的是(　　　)。

A. try 语句块后没有 catch 时, finally 语句块才会运行

B. 异常发生时才运行

C. 异常没发生时才运行

D. 总是被运行

2. 异常处理中,将可能抛出异常的方法放在(　　　)语句块中。

　　A. try　　　　　　B. catch　　　　　　C. finally　　　　　　D. throws

3. catch 语句中的排列顺序正确的是(　　　)。

　　A. 父类异常在前,子类异常在后

　　B. 子类异常在前,父类异常在后

　　C. 只有父类异常

　　D. 只有子类异常

4. Java 中用来抛出异常的关键字是(　　　)。

　　A. throw　　　　　B. catch　　　　　　C. try　　　　　　　D. throws

二、填空题

1. Java 中的自定义异常类必须继承_____类或其子类。

2. catch(Exception e)语句的使用优点是_____。

3. 创建自定义异常类 SexException 对象,语句格式是_____。

三、编写程序

设计一个学生信息录入:在键盘上输入学生的姓名、性别、成绩等信息,要求对性别及成绩进行合法性判断:性别只能是"男"或"女",成绩在 0 至 100 之间。

四、简答题

简述异常处理的过程。

学习评价

班级		学号		姓名	
任务 4.4　异常与异常的处理			课程性质	理实一体化	
知识评价(30 分)					
序号	知识考核点			分值	得分
1	异常的概念			5	
2	异常的分类			5	
3	异常处理			15	
4	throws 与 throw 的区别			5	
任务评价(60 分)					
序号	任务考核点			分值	得分
1	定义接口			5	
2	项目任务中异常处理			15	

续表

班级		学号		姓名	
任务4.4　异常与异常的处理			课程性质	理实一体化	
3	项目功能的实现			10	
4	异常错误查错、纠正			10	
5	程序测试			10	
6	项目团队合作			10	

思政评价(10分)

序号	思政考核点	分值	得分
1	思政内容的认识与领悟	5	
2	思政精神融于任务的体现	5	

违纪扣分(20分)

序号	违纪考查点	分值	扣分
1	上课迟到早退	5	
2	上课打游戏	5	
3	上课玩手机	5	
4	其他扰乱课堂秩序的行为	5	
综合评价		综合得分	

模块五 应用程序基础开发

【主要内容】

1. JavaScript 基本语法；
2. JavaScript 页面开发；
3. Java 集合框架；
4. Set 接口、Map 接口使用；
5. 文件流的概念；
6. 文件流常用操作方法；
7. JDBC 数据库操作、连接；
8. JDBC 技术操作数据库。

任务 5.1 使用 JavaScript 开发页面

学习目标

【知识目标】

1. 掌握 JavaScript 基本语法；
2. 掌握 JavaScript 开发网页页面；
3. 掌握触发事件,完成 JavaScript 与对象之间的交互。

【任务目标】

1. 掌握运算和表达式的使用,能够编写程序进行简单运算；
2. 掌握函数的使用,能够进行项目设计；
3. 掌握 JavaScript 事件,能够完成项目编写程序。

【素质目标】

1. 具有营销意识；
2. 具有精益求精、一丝不苟的工匠精神。

子任务 5.1.1 JavaScript 语法的使用

任务描述

设计一个简易算术运算器界面,运行加、减、乘、除、取余运算,实现其功能,并显示运算结果。

预备知识

JavaScript 直接嵌入 HTML 页面中,将静态页面转换成支持用户响应事件的动态页面,是一种功能强大的编程语言。它不需要进行编译,用于开发交互式的 Web 页面。

JavaScript 微视频

1. JavaScript 概述

我们在浏览网页时,既可以看到静态的文本、图像,也可以看到弹出的对话框、动态的动画等信息。使用 JavaScript 语言编写程序可实现这些动态的、可交互的网页效果。

(1)JavaScript 的历史

JavaScript 是基于对象和事件驱动的脚本编程语言,它通用性强、可跨平台、安全性高。JavaScript 由 Netscape 公司开发,最早的名字是 LiveScript。Sun 公司开发出 Java 语言以后,Netscape 公司和 Sun 公司合作,重新设计了 LiveScript,并将其更名为 JavaScript。JavaScript 用于开发客户端浏览器的应用程序,在浏览器中运行,实现浏览器与用户之间的动态交互功能。

(2)JavaScript 的特点

JavaScript 是 Web 页面中的一种脚本编程语言,它主要有以下特点:

①脚本语言

JavaScript 是一种解释型的脚本语言,与 C/C++ 等语言(先编译后运行)不同,其不需要编译,直接在浏览器中解释运行。

②基于对象

JavaScript 是一种基于对象的语言,其不仅能使用预定义对象,还能使用自定义对象。

③简单性

JavaScript 对使用的数据类型未做出严格的要求,是基于 Java 基本语句和控制脚本语言的,其设计简单、紧凑。

④动态性

JavaScript 是一种采用事件驱动的脚本语言,可以对用户的输入直接做出响应,以事件驱动方式进行,不需要 Web 服务程序。例如:双击鼠标、选择菜单等都可以看成一个事件,事件发生后,可以引起事件的响应。

⑤跨平台

在 HTML 页面中 JavaScript 脚本语言不依赖于操作系统环境,仅需要浏览器支持。只要安装了支持 JavaScript 的浏览器,程序就可以正确运行。

⑥安全性

JavaScript 是一种安全语言。它只能通过浏览器浏览信息或进行动态交互,不能访问本地硬盘,也不能在服务器上存储数据,还不能修改和删除网络文档,能有效地防止数据丢失。

（3）JavaScript 的应用

作为一门编程语言,JavaScript 可以应用在网站开发、Web App 开发、桌面开发、插件开发、网页特效等方面。最主要的流行应用是在 Web 上创建网页特效,在网页中随处可见使用 JavaScript 开发的动态网页。利用 JavaScript 语言在客户端对用户输入内容的验证;浏览网页时,网页的动态效果;打开网页时,会出现一些浮动广告窗口,这些广告窗口是网站最佳的营销手段,可以使网站盈利;网页文字中出现的多种特效,上述都是通过 JavaScript 语言来实现的。

2. JavaScript 引入

在 HMTL 文档中有两种引入 JavaScript 的方式:一种是内嵌式,在 HTML 文档中直接嵌入 JavaScript 脚本;另一种是外链式,链接外部 JavaScript 脚本。

（1）内嵌式

在 HTML 文档中,通过<script>标签及其属性引入 JavaScript 代码。其基本语法格式如下:

```
<head>
<script type="text/javascript">
    //JavaScript 代码
</script>
</head>
```

其中,type 属性用来设置 HTML 文档引用的脚本语言类型,当 type 的属性值设为"text/javascript"时,表示<script></script>含有 JavaScript 脚本。

一般情况下分为头脚本和体脚本。头脚本是将<script></script>元素放在<head>和</head>之间;体脚本是将<script></script>元素放在<body>和</body>之间。

【例 5-1】 内嵌式的使用示例

```
<!DOCTYPE html PUBLIC "-//W3C//DTD XHTML 1.0 Transitional//EN"
"http://www.w3.org/TR/xhtml1/DTD/xhtml1-transitional.dtd">
<html xmlns="http://www.w3.org/1999/xhtml">
<head>
<meta http-equiv="Content-Type" content="text/html; charset=utf-8" />
<title>JavaScript 内嵌式</title>
<script type="text/javascript">
    document.write("Welcome to JavaScript World!")
</script>
</head>
    <p>JavaScript 内嵌式的使用</p>
<body>
```

```
</body>
</html>
```

程序运行结果如图 5-1 所示。

图 5-1

本程序的运行结果显示两段文本：第一段文本"Welcome to JavaScript World!"是由 JavaScript 定义的，第二段文本"JavaScript 内嵌式的使用"是由 HTML 编写的。

（2）外链式

当同一段代码需要被多个网页文件使用或脚本代码比较复杂时，将这些脚本代码放在一个扩展名为 .js 的文件中，通过外链式引入该 js 文件。

使用外链式引入 JavaScript 文件的基本语法格式如下：

```
<script type="text/javascript" src=".js 文件路径"></script>
```

3. JavaScript 规范

（1）区分大小写

JavaScript 严格区分大小写，在输入关键字、标识符、变量名、函数时，必须采用正确的大小写格式，例如，user_ID 与 User_ID 是两个不同的变量。

（2）运行顺序

JavaScript 按照 HTML 代码的书写顺序逐行运行。通常 HTML 的头文件<head>…</head>中存放需要在整个 HTML 文件中都使用的函数、全局变量等。某些代码，如函数体内的代码，只有被其他程序调用时才会被运行。

（3）注释

程序注释是不被运行的，只是为了便于阅读代码，对程序中的某个功能、某行代码或某段代码进行解释说明。JavaScript 主要包含两种注释：单行注释和多行注释。

①单行注释

单行注释采用双斜线"//"作为注释标记，"//"后面的内容为注释部分.

```
// 单行注释的内容
```

②多行注释

多行注释可以是跨越多行的注释文本，以"/ *"作为注释标记开始，以"* /"作为注释标记结束，中间内容为注释文本。

```
/ *
多行注释的内容
* /
```

（4）分号使用

JavaScript 语言不像 Java 语言那样必须以分号";"作为语句结束标记。在 JavaScript 语言中,如果语句的结尾处没有分号,系统会自动将该行代码的结尾作为语句的结尾。如果在每行代码的结尾处加上分号,会使代码层次更加清晰、严谨。因此最好在每行代码结尾处写上分号。

4. 关键字

JavaScript 的关键字,是事先定义好并赋予特定含义的英文单词,也称作"保留字"。与 C 语言、Java 语言一样其关键字不能作为变量名和函数名使用,否则系统会出现编译错误。JavaScript 的常用关键字如表 5-1 所示。

表 5-1　**JavaScript** 的常用关键字

abstract	boolean	break	byte	case	catch	char
class	continue	default	do	double	else	extends
false	final	finally	float	for	function	goto
implements	import	in	instanceof	int	interface	long
native	new	null	package	private	public	return
short	static	super	switch	synchronized	this	throw
typeof	var	void	while	with		

5. 标识符

标识符就是一个名字,需要定义一些符号来标记一些名称,如函数名、变量名。JavaScript 标识符的命名规则与 Java 语言的命名规则相同,标识符由字母、数字、下划线或美元符号组成,不能以数字开头,不能使用 JavaScript 的关键字。

合法标识符: user_ID、USER_ID、class1、$ word

非法标识符: class、Hi Mary、1user、word@ 、#number

6. 变量

变量的命名规则:

①由字母、数字或下划线组成,必须以字母或下划线开头;

②变量名不能包含空格;

③变量名不能使用 JavaScript 的关键字;

④变量名严格区分大小写。

变量的语法格式:

var　变量名

声明变量时,可同时进行赋值. 例如:

var i = 1;

7. 数据类型

JavaScript 采用弱类型方式,数据可以先不声明,在使用或赋值时再说明其数据类型,主要包括数值型、字符串型、布尔型和特殊数据类型。其中数值型是最基本的数据类型,特殊数据类型包括转义字符、未定义值和空值。

8. 运算符

JavaScript 运算符是指运行算术或逻辑操作的符号,主要包括算术运算符、比较运算符、赋值运算符、逻辑运算符和条件运算符。

【例 5-2】　运算符的使用示例

```
<!DOCTYPE html PUBLIC "- // W3C // DTD XHTML 1.0 Transitional // EN"
"http: // www. w3. org / TR / xhtml1 / DTD / xhtml1-transitional. dtd">
<html xmlns ="http: // www. w3. org / 1999 / xhtml">
<head>
<meta http-equiv ="Content-Type" content ="text / html; charset = utf-8" / >
<title>运算符应用</title>
</ head>
<body>
<script type ="text / javascript" >
var m = 10, n = 5;
document. write("数学运算 m * n =:"+(m * n)+"<br>");
document. write("比较运算 m>n:"+(m>n)+"<br>");
document. write("赋值运算 m% = n :"+(m% = n)+"<br>");
var x = 6, y = 7;
document. write("条件运算(++x = =y++):"+((++x = =y++)?true: false)+"<br>");
</ script>
</ body>
</ html>
```

程序运行结果如图 5-2 所示。

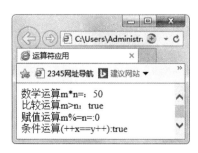

图 5-2

9. 表达式

表达式是语句的集合,计算结果是一个值,其值的数据类型可以是数值型、布尔型、字符串型等。定义变量后,可以进行赋值、运算、变更等一系列操作,这一系列的操作过程由表达式来完成。

知识拓展

JavaScript 运算有优先级,优先级高的运算符优先于优先级低的运算符。具有同等优先级的运算符按照怎样的顺序进行运算称为结合性。JavaScript 的结合性分为两种:向左结合和向右结合。JavaScript 运算符的优先级与结合性如表 5-2 所示。

表 5-2   JavaScript 运算符的优先级与结合性

优先级别	运算符	结合性
最高	. [ ] ( )	向左
	++ -- ! delete void type	向右
	* / %	向左
	+ -	向左
	<< >>	向左
	< <= > >= in instanceof	向左
	== !=	向左
由高到低	&	向左
	^	向左
	|	向左
	||	向左
	& &	向左
	?: =	向右
	=	向右
	* = / = % = + = - = <<= >>= & = ^= |=	向右
最低	,	向左

【例 5-3】   运算符优先级的使用示例

```
<!DOCTYPE html PUBLIC "- // W3C // DTD XHTML 1.0 Transitional // EN"
"http: // www.w3.org / TR / xhtml1 / DTD / xhtml1-transitional.dtd">
<html xmlns="http: // www.w3.org / 1999 / xhtml">
<head>
```

```
<meta http-equiv="Content-Type" content="text/html; charset=utf-8" />
<title>运算符优先级</title>
</head>
<body>
<script type="text/javascript">
var x=4+8/2;
var y=(4+8)/2;
document.write("x=4+8/2, x="+x+"<br>");
document.write("y=(4+8)/2, y="+y+"<br>");
</script>
</body>
</html>
```

程序运行结果如图 5-3 所示。

图 5-3

程序中,表达式 x=4+8/2 的结果为 8,除法的优先级高于加法的优先级,所先进行除法运算,再运行加法运算。表达式 y=(4+8)/2 由于使用了括号运算符,括号内的表达式优先运行,所以结果为 6。

任务实现

1.任务分析

分析任务题目,可以得出以下信息:

①设计页面结构:三个文本框、一个下拉菜单和一个按钮。

子任务 5.1.1 微视频

②下拉菜单中包含+、-、*、/、%,默认为加法运算符。

③用户输入操作数,选择相应的运算。

④按下"等号"按钮,输出相应的运算结果。

⑤采用内嵌式引入 JavaScript 代码,并运行网页。

2.任务编码

通过分析可以编写下列代码以任务实现功能:

```
<!DOCTYPE html PUBLIC "-//W3C//DTD XHTML 1.0 Transitional//EN"
"http://www.w3.org/TR/xhtml1/DTD/xhtml1-transitional.dtd">
<html xmlns="http://www.w3.org/1999/xhtml">
```

```html
<head>
<meta http-equiv="Content-Type" content="text/html;charset=utf-8" />
<title>简易算术运算器</title>
</head>
<body>
<form >
    <input type="text"   id="a"   value=" " />
    <select   id="oper">
      <option selected="selected" value="+">+</option>
      <option value="-">-</option>
      <option value=" * "> * </option>
      <option value="/">/</option>
      <option value="%">%</option>
    </select>
    <input type="text" id="b" value=" " />
    <input type="button" value="=" onclick="cal()" />
    <input type="text" id="result" readonly="readonly" />
</form>
<script type="text/javascript">
function cal(){
// 数据转换成整型
var m=parseInt(document.getElementById("a").value);
var n=parseInt(document.getElementById("b").value);
var op=document.getElementById("oper").value;
var s=" ";
var num=m+op+n;
if(m && n){
    eval("s="+num);
}else{
    if((op=="/") && (n==0)){
        s="除数不能为 0";
    }else if(m && (n==0)  (m==0) && b){
        eval("s="+num);
    }else if((m==0) && (n==0)){
        eval("s="+num);
    }else{
        s="请输入数字";
    }
}
document.getElementById('result').value=s;
}
</script>
</body>
```

</html>

3. 运行结果

程序运行结果如图 5-4 所示。

图 5-4

能力提升

一、选择题

1. 下列关于 JavaScript 脚本位置的说法正确的是(　　　)。

  A. <head>和</head>之间

  B. <body>和</body>之间

  C. <head>和</head>之间,<body>和</body>之间均可

  D. 以上都不对

2. 下列(　　　)是 JavaScript 合法的标识符。

  A. for　　　　　　　　B. _123　　　　　　　　C. name@　　　　　　　D. 6user $

3. JavaScript 最基本的数据类型是(　　　)。

  A. boolean　　　　　　B. string　　　　　　　C. null　　　　　　　　D. number

4. 下列选项中,JavaScript 运算符优先级最高的是(　　　)。

  A. ++　　　　　　　　B. %　　　　　　　　C. ! =　　　　　　　　D. & &

5. 表达式 x = (3+5)/ 2+3 * 2 的结果是(　　　)。

  A. 1　　　　　　　　B. 8　　　　　　　　　C. 10　　　　　　　　D. 14

6. 下列选项中,不能作为变量名的是(　　　)。

  A. _name　　　　　　B. class_id　　　　　　C. _Name　　　　　　　D. 1vote

二、填空题

1. JavaScript 的关键字,是事先定义好并赋予特定意义的英文单词,也称作_____。

2. 在 HMTL 文档中有两种引入 JavaScript 方式:一种是内嵌式,另一种是_____。

3. JavaScript 包括两种注释:_____和多行注释。

4. JavaScript 外链式引入一个扩展名为_____的文件。

5. JavaScript 变量命名时,由字母、数字或_____组成,必须以字母或下划线开头。

6. JavaScript 的结合性分为两种:向左结合和向右结合。其中,?: = 属于_____结合。

子任务 5.1.2　JavaScript 语句

任务描述

我们在网上购物时,遇到节假日或特殊节日,商家经常会搞促销活动,限时秒杀,在某一限定的活动时间内,通过大幅度降低商品价格,吸引更多的消费者购买,以达到营销的目的。制作一款"限时秒杀"的网页,活动结束后,页面中的倒计时变成结束提示语。

预备知识

JavaScript 需要通过控制语句来控制程序的运行过程,主要的流程语句有条件语句、循环语句和跳转语句。

1. 条件语句

(1) if 语句

if 语句是最常用的条件控制语句,根据判断条件表达式的值为 true 或 false,来确定运行哪一条语句。if 语句主要包括单向判断语句、双向判断语句和多向判断语句。

①单向判断语句

单向判断语句是最简单的条件语句,其语法格式如下:

```
if(判断条件){
    运行语句
}
```

②双向判断语句

双向判断语句是 if 语句最基础的形式,其语法格式如下:

```
if(判断条件){
    运行语句 1
}else{
    运行语句 2
}
```

③多向判断语句

多向判断语句通过 else if 对多个条件进行判断,其语法格式如下:

```
if(判断条件 1){
    运行语句 1
}else if(判断条件 2){
    运行语句 2
}else if(判断条件 3){
    运行语句 3
}
```

（2）switch 语句

switch 语句是典型的多分支语句，它比 if 多向判断语句结构清晰，更具有可读性。其语法格式如下：

```
switch(表达式){
    case 目标值 1:
        运行语句 1
        break;
    case 目标值 2:
        运行语句 2
        break;
    …
    case 目标值 n:
        运行语句 n
        break;
    default:
        运行语句 n+1
        break;
}
```

【例 5-4】 选择语句的使用示例

```
<!DOCTYPE html PUBLIC "- // W3C // DTD XHTML 1.0 Transitional // EN"
"http: // www. w3. org / TR / xhtml1 / DTD / xhtml1-transitional. dtd">
<html xmlns="http: // www. w3. org / 1999 / xhtml">
<head>
<meta http-equiv="Content-Type" content="text / html; charset=utf-8" / >
<title>switch 语句</title>
</ head>
<body>
<script type="text / javascript">
var name="赵强"
switch(name){
    case"白宇":
        document. write("白宇, Java 程序设计成绩: 79");
        break;
    case"赵强":
        document. write("赵强, Java 程序设计成绩: 81");
        break;
    case"钱明":
        document. write("钱明, Java 程序设计成绩: 86");
        break;
    default:
        alert("仅限三人查询");
```

```
        break;
}
</ script>
</ body>
</ html>
```

程序运行结果如图 5-5 所示。

图 5-5

2. 循环语句

JavaScript 有时需要代码重复运行,这时可以使用循环语句。循环语句主要有三种: while 循环、do...while 循环和 for 循环。

(1) while 循环语句

while 是最基本的循环语句,先判断后运行,其语法格式如下:

```
while(循环条件){
    运行语句
}
```

(2) do...while 循环语句

do...while 循环语句,先运行后判断,循环体至少运行一次,其语法格式如下:

```
do{
    运行语句
}while(循环条件);
```

(3) for 循环语句

for 循环语句一般适用于已知循环次数的情况,其语法格式如下:

```
for(表达式初值; 循环条件; 操作表达式)
    运行语句
}
```

【例 5-5】 循环语句的使用示例

```
<!DOCTYPE html PUBLIC "- // W3C // DTD XHTML 1.0 Transitional // EN"
"http: // www.w3.org / TR / xhtml1 / DTD / xhtml1-transitional.dtd">
    <html xmlns="http: // www.w3.org / 1999 / xhtml">
```

```
<head>
<meta http-equiv="Content-Type" content="text/html; charset=utf-8" />
<title>循环语句</title>
</head>
<body>
<script type="text/javascript">
document.write("100 以内被 7 整除的数有：<br>");
for(var i=1; i<=100; i++){
    if(i%7! =0){
        continue;
    }
    document.write(i+"\t");
}
</script>
</body>
</html>
```

程序运行结果如图 5-6 所示。

图 5-6

3. 跳转语句

（1）break 语句

break 语句适用于 switch 语句和循环语句,其语法格式如下：

break;

（2）continue 语句

continue 语句适用于循环语句,终止本次循环,运行下一次循环,其语法格式如下：

continue;

4. 函数定义

JavaScript 编写程序时,可能会遇到程序多次重复运行的情况,这就需要重复书写代码,不仅造成重复的工作量,还造成数据冗余,也会给后期代码维护增加麻烦。为此,JavaScript 定义一个函数,将程序代码模块化,减少了工作量,提高工作效率,而且也易于后期维护。

函数是由许多语句组成的逻辑单元,为实现特定功能的代码集合,使代码简洁并可重

复使用。JavaScript 使用关键字 function 来定义函数,其语法格式如下:

```
<script type="text/javascript">
    function 函数名([参数1,参数2,...]){
        函数体
    }
</script>
```

函数主要由 function、函数名、参数和函数体组成,其中,function 是函数定义时必须使用的关键字;函数名即函数的名称,是唯一的,要符合标识符的命名规则;参数即外界传给函数的值,可以有 0 个或多个参数,多个参数用逗号","分隔;函数体是函数的主体部分,编写代码,用于实现特定的功能。

5. 函数调用

函数定义后,想要使函数发挥作用,必须调用这个函数。调用函数只需要引用函数名,并传入相应的参数即可完成函数调用。其语法格式如下:

函数名([参数1,参数2,...])

【例 5-6】　函数调用的使用示例

```
<!DOCTYPE html PUBLIC "-//W3C//DTD XHTML 1.0 Transitional//EN"
"http://www.w3.org/TR/xhtml1/DTD/xhtml1-transitional.dtd">
<html xmlns="http://www.w3.org/1999/xhtml">
<head>
<meta http-equiv="Content-Type" content="text/html; charset=utf-8" />
<title>函数调用</title>
</head>
<body>
<input type="button" onclick="tell()" value="请点击" />
<script type="text/javascript">
function tell(){
    alert("请遵守变量的命名规则");
}
</script>
</body>
</html>
```

程序运行结果如图 5-7 所示。

上面程序中,定义了一个函数 tell(),函数体中只有 alert() 语句,在按钮 onclick 事件中调用 tell() 函数。

6. 函数的作用域

变量先定义后使用。变量并不是随意使用的,只有在它的作用范围内才能合法使用,这个作用范围称为变量的作用域。在 JavaScript 语言中,通常将变量分为全局变量和局部变量。

(a)   (b)

图 5-7

（1）全局变量

定义在所有函数之外,作用域的范围是同一个页面文件的所有程序。

（2）局部变量

定义在函数体内,只在该函数体内使用,其他函数不可以使用。

知识拓展

1. console. log( )

console. log( )在控制台中显示输出结果,用于标准输出流的输出。

2. alert( )

alert( )括号内的文本信息用于显示警告对话框。该对话框含有一个"确认"按钮,单击该按钮可以关闭对话框。

3. prompt( )

prompt( )方法是 JavaScript 中窗口 window 对象的常用方法,用于显示和提示用户输入信息的对话框。其语法格式如下:

prompt(信息提示字符串,默认输入值);

如果用户按"确认"按钮,则显示当前输入字段的文本,按"取消"按钮,返回 null。

【例 5-7】 prompt( )函数的使用示例

```
<!DOCTYPE html PUBLIC "- // W3C // DTD XHTML 1. 0 Transitional // EN"
"http: // www. w3. org / TR / xhtml1 / DTD / xhtml1-transitional. dtd">
<html xmlns="http: // www. w3. org / 1999 / xhtml">
<head>
<meta http-equiv="Content-Type" content="text / html; charset=utf-8" />
<title>prompt( ) 函数</ title>
</ head>
<body>
<script type="text / javascript">
    prompt("请输入您的身份证号码!");
</ script>
```

```
</body>
</html>
```

程序运行结果如图 5-8 所示。

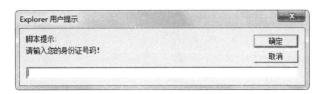

图 5-8

4. setTime( )

Date 对象中的 setTime(x)方法,使用毫秒数 x 设置日期和时间。

5. getTime( )

Date 对象中的 getTime( )方法,返回 1970 年 1 月 1 日至当前时间的毫秒数。

6. setInterval( )

setInterval( )用于周期性运行脚本,每隔一段时间运行指定代码,通常用于显示网页时钟、网页动画、制作悬浮广告等。特别提醒,如果不使用 clearInterval( )清除定时器,会一直循环运行,直到关闭该页面。

任务实现

1. 任务分析

分析任务题目,可以得出以下信息:

①网页外观样式,使用 div 和 span 进行样式设计;

②通过 getTime( )方法获取当前时间和秒杀结束时间,计算剩余的小时、分钟和秒数;

③通过 setInterval( )方法设置倒计时,秒杀时间动态显示;

④分别判断小时、分钟和秒数并进行处理,判断秒杀是否结束。

子任务 5.1.2 微视频

> 通过培养营销意识、提高营销策略技巧来实现销量目标。多动脑、多思考、想策略,这是对大学生的职业要求,拓展到其他专业或行业也适用。

2. 任务编码

通过分析可以编写下列代码以任务实现功能。

HTML 搭建网页结构,保存在 task5_1_2. html 文件中代码如下:

```
<!DOCTYPE html PUBLIC "- // W3C // DTD XHTML 1.0 Transitional // EN"
"http: // www.w3.org / TR / xhtml1 / DTD / xhtml1-transitional.dtd">
```

```html
<html xmlns="http://www.w3.org/1999/xhtml">
<head>
<meta http-equiv="Content-Type" content="text/html; charset=utf-8" />
<title>限时秒杀</title>
<link href="task5_1_2.css" rel="stylesheet" type="text/css" />
<script src="task5_1_2.js" type="text/javascript"></script>
</head>
<body onload="update()">
<!--设置秒杀时间块-->
<div class="img-box">
    <span id="hour"></span><span id="minute">
    </span><span id="second"></span>
    <!--设置限时秒杀结束块-->
    <div id="bot-box">
    </div>
</div>
</body>
</html>
```

CSS 样式设置, 保存在 task5_1_2. css 文件中, 代码如下:

```css
/*全局控制*/
body{font-size: 20px; color: #fff; font-family: microsoft yahei, arial;}
/*清除浏览器默认样式*/
img{list-style: none; outline: none;}
/*秒杀样式*/
.img-box{position: relative; background: url(images/倒计时.png); width: 702px;
height: 378px; margin: 0 auto;}
.img-box span{position: relative; width: 32px; height: 27px; text-align: center;
line-height: 26px; margin: 4px 0 0 3px;}
.img-box #hour{left: 50.6%; top: 68.35%}
.img-box #minute{left: 55.2%; top: 68.35%}
.img-box #second{left: 59.6%; top: 68.35%}
/*活动结束样式*/
#bot-box{position: absolute; z-index: 1; top: 250px; display: none; width: 702px;
height: 51px; line-height: 40px; text-align: center; color: #666; font-size: 28px;}
```

JavaScript 代码显示倒计时时间, 保存在 task5_1_2. js 文件中, 代码如下:

```javascript
function update()
{
    //设置秒杀结束时间
    var endtime=new Date("2022/4/12, 11:30:10");
    //获取当前时间
    var nowtime = new Date();
```

```
// 计算剩余秒杀时间,单位为秒
var leftsecond = parseInt(( endtime. getTime( ) -nowtime. getTime( ) ) / 1000) ;
h = parseInt( leftsecond / 3600) ;   // 计算剩余小时
m = parseInt(( leftsecond / 60) %60) ;   // 计算剩余分钟
s = parseInt( leftsecond%60) ;   // 计算剩余秒
if( h<10) h = "0"+h;
if( m<10 && m>=0) m = "0"+m; else if( m<0) m = "00";
if( s<10 && s>=0) s = "0"+s; else if( s<0) s = "00";
document. getElementById("hour") . innerHTML = h;
document. getElementById("minute") . innerHTML = m;
document. getElementById("second") . innerHTML = s;
    // 判断秒杀是否结束,结束则输出相应提示信息
if( leftsecond<=0) {
    document. getElementById("bot-box") . style. display = "block";
    document. getElementById("bot-box") . style. background = "url( images / 结束. png) no-repeat";
    document. getElementById("bot-box") . innerHTML = "活动已结束";
    clearInterval( sh) ;
    }
}
// 设计倒计时
var sh = setInterval( fresh, 1000) ;
```

3. 运行结果

程序运行结果如图 5-9 和图 5-10 所示。

图 5-9

　　上面程序中,通过 getTime( ) 方法分别获取活动结束时间与当前时间的毫秒数,将它们相减获取剩余时间,分别计算得到小时数、分钟数和秒数。通过 setInterval( ) 方法设置倒计时,动态显示秒杀时间。当剩余时间为 0 时,会出现提示符"活动已结束"。

图 5-10

能力提升

一、选择题

1. 在 JavaScript 中,函数使用(　　　)关键字来定义。
   A. function 　　　　　　 B. var 　　　　　　 C. class 　　　　　　 D. css

2. (　　　)方法表示返回 1970 年 1 月 1 日至当前时间的毫秒数。
   A. setTime( ) 　　　 B. getTime( ) 　　　 C. Time( ) 　　　 D. setInterval

3. 用于判断 x 不等于 3 时运行某些语句的条件语句是(　　　)。
   A. if x = ! 3 then 　　 B. if(x<>3) 　　 C. if(x! = 3) 　　 D. if <>3

4. var x = 2;var y = "good";var z = x+y;z 的运行结果为(　　　)。
   A. 2 　　　　　　 B. good 　　　　　 C. 2good 　　　　 D. 程序错误

5. 用于显示警告对话框的函数是(　　　)。
   A. dialog( ) 　　　 B. write( ) 　　　 C. prompt( ) 　　　 D. alert( )

6. 函数主要由 function、函数名、参数和函数体组成,其中(　　　)是可选的。
   A. function 　　 B. 函数名 　　 C. 参数 　　 D. 函数体

二、填空题

1. ＿＿＿＿＿＿用于标准输出流的输出,在控制台中显示输出结果。

2. 每隔一段时间运行指定代码,通常用于显示网页时钟和网页动画、制作悬浮广告等,这种方法是＿＿＿＿＿＿。

3. 在 JavaScript 语言中,通常将变量分为全局变量和局部变量。其中,＿＿＿＿＿＿定义在函数体内,只在该函数内使用,其他函数不可以使用。

三、编写程序

1. 创建一个"动态获取用户密码"提示框。

2. 求 100 与 200 之间的素数,每 7 个一行输出,程序运行结果如图 5-11 所示。

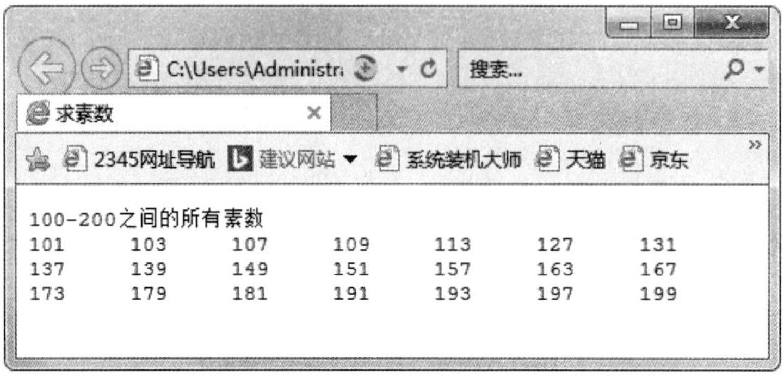

图 5-11

子任务 5.1.3   事件的处理

任务描述

网页内容较多时,为了清晰、准确地读取内容以及节省空间,使用 Tab 栏,通过一块固定的空间来展示多块内容。Tab 栏在网页中应用广泛,通过标签可以在多个内容之间进行切换,使网页结构层次分明、内容易读明了。Tab 栏内容可以自动切换,也可以使用鼠标滑过切换。

预备知识

JavaScript 是基于对象的脚本语言,采用事件驱动是它的基本特征。网页由浏览器的内置对象组成,如单选按钮、列表框、多选框、菜单等,通过事件实现对象之间的交互作用。例如当按下某个命令按钮时,可以触发相应的事件实现不同的功能,从而完成某些特殊的效果。

事件驱动是 JavaScript 的特点之一,事件是指访问网页时运行的操作。当浏览器探测到一个事件时,如单击键盘,可能会触发与这个事件相关联的 JavaScript 对象,事件就产生了。事件处理是与事件相关联的 JavaScript 对象,当关联事件发生时,调用事件处理器,完成相应操作,实现特定的功能。JavaScript 常用事件有鼠标事件、表单事件、键盘事件、页面事件等。

事件处理过程通常分为三步:

①事件发生;

②启动事件处理程序;

③事件处理程序的响应。

1. 鼠标事件

鼠标事件是指通过鼠标操作触发的事件,常用的鼠标事件如表 5-3 所示。

表 5-3　JavaScript 中常用的鼠标事件

序号	事件	事件描述
1	onclick	单击鼠标时触发此事件
2	ondblclick	双击鼠标时触发此事件
3	onmouseup	弹起鼠标时触发此事件
4	onmousedown	按下鼠标时触发此事件
5	onmousemove	移动鼠标时触发此事件
6	onmouseover	鼠标移动到某个设置了此事件上的元素时触发此事件
7	onmouseout	鼠标从某个设置了此事件上的元素上离开时触发此事件

【例 5-8】 鼠标事件的使用示例

```html
<!DOCTYPE html PUBLIC "-//W3C//DTD XHTML 1.0 Transitional//EN"
"http://www.w3.org/TR/xhtml1/DTD/xhtml1-transitional.dtd">
<html xmlns="http://www.w3.org/1999/xhtml">
<head>
<meta http-equiv="Content-Type" content="text/html; charset=utf-8" />
<title>鼠标事件</title>
<style type="text/css">
img{display: none; }
</style>
</head>
<body>
<p id="name">明媚的夏天</p>
<img src="images/夏天.png" id="pic"/>
<script type="text/javascript">
var names=document.getElementById("name");
var pic=document.getElementById("pic");
names.onmouseover=function(){
    names.style.color="red";
}
names.onmouseout=function(){
    names.style.color="green";
}
names.onclick=function(){
    pic.style.display="block";
}
</script>
```

```
</body>
</html>
```

程序运行结果如图 5-12 所示。

(a)   (b)

图 5-12

上面程序中,先将图片的显示效果设为隐藏,单击文字时显示图片。通过对鼠标移入和移出触发鼠标事件,文字颜色由红色变为绿色。

2. 键盘事件

键盘事件是通过键盘操作触发的事件,常用于检查页面输入的内容。比如,网上购物时,买家输入购买商品的数量时,使用 onkeyup 事件来检查输入信息是否合理。常用的键盘事件如表 5-4 所示。

表 5-4 JavaScript 中常用的键盘事件

序号	事件	事件描述
1	onkeydown	按下键盘某个按键时触发此事件
2	onkeyup	键盘某个按键弹起时触发此事件
3	onkeypress	当输入有效的字符按键时触发此事件

【例 5-9】 键盘事件的使用示例

```
<!DOCTYPE html PUBLIC "- // W3C // DTD XHTML 1.0 Transitional // EN"
"http: // www. w3. org / TR / xhtml1 / DTD / xhtml1-transitional. dtd">
<html xmlns="http: // www. w3. org / 1999 / xhtml">
<head>
<meta http-equiv="Content-Type" content="text / html; charset=utf-8" />
<title>键盘事件</title>
<style type="text / css">
```

```
* {padding: 0; margin: 0; list-style: none; }
. all{
    margin: 20px auto;
    border: 1px solid #000;
    background: #eee;
    width: 300px;
}
ul{
    height: 50px;
    line-height: 50px;
}
. head{font-weight: bold; }
li{
    text-align: center;
    float: left;
    width: 100px;
}
#num{width: 50px; }
</style>
<script type="text/javascript">
    function testNum(obj) {
        var num = Number(obj. value);
        // 判断是否是数字
        if(! num) {
            alert('非法输入, 请输入数字');
            // 通过为元素对象的属性赋值, 就可以改变这个属性的属性值
            obj. value = 1;
        }
    }
</script>
</head>
<body>
    <div class="all">
        <ul class="head">
            <li>名称</li>
            <li>数量(袋)</li>
            <li>操作</li>
        </ul>
        <ul>
            <li>洗衣液</li>
            <li>
            <input type="text" id="num" onkeyup="testNum(this)" value="1"  />
            </li>
```

```
            <li>删除</li>
        </ul>
    </div>
</body>
</html>
```

程序运行结果如图 5-13 所示。

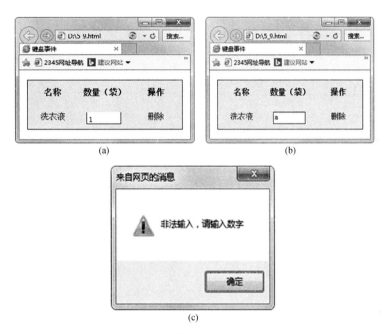

图 5-13

在程序中,使用 testNum( )方法检查用户输入内容的合法性,如果不正确,会出现提示信息"非法输入,请输入数字"。输入一个非数字"a",将出现提示框"非法输入,请输入数字"。

3. 表单事件

表单事件是指通过表单触发的事件,用户注册表单中通过表单事件完成用户名和密码的合法性检查。常用的表单事件如表 5-5 所示。

表 5-5   **JavaScript** 中常用的表单事件

序号	事件	事件描述
1	onchange	元素失去焦点并且元素内容发生改变时触发此事件
2	onfocus	某个元素获得焦点时触发此事件
3	onblur	某个元素失去焦点时触发此事件
4	onsubmit	表单提交时触发此事件
5	onreset	表单重置时触发此事件

【例 5-10】 表单事件的使用示例

搭建网页结构,编写 5_10. html 代码:

```
<!DOCTYPE html PUBLIC "- //W3C //DTD XHTML 1.0 Transitional //EN"
"http: //www. w3. org /TR /xhtml1 /DTD /xhtml1-transitional. dtd">
<html xmlns="http: //www. w3. org /1999 /xhtml">
<head>
<meta http-equiv="Content-Type" content="text /html; charset=utf-8" />
<title>表单事件: 更改密码</title>
<link href="5_10. css" rel="stylesheet" type="text /css" />
<script src="5_10. js" type="text /javascript"></script>
</head>
<body>
    <form action="#" method="post" class="bg">
        <ul>
            <li>输入原密码: </li>
            <li>输入新密码: </li>
            <li>确认新密码: </li>
        </ul>
        <div class="list">
            <p><input type="password" /></p>
            <p><input type="password" onblur="test1(this)" id="pwd"/><span>密码不能为空!
</span></p>
            <p><input type="password" onblur="test2(this)" /><span>两次密码不同, 请重新
输入!
</span></p>
            <input type="button" value="提交" />
        </div>
    </form>
</body>
</html>
```

网页样式设计,编写 5_10. css 代码:

```
/ *全局控制 */
body{font-size: 14px; font-family: "微软雅黑"; }
/ *清除浏览器默认样式 */
body, p, ul, li{margin: 0; padding: 0; list-style: none; }
/ *整体控制表单 */
. bg{width: 500px; height: 180px; margin: 50px auto; border: 3px double #ccc;
padding: 30px; background: url(images /bg. png)no-repeat center center; }
/ *提示信息 */
ul{float: left; }
li{text-align: right;    height: 50px; }
```

/ * 表单控件 * /

.list{float: left; }

p{width: 360px; height: 50px; }

span{display: none; float: right; padding: 0 0 0 10px; color: red; }

实现"密码修改验证"提示,编写 5_10.js 代码:

```
function test1(obj){
    if(! obj.value){
        // obj.nextSibling 表示获取当前元素对象的下一个相邻元素对象
        // obj.nextSibling.style 指的是这个相邻元素的样式
        // 为 obj.nextSibling.style.display 赋值,就可以控制这个相邻元素是否显示
        obj.nextSibling.style.display = 'block';
    }else{
        obj.nextSibling.style.display = 'none';
    }
}
function test2(obj){
     // document.getElementById 可以通过传入的参数,获取指定的元素对象
    var pwd = document.getElementById('pwd').value;
    var pwdAgain = obj.value;
    if(pwd != pwdAgain){
        obj.nextSibling.style.display = 'block';
    }
    else{
        obj.nextSibling.style.display = 'none';
    }
}
```

程序运行结果如图 5-14 和图 5-15 所示。

图 5-14

图 5-15

程序中通过 test2( )方法判断输入新密码和确认新密码文本框域的内容是否相同,如果相同,按"提交"按钮,表示密码修改成功(图 5-14);否则,会出现提示信息"两次密码不同,请重新输入!",表示修改密码失败(图 5-15)。

4. 页面事件

页面事件是指通过页面触发的事件。常用的表单事件如表 5-6 所示。

表 5-6　JavaScript 中常用的页面事件

序号	事件	事件描述
1	onload	页面加载时触发此事件
2	onunload	页面卸载时触发此事件

【例 5-11】 页面事件的使用示例

```
<!DOCTYPE html PUBLIC "-//W3C//DTD XHTML 1.0 Transitional//EN"
"http://www.w3.org/TR/xhtml1/DTD/xhtml1-transitional.dtd">
<html xmlns="http://www.w3.org/1999/xhtml">
<head>
<meta http-equiv="Content-Type" content="text/html; charset=utf-8" />
<title>页面事件</title>
<script type="text/javascript">
window.onload=function display(){
    var con=document.getElementById('con')
    alert(con.innerHTML);
}
</script>
```

</head>

<body>

<div id="con">设计一个全新的在线课堂网站</div>

</body>

</html>

　　程序运行结果如图 5-16 所示。

图 5-16

　　上面程序创建一个 div 标签,设置 id 名,便于 JavaScript 获取元素对象,通过 display( ) 方法获取 div 中文本内容并弹出对话显示,页面加载后再运行函数,保存后刷新页面。

知识拓展

　　BOM(Browser Object Modal)是浏览器对象模型,用于对象与浏览器窗口进行交互,主要包括 window 窗口、screen 屏幕、document 文档等对象。其中 window 对象位于 BOM 对象顶端,是 BOM 的核心部分。

1. window 对象

　　window 对象浏览整个窗口,获得浏览器窗口的位置、大小、打开、关闭等操作,window 对象的常用方法如表 5-7 所示。

表 5-7　window 对象的常用方法

序号	方法	方法描述
1	open( )	打开浏览器窗口
2	close( )	关闭浏览器窗口
3	moveBy( )	以窗口左上角为基本移动窗口,按偏移量移动
4	moveTo( )	以窗口左上角为基本移动窗口,移动到指定的屏幕坐标
5	scrollBy( )	按偏移量滚动内容

表 5-7(续)

序号	方法	方法描述
6	scrollTo( )	滚动到指定的坐标
7	setTimeout( )	设置普通定时器
8	clearTimeout( )	清除普通定时器
9	setInterval( )	设置周期定时器
10	clearInterval( )	清除周期定时器

【**例 5-12**】　window 对象的使用示例

```
<!DOCTYPE html PUBLIC "- //W3C //DTD XHTML 1.0 Transitional //EN"
"http: // www. w3. org / TR / xhtml1 / DTD / xhtml1-transitional. dtd">
<html xmlns="http: // www. w3. org / 1999 / xhtml">
<head>
<meta http-equiv="Content-Type" content="text / html; charset=UTF-8">
<title> window 窗口的使用</ title>
<script language="javascript">
var myWindow;
function openWindow( )
{
    // 打开窗口
    myWindow=window. open("5_5. html", "myWindow", "width=200, height=150, top=200, left=100") ;
}
function closeWindow( )
{
    // 关闭窗口
    myWindow. close( ) ;
}
</ script>
</ head>
<body
<p><a href="javascript: openWindow( )">打开窗口</ a></ p>
<p><a href="javascript: closeWindow( )">关闭窗口</ a></ p>
</ body>
</ html>
```

程序运行结果如图 5-17 所示。

2. screen 对象

Screen 对象用于获取计算机屏幕信息。screen 对象常用的属性如表 5-8 所示。

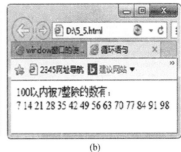

(a)   (b)

图 5-17

表 5-8   screen 对象常用的属性

序号	属性	属性描述
1	width	屏幕的宽度
2	height	屏幕的高度
3	availWidth	屏幕可用的宽度
4	availHeight	屏幕可用的高度
5	colorDepth	屏幕颜色位数

获取屏幕的高度和宽度,代码如下:

```
var width = screen. width;
var height = screen. height;
```

3. location 对象

location 对象用于获取和设置当前网页的 url 地址。常用的属性和方法如表 5-9 所示。

表 5-9   location 对象常用的属性和方法

序号	属性/ 方法	属性/ 方法描述
1	hash	设置或获取 URL 中的锚点
2	host	设置或获取 URL 中的主机名
3	port	设置或获取 URL 中的端口号
4	href	设置或获取 URL
5	pathname	设置或获取 URL 中的路径
6	protocol	设置或获取 URL 中的协议
7	search	设置或获取 URL 中的 GET 请求部分
8	reload( )	重新加载当前文档

使用 location 表示对象时,我们通过代码演示该对象的使用方法。

（1）进入指定描点

location. hash="#down"

当运行上述代码后，如果当前的 URL 地址为"http：// test. com/ 5_12. html"，运行后 URL 地址变为"http：// test. com/ 5_12. html#down"。

（2）跳转新网址

location. href="http: // www. sohu. com"

当运行上述代码后，会跳转到"http：// www. sohu. com"，该页面成为当前页面。

4. history 对象

history 对象表示与浏览器有关的历史记录，为了保护用户的隐私，一般不允许获取用户访问过的历史 URL 记录。history 对象的常用方法如表 5-10 所示。

表 5-10 history 对象的常用方法

序号	方法	方法描述
1	go( )	加载历史记录的某个网页
2	forward( )	表示前进，加载历史记录后一个 URL
3	back( )	表示后退，加载历史记录前一个 URL

5. document 对象

document 对象用于处理网页文档，通过该对象访问文档中所有的元素。的常用方法如表 5-11 所示。

表 5-11 document 对象常用的属性和方法

序号	属性/方法	属性/方法描述
1	body	访问<body>元素
2	title	获取当前文档的标题
3	referer	获取文档的 URL 地址，通过超链接被访问时有效
4	lastModified	获取文档最后的修改时间
5	write( )	向文档写 HTML 或 JavaScript 代码

任务实现

1. 任务分析

分析任务题目，可以得出以下信息：

①网页外观样式，使用 Tab 栏，设置 4 个子标题。子标题通过<div>进行定义，内容通过<ul>进行定义。

子任务 5.1.3 微视频

②对 Tab 栏进行宽度和边框样式的设计,4 个子标题的大小、边框、浮动及文本格式进行设置。

③控制选项内容外边距样式设计,通过 display 属性来控制隐藏或显示。

④Tab 栏的自动切换通过定时器周期 setInterval( )方法来设定。

⑤每个标签元素添加鼠标滑动事件由 window. onload 事件响应实现。

2. 任务编码

HTML 构建网页结构,保存在 task5_1_3. html 文件中,代码如下:

```
<!DOCTYPE html PUBLIC "- //W3C //DTD XHTML 1.0 Transitional //EN"
"http: //www. w3. org /TR /xhtml1 /DTD /xhtml1-transitional. dtd">
<html xmlns ="http: //www. w3. org /1999 /xhtml">
<head>
<meta http-equiv ="Content-Type" content ="text /html; charset =utf-8" />
<title>中国文化</title>
<link href ="5_1_3. css" rel ="stylesheet" type ="text /css" />
<script type ="text /javascript" src ="5_1_3. js"></script>
</head>
<body>
    <div class ="tab-box">
        <div class ="tab-head" id ="tab-head">
            <div class ="tab-head-div current">唐诗</div>
            <div class ="tab-head-div">宋词</div>
            <div class ="tab-head-div">元曲</div>
            <div class ="tab-head-div tab-head-r">明清对联</div>
        </div>
        <div class ="tab-body" id ="tab-body">
            <ul class ="tab-body-ul current">
                <li>唐诗泛指创作于唐朝的诗</li>
                <li>唐诗是中华民族珍贵的文化遗产之一</li>
                <li>对于研究唐代的政治、文化等有重要的参考意义</li>
                <li>唐诗的代表人物主要有李白、杜甫</li>
            </ul>
            <ul class ="tab-body-ul">
                <li>宋代盛行的一种中国文学体裁</li>
                <li>宋代儒客文人智慧精华</li>
                <li>宋词句子有长有短,便于歌唱</li>
                <li>宋词的代表人物主要有苏轼、李清照</li>
            </ul>
            <ul class ="tab-body-ul">
                <li>元曲是盛行于元代的一种文艺形式</li>
                <li>元代儒客文人智慧精髓</li>
                <li>元曲内容以抒情为主,有小令和套数两种</li>
```

```
        <li>元曲的代表人物主要有关汉卿、马致远</li>
    </ul>
    <ul class="tab-body-ul">
        <li>中华文化的一种特殊艺术形式</li>
        <li>以书法挥写出的楹联,民间惯称对子或对联</li>
        <li>它具有对称美和顺序美</li>
        <li>《清十大名家对联集》收录了李渔、曾国藩等名家的对联</li>
    </ul>
    </div>
</div>
</body>
</html>
```

CSS 样式设置, 保存在 task5_1_3. css 文件中, 代码如下:

```
@charset "utf-8";
/* CSS Document */
/*全局控制*/
body{font-size: 14px; font-family: "宋体"; }
/*清除浏览器默认样式*/
body, ul, li{list-style: none; margin: 0; padding: 0; }
/*大 div 样式*/
.tab-box{width: 383px; margin: 10px; border: 1px solid #ccc; border-top: 2px solid #206F96; }
/*选项样式*/
.tab-head{height: 31px; }
.tab-head-div{width: 95px; height: 30px; float: left; border-bottom: 1px solid #ccc; border-right: 1px solid
#ccc; background: #eee; line-height: 30px; text-align: center; cursor: pointer; }
.tab-head .current{background: #fff; border-bottom: 1px solid #fff; }
.tab-head-r{border-right: 0; }
/*选项内容样式*/
.tab-body-ul{display: none; margin: 20px 10px; }
.tab-body-ul li{margin: 5px; }
.tab-body .current{display: block; }
```

JavaScript 代码实现 Tab 栏的切换效果, 保存在 task5_1_3. js 文件中, 代码如下:

```
window. onload = function() {
    // 获取所有 tab-head-div
    var head_divs = document. getElementById("tab-head"). getElementsByTagName("div");
    // 保存当前焦点元素的索引
    var current_index = 0;
    // 启动定时器
    var timer = window. setInterval(autoChange, 5000);
    // 遍历元素
    for(var i=0; i<head_divs. length; i++) {
```

```
                    // 添加鼠标滑过事件
                head_divs[i].onmouseover = function() {
                    clearInterval(timer);
                    if(i != current_index) {
                        head_divs[current_index].style.backgroundColor = '';
                        head_divs[current_index].style.borderBottom = '';
                    }
                     // 获取所有 tab-body-ul
                    var body_uls = document.getElementById("tab-body").getElementsByTagName("ul");
                     // 遍历元素
                    for(var i=0; i<body_uls.length; i++) {
                        // 将所有元素设为隐藏
                        body_uls[i].className = body_uls[i].className.replace(" current"," ");
                        head_divs[i].className = head_divs[i].className.replace(" current"," ");
                        // 将当前索引对应的元素设为显示
                        if(head_divs[i] == this) {
                            this.className += " current";
                            body_uls[i].className += " current";
                        }
                    }
                }
                 // 鼠标移出事件
                head_divs[i].onmouseout = function() {
                    // 启动定时器,恢复自动切换
                    timer = setInterval(autoChange, 5000);
                }
            }
             // 定时器周期函数-Tab 栏自动切换
            function autoChange() {
                // 自增索引
                ++current_index;
                 // 当索引自增达到上限时,索引归 0
                if(current_index == head_divs.length) {
                    current_index=0;
                }
                 // 当前的背景颜色和边框颜色
                for(var i=0; i<head_divs.length; i++) {
                    if(i == current_index) {
                        head_divs[i].style.backgroundColor = '#fff';
                        head_divs[i].style.borderBottom = '1px solid #fff';
                    }else{
                        head_divs[i].style.backgroundColor = '';
                        head_divs[i].style.borderBottom = '';
```

```
            }
        }
    //获取所有 tab-body-ul
    var body_uls = document.getElementById("tab-body").getElementsByTagName("ul");
        //遍历元素
    for(var i=0;i<body_uls.length;i++){
            //将所有元素设为隐藏
        body_uls[i].className = body_uls[i].className.replace(" current","");
        head_divs[i].className = head_divs[i].className.replace(" current","");
            //将当前索引对应的元素设为显示
        if(head_divs[i]==head_divs[current_index]){
            this.className += " current";
            body_uls[i].className += " current";
        }
    }
    }
}
```

3. 运行结果

程序运行结果如图 5-18 所示。

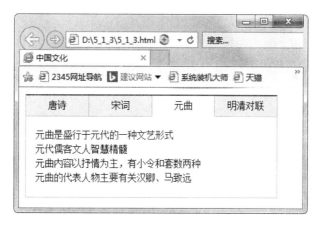

图 5-18

唐诗、宋词、元曲、明清对联是中华优秀传统文化,积淀着中华民族最深沉的精神追求,是中华民族独特的精神标识,是中华民族生生不息、发展壮大的丰厚滋养。培养学生正确认识中华优秀传统文化,将中华民族的传统文化精髓,融入思想道德、文化知识、艺术涵养等教育。

能力提升

一、选择题

1. 在 JavaScript 中,(　　)是移动鼠标时触发此事件。
    A. onclick   B. onmousemove   C. onmousedown   D. onmouseup
2. JavaScript 中,设置周期定时器的方法是(　　)。
    A. setTimeout( )   B. getTime( )   C. setInterval( )   D. setTime( )
3. JavaScript 中 onblur 事件的作用是(　　)。
    A. 元素失去焦点时触发事件
    B. 元素失去焦点并且元素内容发生改变时触发此事件
    C. 元素获得焦点时触发事件
    D. 提交时触发此事件
4. JavaScript 中,不属于 location 对象属性的是(　　)。
    A. port   B. hash   C. title   D. href
5. 使用 history 对象的(　　)方法在网页上实现前进的作用。
    A. forward( )   B. back( )   C. go( )   D. 以上都不对

二、填空题

1. JavaScript 中,页面事件包括 onload 事件和 onunload 事件,其中_____事件用于网页卸载完毕后触发的事件。
2. 如果当前的 URL 地址为"http://exam.com/5_12.html",运行 location.hash = "#down"后 URL 地址变为_____。
3. 在 JavaScript 语言中,事件处理过程通常分为_____步。
4. document 对象获取文档最后修改时间的属性是_____。

三、编写程序

设计图 5-19 所示网页,设计 5 个按钮,实现图片切换特效。

图 5-19

学习评价

班级		学号		姓名	
任务 5.1　使用 JavaScript 开发页面			课程性质		理实一体化

知识评价（30 分）

序号	知识考核点	分值	得分
1	基本语法	5	
2	函数使用	10	
3	事件触发	10	
4	BOM 对象	5	

任务评价（60 分）

序号	任务考核点	分值	得分
1	JavaScrip 函数设计	10	
2	JavaScript 事件的实现	15	
3	程序检查、纠正	15	
4	程序测试	10	
5	项目团队合作	10	

思政评价（10 分）

序号	思政考核点	分值	得分
1	思政内容的认识与领悟	5	
2	思政精神融十任务的体现	5	

违纪扣分（20 分）

序号	违纪考查点	分值	扣分
1	上课迟到早退	5	
2	上课打游戏	5	
3	上课玩手机	5	
4	其他扰乱课堂秩序的行为	5	
综合评价		综合得分	

任务 5.2　集合类的应用

学习目标

【知识目标】

1. 了解集合类的概念、框架和分类；
2. 掌握 List 接口的实现，理解 Arraylist、LinkedList 单列集合；
3. 掌握 Set 接口的使用，掌握 HashMap、TreeMap 双列集合。

【任务目标】

1. 掌握 Iterator 迭代器及 foreach 循环对集合遍历；
2. 熟悉 HashMap、TreeMap 检索查询；
3. 能完成项目开发设计。

【素质目标】

1. 具有文明礼貌、遵守秩序的好习惯；
2. 具有勇于挑战、精益求精、一丝不苟的工匠精神。

子任务 5.2.1　List 接口的应用

任务描述

为增长知识、提高专业技能，同学们利用课余时间进行网络课程的学习。准备网络课程学习时，首先查询是否有自己将要学习的网络课程。本案例编写一个网络课程查询程序，通过输入数字 1 或 2，选择不同功能：数字 1——显示所有网络课程名称，数字 2——查询课程名称。输入要查询的网络课程名，如果有，显示"网络课程存在"，否则提示"网络课程不存在"。

预备知识

我们前面已经学习了数组，它是一种常用的数据结构。数组中存放基本数据类型或引用数据类型的元素，通过数组下标来快速、随机地访问数组中的元素。创建数组对象时，必须指定数组大小，一旦确定下来，元素的个数就固定了，无法更改。数组元素的个数由 length 来确定。

我们在开发实际项目时，经常会出现对象数量不确定的情况。例如：开发聊天室时，聊天室中的客户数量不确定;在淘宝商城购物时,客户购物车里的商品数量不确定。面对这些实际问题,显然数组由于自身的特点无法解决,因此,我们引入了 Java 集合类来解决上述问题。

1. 集合概念

Java 集合是指在内存中存放一组对象的容器,存放对象可以是任意类型,容器的大小可以动态变化。它们位于 java. util 包中,使用时一定要引用对应的包,否则程序会出现异常。集合类型就是描述一种类型的数据结构,集合的实质是 Java 语言实现了的数据结构,使用起来非常方便。一些集合类和接口构成了 Java 的集合框架,集合框架主要由一组用来操作对象的接口组成,这样有利于将集合的实现与集合的接口分开,程序员可以使用相同的方法访问集合。

2. 集合框架

整个 Java 集合框架的基础是集合的接口,而不是类。集合框架实现类构,扩展性强。具有以下优点:

①Java 集合框架对类的实现效率高。例如,程序开发过程中,程序员直接引用链表集合类的方法,方便地实现链表的功能,性能比较高。

②框架被设计成包含一组标准的接口,更易于扩展和修改。程序员通过继承类或者接口来扩展集合的功能。

③框架中每个接口的实现可以相互调整,编写程序时很容易通过改变接口的实现进行互换,大大提高了程序设计的灵活性。

④Java 语言提供了数组与集合类的相互转换机制。

3. 集合分类

集合按存储结构分为两大类:单列集合 Collection 和双列集合 Map。其特点如下:

集合微视频

(1) Collection

Collection 单列集合类的根接口定义了一些操作集合的通用方法,用来存储符合某种规则的一系列对象,这些对象也称为 Collection 的元素。Collection 有三个重要的子接口,分别是 list、Set 和 Queue。

List 提供一种有序集合,允许存在重复的元素。List 接口主要实现的类有 ArrayList 和 LinkedList。Set 提供一种无序集合,不允许存在重复的元素。Set 接口主要实现的类有 HashSet 和 TreeSet。Queue 是 java 5 之后新增的功能,提供了队列集合类。

Collection 定义了单列集合的一些常用方法,这些方法适于操作所有的单列集合,如表 5-12 所示。

表 5-12　Collection 接口的方法

序号	方法名称	功能描述
1	add(Object obj)	向集合中添加一个元素
2	remove(Object obj)	删除指定元素

表 5-12（续）

序号	方法名称	功能描述
3	contains(Object obj)	判断集合中是否包含某个元素
4	Itarator( )	用于遍历集合元素
5	clear( )	清除当前集合中的所有元素
6	size( )	返回当前集合中元素的数量
7	isEmpty( )	判断当前集合是否为空集合

（2）Map

Map 双列集合类的根接口，提供"键-值"对元素的集合，用来存储一组具有映射关系的数据，包含键(key) 和值(value)。一个 Map 中的键 key 必须不相同，每个键 key 映射唯一一个值 value。使用 Map 集合通过指定的键 key 能找到对应的值 value，例如，根据一门课程的课程号就可以找到该课程对应的信息。Map 接口主要实现的类有 HashMap 和 TreeMap。

4. List 接口

List 接口继承 Collection 接口，实现 List 接口的对象称为 List 集合。List 是有序的集合，允许元素重复出现，元素的存入顺序和取出顺序一致，所有元素以线性方式进行存储。List 集合主要有两个特点：一是有序，二是允许有重复的元素。

List 接口是有序的数据结构，既可以通过索引访问 List 集合中指定的元素，也可以通过索引下标值精确地控制每个元素的插入位置。List 接口类似于数组，但 List 的长度是可变的。

List 接口不仅继承了 Collection 接口的方法，本身又拥有更多的方法，其常用方法如表 5-13 所示。

表 5-13   List 接口的常用方法

序号	方法名称	功能描述
1	add(int index,Object obj)	向 List 集合的 index 处添加一个元素
2	get(int index)	返回集合索引 index 处的元素
3	int indexOf(Object obj)	返回元素 obj 第一次出现的位置,否则返回-1
4	int lastIndexOf(Object obj)	返回元素 obj 最后一次出现的位置,否则返回-1
5	remove(int index)	删除 index 索引处的元素
6	set(int index,Object obj)	指定位置 index 上的元素修改为指定元素 obj
7	subList(int fromIndex,int toIndex)	返回从索引 fromIndex(包含) 到 toIndex(不包含) 处所有元素集合组成的子集合
8	listIterator( )	返回一个列表迭代器,访问集合中的元素
9	listIterator(int intx)	返回一个列表迭代器,访问集合中从指定位置开始的每一个元素

List 接口能实现对元素进行添加、删除、修改和查询的功能。通常情况下,在程序开发时,不使用 Collection 接口来实现操作集合,但可以使用它的子接口 List,实例化时只能使用已经实现了 List 接口的子类。

ArrayList 类和 LinkedList 类是 List 接口两个常用的实现类。在程序开发过程中,我们根据实际需要来具体选用哪个实现类:如果需要在集合中间位置频繁地添加、删除元素,使用 LinkedList 类比较好;如果随机访问集合中的元素,使用 ArrayList 类会更好。

【例 5-13】 List 类的使用示例

```
import java. util. * ;
public class Example5_13 {
    public static void main(String[ ] args){
        List list=new ArrayList( );
        list. add("Welcome");
        list. add(new Date( ));
        for(int i=0;i<list. size( );i++)    //遍历集合元素
        {
            System. out. print("第"+i+"个元素");
            Object obj=list. get(i);    // 获取第 i 个元素
            System. out. print("类型:"+obj. getClass( ). getName( )+",");
            System. out. println("值:"+obj. toString( ));
        }
    }
}
```

程序运行结果如图 5-20 所示。

图 5-20

5. ArrayList 类

ArrayList 类是最常用的 List 实现类。它使用数组作为内部的存储结构,数组大小可以改变。随着向 ArrayList 中不断添加元素,其容量也在不断增长。ArrayList 集合继承了 Collection 和 List 中的方法,使用 Collection 接口和 List 接口可以完成对 ArrayList 集合的操作。

【例 5-14】 ArrayList 类的使用示例

```
import java. util. * ;
public class Example5_14 {
    public static void main(String[ ] args){
        ArrayList list1 = new ArrayList( );    // 创建 ArrayList 集合
```

```
                ArrayList list2 = new ArrayList();
                list1. add("x1"); // 向集合中添加元素
                list1. add("x2");
                list1. add("x3");
                list1. add("x4");
                list1. add("x5");
                list2. add("y1");
                list2. add("y2");
                System. out. println("list1:" + list1);     //输出集合元素
                list1. addAll(3, list2);    // 将 list2 添加到 list1
                System. out. println("list1:" + list1);
                list1. remove(3);     // 删除索引为 3 的元素
                list1. set(5,"z1");    // 替换索引为 5 的元素
                //输出集合元素及其长度
                System. out. println("list1:" + list1+" 长度:" + list1. size());
                //输出指定范围的元素
                System. out. println("索引 3 至 5 的子集合是:" +list1. subList(3,5));
                System. out. println("x2 在 list1 中出现的位置索引值为:" +list1. indexOf("x2"));
        }
}
```

程序运行结果如图 5-21 所示。

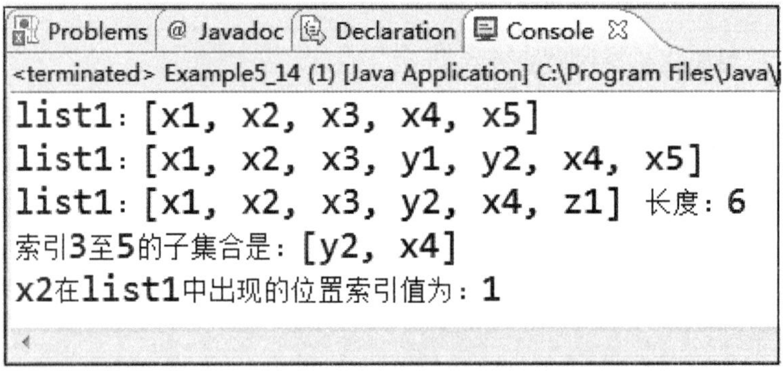

图 5-21

ArrayList 集合支持快速的随机访问,但在添加元素和删除元素时,需要重建数组,不适合大量的添加、删除操作,所以效率低且性能不佳。ArrayList 可以通过索引的方式访问元素,使用 ArrayList 集合适合查找元素。

6. LinkedList 类

LinkedList 类是最常用的 List 实现类,它既能实现 List 接口,也能实现 Deque 接口。Deque 接口是 Queue 的子接口,它代表一个双向队列。所以 LinkedList 类能实现链表的数据结构,这种链式数据结构插入、删除元素速度快,克服了 ArrayList 添加、删除元素效率低的特点。但 LinkedList 随机访问效率低,要访问某个元素,必须从链表的表头开始,对每个结

点进行遍历,直到找到满足条件的元素为止。

LinkedList 类还可以实现队列、栈的功能。队列的特点是先进先出,如食堂排队打饭;栈的特点是后进先出,如高高的蒸笼一层一层的,放在最下面一层的包子最后才能拿出来。

LinledList 类的方法不仅继承了 Collection 和 Deque 接口的方法,本身又拥有更多的主要针对头结点(First)和尾结点(Last)进行研究的设计方法,如表 5-14 所示。

表 5-14　LinkedList 接口的常用方法

序号	方法名称	功能描述
1	add(int index,E element)	向列表中的 index 处添加一个元素
2	addFirst(Object obj)	在列表的开头处添加一个元素
3	addLast(Object obj)	在列表的结尾处添加一个元素
4	getFirst()	返回列表的第一个元素
5	getLast()	返回列表的最后一个元素
6	removeFirst()	删除列表的第一个元素
7	removeLast()	删除列表的最后一个元素

【例 5-15】　LinkedList 类的使用示例

```
import java.util. * ;
public class Example5_15 {
    public static void main(String[] args) {
        LinkedList link = new LinkedList();    // 创建 LinkedList 集合
        link.add("x");
        link.add("y");
        link.add("z");
        link.add("m");
        System.out.println(link.toString());    // 取出并打印该集合中的元素
        link.add(2,"n");    // 向该集合中指定位置插入元素
        link.addFirst("h");    // 向该集合中第一个位置插入元素
        System.out.println(link);
        System.out.println(link.getFirst());    // 取出该集合中第一个元素
        System.out.println(link.getLast());    // 取出该集合中最后一个元素
        link.removeLast();    // 移除该集合中第一个元素
        System.out.println(link);
    }
}
```

程序运行结果如图 5-22 所示。

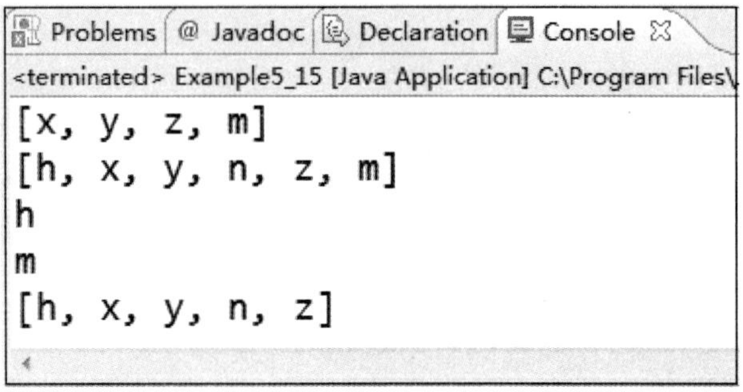

图 5-22

知识拓展

1. Iterator 接口

Collection 接口没有 get( )方法来获取集合的元素,所以只能使用 Iterator 接口遍历 Collection 集合中的元素,并安全地从集合中取出合适的元素。Iterator 接口提供了几个主要的方法,如表 5-15 所示。

表 5-15   **Iterator 接口的常用方法**

序号	方法名称	功能描述
1	hasNext( )	判断是否还有元素,如果有,则返回 true
2	next( )	返回要访问的下一个元素,如果到达集合末尾,会抛出异常
3	remove( )	从集合中移除 next 方法返回的最后一个元素

【例 5-16】 Iterator 接口的使用示例

假设学校要新建一些网络课程,课程名存储在一个集合中且有重复值。现有一门"Java 程序设计"课程,不需要再新建其网络课程,此时需要遍历集合,找到该课程名并将其删除。

```java
import java.util. * ;
public class Example5_16 {
    public static void main(String[] args) {
        ArrayList course = new ArrayList();    // 创建 ArrayList 集合
        course.add("Java 程序设计");
        course.add("C 语言程序设计");
        course.add("图像处理");
        course.add("Web 前端开发");
        course.add("Android 应用开发");
        course.add("实用软件工程");
        Iterator ite = course.iterator();        // 获得 Iterator 对象
        while(ite.hasNext()) {            // 判断该集合是否有下一个元素
            Object obj = ite.next();        // 获取该集合中的元素
            if("Java 程序设计".equals(obj)) {    // 判断该元素是否为"Java 程序设计"
```

```
            ite.remove();                    //删除该集合中的元素
        }
    }
    System.out.println(course);
    }
}
```

程序运行结果如图 2-23 所示。

图 5-23

上面程序中,在调用 Iterator 的 next() 方法之前,迭代器指针指向集合的第一个元素,当第一次调用迭代器的 next() 方法时,将指针指向的第一个元素返回,迭代器指针向后移动一位,此时指向第二个元素,以此类推,直到迭代器的指针指向 null,则 hasNext() 方法返回 false 时,表示到了集合的末尾,遍历就终止了。

2. foreach 循环

Java 5 之后推出了一个新的特性:增强型 for 循环,它只用于遍历集合或数组。其格式如下:

```
for(元素类型  临时变量: 容器对象){
        …   //循环休
}
```

与 for 循环相比,foreach 循环不需要获得容器的长度,也不使用索引来访问集合中的元素,它会自动遍历容器中的每个元素。

【例 5-17】 foreach 循环遍历集合示例

```
import java.util.ArrayList;
public class Example5_17 {
    public static void main(String[] args){
        ArrayList courseList = new ArrayList();    //创建 ArrayList 集合
        courseList.add("网络操作系统");        //向 ArrayList 集合中添加字符串元素
        courseList.add("网页设计与制作");
        courseList.add("数据库基础与应用");
        for(Object c:courseList){    //使用 foreach 循环遍历 ArrayList 对象
            System.out.println(c);   //输出集合元素
        }
    }
}
```

程序运行结果如图 5-24 所示。

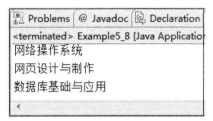

图 5-24

上面的程序使用 foreach 循环访问 ArrayList 集合里的元素,代码简洁,这正是 foreach 循环带来的优势。foreach 循环中的迭代变量不是集合元素本身,系统依次把集合元素的值赋给迭代变量,因此 foreach 遍历集合时,只能访问集合中的元素,而不能修改元素。

任务实现

子任务 5.2.1 微视频

1. 任务分析

分析任务题目,可以得出以下信息:

①定义网络课程列表类 CourseList,封装保存课程信息的 ArrayList 集合对象 courseArray,同时创建它的构造方法。

②定义 CourseList 类的三种成员方法:add( )方法实现网络课程信息添加的功能;show( )方法实现所有网络课程信息显示的功能;seek( )方法实现根据学生输入的网络课程名称查询网络课程是否存在的功能。

③编写程序测试类,在 main( )方法中创建 CourseList 对象、用 switch 分支语句实现用户不同的选择功能效果。

2. 任务编码

通过分析可以编写下列代码以任务实现功能:

```java
import java.util.*;
public class CourseList {
    ArrayList courseArray;    //存放课程名称的集合
    public CourseList(){ //构造方法
        courseArray = new ArrayList();
    }
    //向 ArrayList 添加元素
    void add(){
        courseArray.add("Java 程序设计");
        courseArray.add("C 语言程序设计");
        courseArray.add("图像处理");
        courseArray.add("Web 前端开发");
        courseArray.add("Android 应用开发");
```

```
            courseArray.add("实用软件工程");
        }
// 显示 ArrayList
    void show() {
        System.out.println("* 从 ArrayList 检索对象 *");
        for(Object obj: courseArray) { // 通过增强 for 循环遍历集合
            System.out.println(obj);
        }
    }
// 查询 ArrayList
    void seek() {
        System.out.println("请输入要查询的网络课程名称:");
        String cn = " ";
        Scanner sc = new Scanner(System.in);
        cn = sc.next();        // 将键盘输入的数据赋给 bn
        for(Object obj: courseArray) {
            if(obj.equals(cn)) { // 判断集合中的元素是否和输入的课程名相等
                System.out.println("网络课程:" + cn + ",存在。");
                return;
            }
        }
        System.out.println("网络课程:" + cn + ",不存在。");
    }
}
public class Task5_2_1 {
    public static void main(String[] args) {
        CourseList clist = new CourseList();
        int n;
        clist.add();
        System.out.println("请输入您的选项:1. 显示网络课程   2. 查询网络课程");
        Scanner sc = new Scanner(System.in);
        n = sc.nextInt();    // 输入数字选项
        switch(n) { // 通过 switch 结构选择不同的功能
        case 1:
            clist.show();
            break;
        case 2:
            clist.seek();
            break;
        }
    }
}
```

3. 运行结果

程序运行结果如图 5-25 所示。

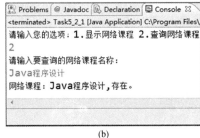

(a)   (b)

图 5-25

本程序中,采用 ArrayList 集合完成了数据的 add( )增加、show( )遍历和 seek( )查找的方法;采用 foreach 循环遍历集合的方法,实现了网络课程的显示功能。用 switch 语句实现根据用户的选择完成不同功能的效果。

随着信息技术的飞速发展,学习形式更加多元化。其中采用网络课程方式学习,突破时间、空间限制,学生可根据自身需要随时、随地学习。同学们要学好专业知识,增强专业技能,珍惜学习机会,树立良好的理想信念,实现人生价值。

能力提升

一、选择题

1. List 中的元素是( )。
   A. 有序且不能重复的   B. 有序且可以重复的
   C. 无序且不能重复的   D. 无序且可以重复的
2. 下列哪种方法是 LinkedList 类有而 ArrayList 类没有的?( )
   A. add(Object o)
   B. add(int index,Object o)
   C. remove(Object o)
   D. removeLast( )
3. Java 语言中,集合类都位于( )包中。
   A. java. lang   B. java. array   C. java. util   D. java. collections
4. 下面说法中正确的是( )。
   A. LinkedList 要访问某个元素,必须从链表的表头开始,对每个结点进行遍历,直到找到满足条件的元素为止

　　B. foreach 遍历集合时,既能访问集合中的元素,又能修改元素

　　C. 如果需要在集合中间位置频繁地添加、删除元素,使用 ArrayList 类比较好

　　D. 如果随机访问集合中的元素,使用 LinkedList 类会更好

5. 下面(　　)方法不是 LinkedList 集合定义的。

　　A. remove(int index)　　　　　　　B. next( )

　　C. getFirst( )　　　　　　　　　　　D. getLast( )

二、填空题

1. 集合按存储结构分为单列集合和双列集合,单列集合的根接口是_____,双列集合的根接口是_____。

2. Collections 是一个工具类,所有方法都是_____方法。

3. List 集合的主要实现类有_____和_____。

三、编写程序

1. 使用 LinkedList 集合存储新闻标题,实现获取、添加及删除头条和末条新闻标题的功能。

2. 设计一个程序完成扑克牌游戏"斗地主"的随机发牌功能,输出发牌结果。具体要求如下:

　　①用一个类表示一张扑克牌;

　　②用一个列表 cards 来存储所有的牌,再用三个列表分别存放各个玩家的牌,并用一个列表 p_cards 来统一管理三个玩家的扑克牌;

　　③发牌时,首先将 cards 中的元素顺序打乱(洗牌),再依次将最上面的牌取出,添加到各个玩家的扑克牌列表中,最后将每个玩家的列表进行排序,将三个玩家的牌和底牌输出。

子任务 5.2.2　Set 和 Map 接口的应用

任务描述

　　为增加民主意识,我们在生活中会有选举事件的发生。设计一个选举得票统计程序,输入选票的候选人姓名,统计每名候选人的得票数,并按得票数的多少降序排列输出。

预备知识

1. Set 接口

　　Set 接口是常用的集合接口,是 Collection 接口的另一个常用子接口。Set 接口描述的是一种简单的集合,Set 集合存储的元素是唯一的、无序的,有且仅有一个值为 null。

　　Set 接口的主要特点:

　　①在 Set 集合中不允许存在重复的元素,通过所添加元素中的 equals( ) 方法来进行唯

一性检查,确保集合元素的唯一性。

②Set 接口是无序的,输出的结果和添加时的顺序可能不一样。进行遍历集合时,不能使用下标访问集合中的元素。

③Set 接口只是简单地继承 Collection 接口,没有扩展新的功能。

Set 接口主要有两个实现类:HashSet 类和 TreeSet 类。在程序开发过程中,根据实际需要,选择其中的一个类来实例化 Set 对象。

2. HashSet 集合

HashSet 根据哈希算法计算当前对象的哈希值,根据哈希值确定元素在集合中的存储位置。如果哈希值相同,说明当前存储的位置已经存储了元素,此时使用 equals( )方法来判断;如果 equals( )的返回值为 true,就不能存储;如果值为 false,继续通过算法重新计算哈希值。HashSet 存储的元素不能重复,且元素都是无序的。HashSet 类使用了哈希表,所以它的存取、查找、检索速度非常快。

【例 5-18】　HashSet 应用示例

```java
import java. util. * ;
public class Example5_18 {
    public static void main( String[ ] args) {
        HashSet s1 = new HashSet( );        // 创建 HashSet 集合
        s1. add( "钱艳" );                    // 向该 Set 集合中添加字符串
        s1. add( "赵亮" );
        s1. add( "白琪" );
        s1. add( "郑强" );
        s1. add( "赵亮" );                    // 向该 Set 集合中添加重复元素
        System. out. println( "集合中的元素:"+s1);
        Iterator i1 = s1. iterator( );        // 获取 Iterator 对象
        while( i1. hasNext( ) ) {            // 通过 while 循环,判断集合中是否有元素
            Object obj = i1. next( );        // 通过迭代器的 next( )方法获取元素
            System. out. println( obj);
        }
        System. out. println( "请输入姓名:" );
        Scanner sc1 = new Scanner( System. in);    // 从键盘输入要查询的姓名
        String name = sc1. next( );
        if( s1. contains( name) )            // 判断集合中是否存在此姓名
            System. out. println( name+"已存在." );
        else
            System. out. println( name+"不存在." );
        s1. remove( "白琪" );                // 从集合中删除白琪
        System. out. println( "白琪已被删除,此时集合中的元素:"+s1);
    }
}
```

HashSet 微视频

程序运行结果如图 5-26 所示。

图 5-26

上面程序中,元素"赵亮"只能存入集合一次,第二次就无法存入了。如何确保添加元素的唯一性呢? 关键是使用了存入对象的 hashCode() 和 equal() 方法,通过调用对象 hashCode() 获得它的哈希值,根据哈希值确定其存储位置。如果位置没有元素,将元素存在这个位置上;如果有元素,调用 equals() 方法比较元素值是否相同,如果相同说明是元素是重复的,不能存入集合。

【例 5-19】 HashSet 存入对象没有覆盖的 hashCode() 和 equral() 方法的示例

```java
import java.util. * ;
class Student {
        String number;
        String name;
        int age;
    public Student(String number, String name, int age) {        //创建构造方法
                this. number = number;
                this. name = name;
                this. age = age;
    }
    public String toString() {                    //toString()方法
        return    number+". 姓名: "+name+" 年龄: "+age;
    }
}
public class Example5_19 {
    public static void main(String[ ] args) {
        HashSet h1 = new HashSet();                    //创建 HashSet 集合
        Student p1 = new Student("1","刘琳", 21);                //创建 Student 对象
        Student p2 = new Student("2","杨刚", 22);
        Student p3 = new Student("3","叶凌", 20);
        Student p4 = new Student("2","杨刚", 22);
```

```
            Student p5 = new Student("4","杜江",21);
            h1.add(p1);
            h1.add(p2);
            h1.add(p3);
            h1.add(p4);
            h1.add(p5);
            System.out.println(h1);
    }
}
```

程序运行结果如图 5-27 所示。

图 5-27

在上面的程序中,向 HashSet 集合中存入 5 个 Student 对象,并输出这 5 个对象。在程序的运行结果中,我们发现有 2 个相同的学生信息"姓名:杨刚 年龄:22",它们是重复的元素,这在 HashSet 集合中是不允许的。为什么会出现这种情况呢?主要是定义 Student 类时没有覆盖 hashCode( )和 equal( )方法。下面我们对例 5-19 程序进行改进,修改后的代码如例 5-20 所示。

【例 5-20】   HashSet 存入对象覆盖的 hashCode( )和 equral( )方法的示例

```java
import java.util.*;
class Student {
        String number;
        String name;
        int age;
        public Student(String number, String name, int age) {        // 创建构造方法
                this.number = number;
                this.name = name;
                this.age = age;
        }
        public String toString() {                    // toString( )方法
            return  number+".姓名:"+name+" 年龄:"+age;
        }
        public int hashCode() {
            return name.hashCode();  // 返回 name 属性的哈希值
        }
        // 覆盖 equals 方法
        public boolean equals(Object obj) {
```

```
        Student s = (Student)obj;  //将对象强转为 Student 类型
        return this. name = = s. name;  //返回判断结果
    }
}
public class Example5_20 {
    public static void main(String[] args) {
        HashSet h1 = new HashSet();           //创建 HashSet 集合
        Student p1 = new Student("1","刘琳",21);     //创建 Student 对象
        Student p2 = new Student("2","杨刚",22);
        Student p3 = new Student("3","叶凌",20);
        Student p4 = new Student("2","杨刚",22);
        Student p5 = new Student("4","杜江",21);
        h1. add(p1);
        h1. add(p2);
        h1. add(p3);
        h1. add(p4);
        h1. add(p5);
        System. out. println(h1);
    }
}
```

程序运行结果如图 5-28 所示。

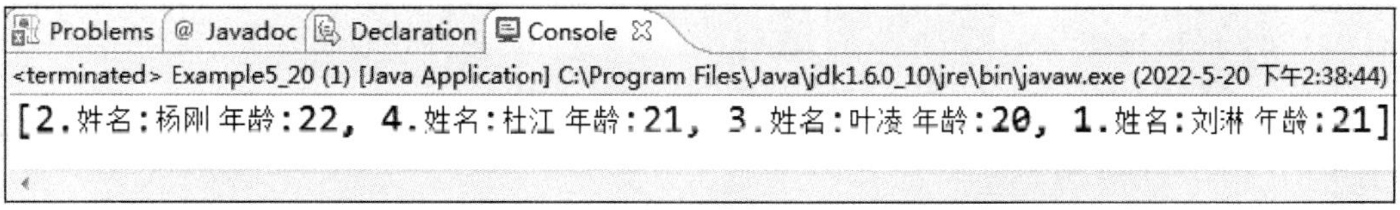

图 5-28

3. TreeSet 集合

TreeSet 是 Set 接口另一个常用的实现类,它能实现 SortedSet 接口。其存储的元素不重复具有唯一性,HashSet 使用 hashCode() 和 equral() 方法保证了元素不重复,而 TreeSet 则使用 compareTo() 方法保证了元素的唯一性。因此,TreeSet 集合中每一个要添加的对象都必须实现 Comparable 接口,覆盖 Comparable 接口中的 compareTo() 方法。

TreeSet 类支持排序的方法有两种:自然排序和定制排序,默认采用自然排序方法。根据 compareTo() 方法,存放的元素需要按照条件要求进行排序。遍历的结果按照条件要求的排列方法输出,TreeSet 中常用的定义方法如表 5-16 所示。

表 5-16   TreeSet 中常用的定义方法

序号	方法名称	功能描述
1	add(Object o)	指定元素添加到集合中
2	contains(Object o)	如果集合中包含指定的元素,返回值为 true
3	comparator( )	对集合中的元素进行排序比较,如果此集合使用了元素的自然排序,返回值为 null
4	first( )	返回集合中当前第一个(最小)值
5	last( )	返回集合中当前最后一个(最大)值

【例 5-21】 TreeSet 使用示例

```java
import java.util.*;
public class Example5_21 {
    public static void main(String[] args) {
        TreeSet t1 = new TreeSet();        // 创建 TreeSet 集合
        t1.add("IT 日语");                 // 向 TreeSet 集合中添加元素
        t1.add("Web 前端开发");
        t1.add("HTML 网页设计");
        t1.add("Photoshop 图像处理");
        t1.add("Java 语言程序设计");
        Iterator ite = t1.iterator();      // 获取 Iterator 对象
        while(ite.hasNext()) {
            System.out.println(ite.next());
        }
        System.out.println("TreeSet 集合逆序视图:" + t1.descendingSet());
        System.out.println("TreeSet 集合中最小值:" + t1.first());
        System.out.println("TreeSet 集合中最大值:" + t1.last());
    }
}
```

程序运行结果如图 5-29 所示。

图 5-29

　　在 TreeSet 集合中存放 Book 类型对象,如果 Book 类没有实现 Comparable 接口,那么 Book 类型的对象不能进行比较,更无法进行排序。因此,为了在 TreeSet 集合中存入 Book 对象,必须在 Book 类中实现 Comparable 接口。

【例 5-22】　使用 TreeSet 集合存储实现 Comparable 接口的 Book 对象,按价格进行排序。

```java
import java.util. * ;
class Book implements Comparable{    //定义 Book 类实现 Comparable 接口
    String name;
    int price;
    public Book(String name, int price) {    // 创建构造方法
        this. name = name;
        this. price = price;
    }
     // 覆盖 Object 类的 toString( )方法,返回描述信息
    public String toString( ) {
        return name + ″:″ +price;
    }
     // 覆盖 Comparable 接口的 compareTo 方法
    public int compareTo(Object obj) {
        Book b = (Book)obj;    //将比较对象强转为 Book 类型
        if(this. price >b. price) {    // 判断二者 price 的大小
            return 1;
        }
        if(this. price = =b. price) {
            return this. name. compareTo(b. name);
             // 如果 price 相等,则按 name 比较大小
        }
        return-1;
    }
}
public class Example5_22 {
    public static void main(String[ ] args) {
        TreeSet t1 = new TreeSet( );    // 创建 TreeSet 集合
        t1. add(new Book(″IT 日语″,45));    // 向 TreeSet 集合中添加元素
        t1. add(new Book(″Web 前端开发″,56));
        t1. add(new Book(″HTML 网页设计″,60));
        t1. add(new Book(″Photoshop 图像处理″,57));
        t1. add(new Book(″Java 语言程序设计″,56));
        Iterator ite = t1. iterator( );
        while(ite. hasNext( )) {
            System. out. println(ite. next( ));
        }
    }
}
```

程序运行结果如图 5-30 所示。

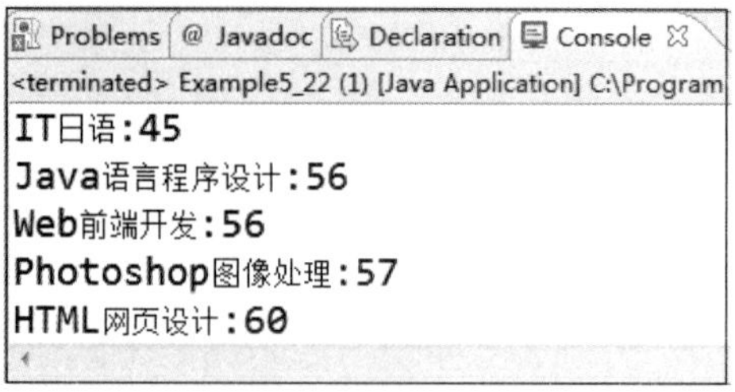

图 5-30

上面程序中,Book 类实现了 Comparable 接口中的 compareTo( )方法,在 compareTo( )方法中,首先对 price 进行比较,根据比较结果返回 1 和−1。如果 price 相同,再对 name 进行比较。从运行结果来看,图书首先按价格排序,价格相同再按书名排序。

> 排序使我们的生活有序、方便快捷,使各项服务、工作高效地运行,有序的公共生活是构建和谐社会的重要条件,也是国家现代化和文明程度的重要标志。同学们应养成文明礼貌、遵守规则、遵守秩序的好习惯。

4. Map 接口

学生类中,每个学生都有唯一的学号,通过学号可以查询学生的个人信息,它们是一对一的关系。在 Java 程序中,Map 接口存储一组成对的键(key)-值(value)对象。例如,一个学号对应一个学生,其中学号就是键 key,与此学号对应的学生就是值 value。键和值对象之间存在一种对应的关系,称为映射。Map 接口的提供 key 到 value 的映射,通过 key 来检索。Map 接口中的 key 可以无序,但不允许重复。value 可以无序,但允许重复。一个映射不能包含重复的键,每个键最多映射一个值。表 5-17 中列举了 Map 接口的常用方法。

表 5-17　Map 中定义的方法

序号	方法名称	功能描述
1	put(Object key,Object value)	将相关联的一个 key 与一个 value 放入集合,如果 Map 中已经包含了 key 对应的 value,则旧值被替换
2	remove(Object key)	从集合中移除与 key 相关的映射,返回该 key 关联的旧 value。如果 key 没有任何关系,则返回值为 null
3	get(Object key)	获得与 key 相关的 value,如果该 key 不关联任何非 null 值,则返回值为 null
4	values( )	返回映射中包含的值的 Collection 视图
5	keySet( )	返回映射中包含的键的 Set 视图
6	entrySet( )	返回此映射中包含的映射关系的 Set 视图

5. HaspMap 集合

Map 接口最常用的实现类是 HashMap,其优点是查询指定元素效率高。HashMap 集合是基于哈希表的实现类,用于存储键值映射关系,允许 null 键和 null 值,但不允许出现重复的键。HashMap 不保证映射的顺序,特别是不保证顺序永久不变。

【例 5-23】 HashMap 遍历集合的示例

```
import java.util. * ;
public class Example5_23 {
    public static void main(String[ ] args) {
        Map m1 = new HashMap( );    // 创建 Map 对象
        m1.put("21G001","李鹏");       // 存储键和值
        m1.put("21G002","王巍");
        m1.put("21G003","赵颖");
        m1.put("21G004","田甜");
        m1.put("21G005","郝帅");
        Set k1 = m1.keySet( );      // 获取键的集合
        Iterator ite = k1.iterator( );   // 获取 Iterator 对象
        while(ite.hasNext( )) {      // 迭代键的集合
            Object key = ite.next( );
            Object value = m1.get(key);    // 获取每个键所对应的值
            System.out.println(key + ":" + value);
        }
    }
}
```

程序运行结果如图 5-31 所示。

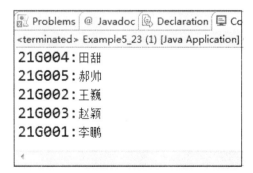

图 5-31

上面程序中,通过调用 Map 对象的 KeySet( )方法获得存储在 Map 中的所有 Set 集合;再通过 Iterator 迭代 Set 集合中的每个元素;最后通过调用 get(Object key)方法,根据键获得对应值。

【例 5-24】　使用 HashMap,根据英文名检索学生的信息。

```java
import java.util.HashMap;
import java.util.Map;
public class Student {
    private String name;    //学生姓名
    private int age;        //学生年龄
    public Student(String name, int age) {
        this.name = name;
        this.age = age;
    }
    public String getName() {
        return name;
    }
    public void setName(String name) {
        this.name = name;
    }
    public int getAge() {
        return age;
    }
    public void setAge(int age) {
        this.age = age;
    }
}
public class Example5_24 {
    public static void main(String[] args) {
        //1.创建学生对象
        Student stu1 = new Student("杨红", 21);
        Student stu2 = new Student("孙明", 22);
        Student stu3 = new Student("赵亮", 20);
        //2.创建保存"键-值对"的集合对象
        Map students = new HashMap();
        //3.把英文名称与学员对象按照"键-值对"的方式存储在 HashMap 中
        students.put("Lily", stu1);
        students.put("Mike", stu2);
        students.put("John", stu3);
        //4.打印学员个数
        System.out.println("已添加"+students.size()+"个学生信息");
        //5.打印键集
        System.out.println("键集为:"+students.keySet());
        String key1 = "Mike";
        //6.判断是否存在"Mike"这个键,如果存在,根据键获取相应的值
        if(students.containsKey(key1)) {
```

```
            Student    student = (Student)students. get(key1);
            System. out. println("英文名为"+key1+"的学生姓名:"+student. getName());
        }
        String key2 = "Lily";
         //7. 判断是否存在"Lily"这个键, 如果存在, 根据键获取相应的值
        if(students. containsKey(key2)){
            students. remove(key2);
            System. out. println("英文名为"+key2+"的学生信息已删除");
        }
    }
}
```

程序运行结果如图 5-32 所示。

图 5-32

上面程序中, 数据添加到 HashMap 集合后, 所有的数据类型转换为 Object 类型, 所以从中获取数据时需要进行强制类型转换。

6. TreeMap 集合

TreeMap 是 Map 接口的另一个常用的实用类, 也是用来存储键值映射关系的, 不允许存在重复的键。该映射可以根据键的自然顺序进行排序, 也可以根据 Comparator 进行排序。TreeMap 与 TreeSet 集合的存储原理一样, 都采用二叉树来确保键的唯一性。

【例 5-25】 TreeMap 集合的使用示例

```
import java. util. *;
public class Example5_25 {    // 创建 TreeMap 测试类
    public static void main(String[]    args){
        TreeMap t1 = new TreeMap();
        t1. put("21G001","李鹏");        // 存储键和值
        t1. put("21G002","王巍");
        t1. put("21G003","赵颖");
        t1. put("21G004","田甜");
        t1. put("21G005","郝帅");
        Set kSet = t1. keySet();        // 获取键的集合
        Iterator ite = kSet. iterator();    // 获取 Iterator 对象
        while(ite. hasNext()){    // 判断是否存在下一个元素
```

```
        Object key = ite. next( );    // 取出元素
        Object value = t1. get(key);     // 根据获取的键找到对应的值
        System. out. println(key + ":" + value);
      }
    }
}
```

程序运行结果如图 5-33 所示。

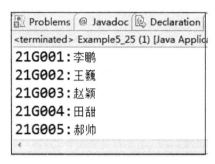

图 5-33

知识拓展

1. Collections 工具类

在项目开发过程中,集合的使用频率较高。例如,对集合中的元素进行查找、排序、替换等操作,JDK 提供了集合 Collections 工具类,它含有大量的静态方法,用于集合的操作。Collections 工具类位于 java. util 包中。

温馨提示

　　Collections 和 Collection 是不同的,Collctions 是集合的操作类,而 Collection 是集合接口。

排序是集合的一种常见操作,在 Java 中如果想比较一个类的对象之间的大小,那么就对这个类实现 Comparable 接口,此接口能实现类的自然排序,即对实现它的每一个类的对象进行整体排序。自然比较方法就是类的 compareTo( )方法,此方法用于比较当前对象与指定对象的顺序,如果该对象小于指定对象,返回值为负整数;如果相等,返回值为零;如果大于指定对象,返回值为正整数。

compareTo( )方法的语法格式如下:

int compareTo(Object obj);

实现此接口的对象列表可以通过 Collections. sort( )方法进行自动排序。

【例 5-26】 Collections 排序的使用示例

```
import java. util. *;
public class Teacher implements Comparable{
    private int number;            // 教工号
```

```java
    private String name = " ";        // 姓名
    private String sex = " ";         // 性别
    public int getNumber( ) {
        return number;
    }
    public void setNumber( int number) {
        this. number = number;
    }
    public String getName( ) {
        return name;
    }
    public void setName( String name) {
        this. name = name;
    }
    public String getSex( ) {
        return sex;
    }
    public void setSex( String sex) {
        this. sex = sex;
    }
    public int compareTo( Object obj) {
        Teacher t1 = ( Teacher) obj;
        if( this. number = = t1. number) {
            return 0;        // 如果教工号相同，那么两者就是相等的
        } else if( this. number>t1. getNumber( ) ) {
            return 1;        // 如果这个教工号大于传入的教工号
        } else {
            return-1;        // 如果这个教工号小于传入的教工号
        }
    }
}
public class Example5_26 {
    public static void main( String[ ] args) {
        Teacher t1 = new Teacher( );
        t1. setNumber(3);
        Teacher t2 = new Teacher( );
        t2. setNumber(2);
        Teacher t3 = new Teacher( );
        t3. setNumber(1);
        Teacher t4 = new Teacher( );
        t4. setNumber(4);
        ArrayList list = new ArrayList( );
        list. add(t1);
```

```
        list. add(t2);
        list. add(t3);
        list. add(t4);
        System. out. println("排序前:");
        Iterator iterator = list. iterator();
        while(iterator. hasNext()){
            Teacher tea = (Teacher)iterator. next();
            System. out. println(tea. getNumber());
        }
        // 使用 Collections 的 sort 方法对 list 进行排序
        System. out. println("排序后:");
        Collections. sort(list);
        iterator = list. iterator();
        while(iterator. hasNext()){
            Teacher tea = (Teacher)iterator. next();
            System. out. println(tea. getNumber());
        }
        // 使用 Collections 的 binarySearch 方法对 list 进行查找
        int index = Collections. binarySearch(list, t2);
        System. out. println("t2 的索引是:"+index);
    }
}
```

程序运行结果如图 5-34 所示。

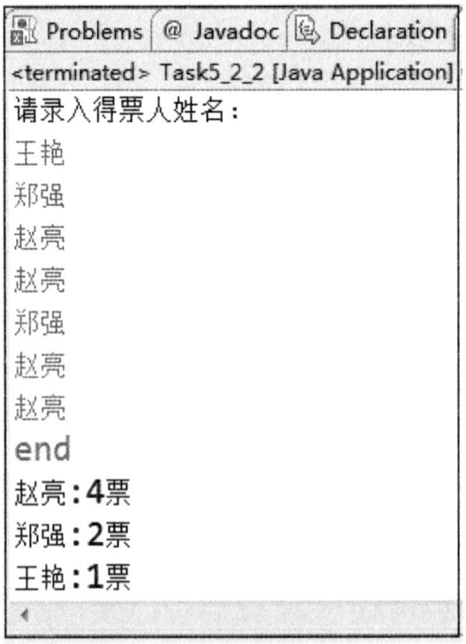

图 5-34

2. Arrays 工具类

Java 语言中数组 Arrays 工具类提供了对数组元素进行查找、排序、替换等操作。它位于 java. util 包中,常用方法如表 5-18 所示。

表 5-18 Arrays 常用方法

序号	方法名称	功能描述
1	binarySearch(Object[ ] a,Object key)	使用二分查找法在数组中查找指定的值,如果找到,返回该值的索引
2	sort(Object[ ] a)	数组对象按照元素的自然顺序进行升序排序
3	copyOfRange(int[ ] original,int from,int to)	将数组指定范围复制到一个新数组
4	fill(Object[ ] a,int fromIndex,int toIndex,Object val)	将指定元素的值分配给指定类型数组指定范围内的每个元素
5	toString( )	返回数组内容的字符串表示形式

【例 5-27】 Arrays 工具类进行查找和排序的示例

```java
import java. util. * ;
public class Example5_27 {
    public static void main(String[ ] args){
        int[ ] m= { 3,7,6,1,5 };    // 初始化数组
        System. out. print("数组排序前:");
        printArray(m);    // 打印原数组
        Arrays. sort(m);    // 调用 Arrays 的 sort 方法排序
        System. out. print("数组排序后:");
        printArray(m);
        System. out. print("请您输入要查找的元素:");
        Scanner sc = new Scanner(System. in);    // 接收键盘输入的数据
        int a = sc. nextInt();    // 将数据转换为整型赋值给 a
        int index = Arrays. binarySearch(m,a);    // 查找指定元素 a
        System. out. println("元素" +a + "的索引是:" + index); // 输出元素 a 的索引位置
    }
    public static void printArray(int[ ] m){ // 定义打印数组方法
        System. out. print("[");
        for(int i = 0;i < m. length;i++){
            if(i ! = m. length- 1){
                System. out. print(m[i] + ",");
            } else {
                System. out. println(m[i] + "]");
            }
        }
    }
```

```
            }
    }
```

程序运行结果如图 5-35 所示。

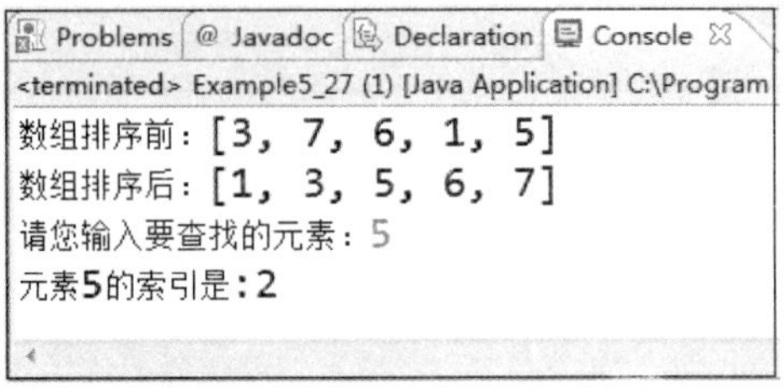

图 5-35

【例 5-28】　Arrays 工具类进行数组复制和填充的示例

```java
import java. util. Arrays;
public class Example5_28 {
    public static void main(String[] args) {
        int[] x = { 3, 7, 6, 1, 5, 2 };
        int[] y = Arrays. copyOfRange(x, 1, 6);     // 复制数组 x 指定元素到数组 y
        for(int i = 0; i < y. length; i++) {     // 遍历数组 y 并输出其值
            System. out. print(y[i] + "\t");
        }
        System. out. println();
        Arrays. fill(y, 3, 5, 9);     // 用 9 替换数组元素中的后两个元素
        for(int i = 0; i < y. length; i++) {     // 遍历数组 y 并输出其值
            System. out. print(y[i] + "\t");
        }
    }
}
```

程序运行结果如图 5-36 所示。

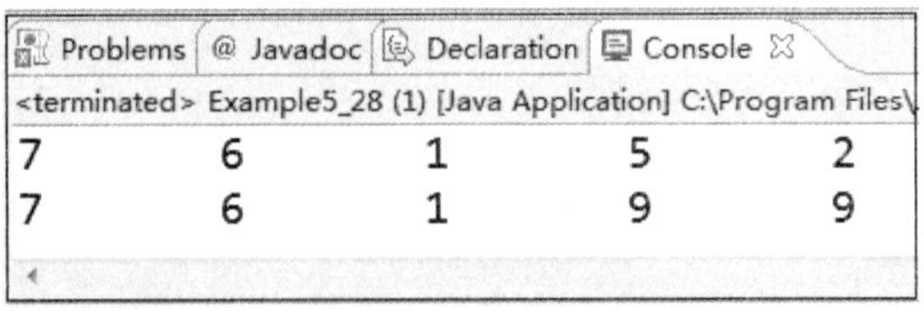

图 5-36

　　上面程序中使用了 Arrays 工具类的 copyOfRange(int[ ] original, int from, int to) 方法将数组指定范围的元素复制到新数组 y 中。该方法中参数 original 代表原数组 x; from 表示被复制元素的初始索引, 其初始索引为 1; to 表示被复制元素的最后索引(不包括), 其最后索

引为 6。上面程序中也使用了 Arrays 工具类的 Arrays. fill(Object[ ] a, int fromIndex, int toIndex, Object val),将指定的值 9 赋给数组 y 中的最后两个元素。

任务实现

1. 任务分析

分析任务题目,可以得出以下信息:

①设计一个 Vote 类,实现 Comparable 接口,将得票人相关的信息封装成 Vote 类,将 Vote 对象作为值;

②将候选人的姓名作为 Map 的关键字,以便于快速地通过姓名找到记录;

③程序运行时,从键盘上输入得票人姓名,将该候选人的票数加 1;

④得票数降序排序使用 List 来完成,调用 Map 接口的 Values( )方法得到所有 Vote 对象,添加到 List 中,借助工具类 Collection 的 sort 方法实现排序;

⑤编写程序进行测试。

2. 任务编码

通过分析可以编写下列代码以任务实现功能:

```
import java. util. ∗ ;
class Vote implements Comparable<Vote>{
    public String name;      // 候选人姓名
    public int n;      // 候选人得票数
    public Vote(Stringname, int n){
        this. name =name;
        this. n= n;
    }
    public int compareTo(Vote v){      // Comparable 接口的方法
        return v. n−this. n;
    }
}
public class Task5_2_2{
    public static void main(String[ ] args){
        Map<String, Vote> v1 =new HashMap<String, Vote>( );
         // 初始化候选人集合
        v1. put("王艳", new Vote("王艳", 0));
        v1. put("赵亮", new Vote("赵亮", 0));
        v1. put("郑强", new Vote("郑强", 0));
        System. out. println("请录入得票人姓名:");
        Scanner sc =new Scanner(System. in);
        String str;
        str = sc. nextLine( );
        while(! str. equals("end"))      // 输入 end 结束
        {
```

```
            if(v1.containsKey(str))    //输入的姓名存在
                v1.get(str).n++;  //票数增加
        else
                System.out.println("姓名不存在");
            str = sc.nextLine();
        }
        List<Vote> v=new ArrayList<Vote>();
        v.addAll(v1.values());
        Collections.sort(v);    //排序
        for(int i=0;i<v.size();i++)
                System.out.println(v.get(i).name+":"+v.get(i).n+"票");
        }
}
```

3. 运行结果

程序运行结果如图 5-37 所示。

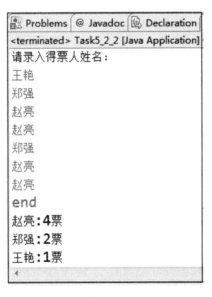

图 5-37

能力提升

一、选择题

1. 集合中的元素没有重复且按顺序排列,应该使用下列哪个集合?(　　　)

　　A. LinkedList　　　　B. TreeMap　　　　C. TreeSet　　　　D. HashSet

2. 下列哪个集合保存具有映射关系的数据?(　　　)

　　A. TreeMap　　　　B. Arrays　　　　C. HashSet　　　　D. Collections

3. 可以使用下面哪种方法获取单列集合中元素的个数?(　　　)

A. add(　) B. size(　) C. length(　) D. get(　)

4. 在 Java 程序中,使用集合工具类,需要导入(　　)包。

A. java. io B. java. lang C. java. awt D. java. util

5. Set 集合中不允许存在重复的元素,可以使用下面哪种方法来进行唯一性检查? (　　)

A. have(　) B. contains(　) C. exist(　) D. equals(　)

二、填空题

1. Set 集合的特点是_____。

2. Map 集合中的元素都是成对出现的,提供_____到_____的映射。

3. 在 Java 中提供了一个专门用于操作的数组工具类,这个类是_____。

三、编写程序

设计一个学生成绩管理的程序。要求:将学生成绩保存到集合中,进行备份、排序、逆序等操作。

学习评价

班级		学号		姓名	
任务5.2　集合类的应用			课程性质	理实一体化	
知识评价(30分)					
序号	知识考核点			分值	得分
1	集合类的定义、分类			5	
2	List、ArrayList、LinkedList			10	
3	Set、HashSet、TreeSet			10	
4	Collection			5	
任务评价(60分)					
序号	任务考核点			分值	得分
1	程序遍历、查询			15	
2	编写统计程序			15	
3	程序检查、纠正			10	
4	程序测试			10	
5	项目团队合作			10	
思政评价(10分)					
序号	思政考核点			分值	得分
1	思政内容的认识与领悟			5	
2	思政精神融于任务的体现			5	

班级		学号		姓名	
任务 5.2　集合类的应用				课程性质	理实一体化
违纪扣分(20 分)					
序号	违纪考查点			分值	扣分
1	上课迟到早退			5	
2	上课打游戏			5	
3	上课玩手机			5	
4	其他扰乱课堂秩序的行为			5	
综合评价				综合得分	

任务 5.3　实现 Java I/O 技术

学习目标

【知识目标】

1.掌握文件操作的常用类;
2.掌握字节流的概念和常用方法;
3.掌握字符流的概念和常用方法。

【任务目标】

1.学会 I/O 文件操作;
2.能够使用字节流完成项目开发设计;
3.能够使用字符流完成项目开发设计。

【素质目标】

1.具有爱国主义精神;
2.具有勇于挑战、精益求精的创新精神。

子任务 5.3.1 使用 I/O 文件

任务描述

创建目录及文件(扩展名为".doc"和".ppt"),显示目录中所有的文件内容,查找目录下所有扩展名为".doc"的文件,并显示在屏幕上。

预备知识

1. Java I/O 介绍

Java 程序设计中,我们经常会从键盘上或文件中读入数据或向文件中、网络中写入数据。Java 把这些不同类型的输入与输出抽象为"流",也就是说 Java 程序的输入与输出是通过流来实现的。

流是一组有起点和终点的顺序的字节组合,如文件、网络等。流是一串连续的数据集合,是与具体设备无关的中间介质。类似于水管里的水流,水管的一端供水,而另一端是一股连续不断的水流。数据的写入程序可以一段一段地向数据流管道中写入程序,这些数据会按顺序形成一条长长的数据流。读取数据程序,可以读取其中任意长度的数据,但只能按顺序先后读取相关的数据。写入数据时不管作为一个整体一次性写入还是多次写入,读取时的效果都是完全相同的,如图 5-38 所示。

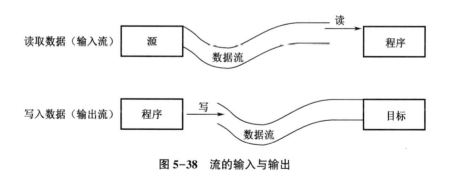

图 5-38 流的输入与输出

2. I/O 流的分类

Java 提供的流类位于 java.io 包中,称为 I/O 流类,这些丰富的 I/O 流类支持各种输入与 输出操作。

Java 中的流按流动方向分为两种:输入流和输出流。输入流和输出流以程序为参考点,输入流就是将数据流入程序的流,即读取数据到程序的流;输出流就是从程序流出数据的流,即程序写出数据的流。在输入流中,一边是流的数据源,另一边是程序;而在输出流中,一边是程序,另一边是目标。

Java 中的流按处理数据的单位分为字节流和字符流两种,分别由字节输入流(InputStream)、字节输出流(OutputStream)、字符输入流(Reader)和字符输出流(Writer)这四个抽象类来表示。其中 InputStream 和 Reader 用于读操作,OutputStream 和 Writer 用于写操作,Java 中所有的 I/O 流类都是由它们派生来的。

Java 中的流按功能可分为节点流和处理流。节点流通过磁盘、内存或其他设备读写数据;处理流也称过滤流,是对一个已经存在的流进行连接和封装,它的构造方法需要带一个其他的流对象作为参数。

3. 文件类 File

存储在计算机硬盘上的信息集合称为文件,每个文件都有文件名。文件名包含主文件名和扩展文件名。扩展名一般用来指定文件的类型,例如,Word 文件的扩展名为. doc,图片文件的扩展名为. jpg,Java 源文件的扩展名为. java。

在 Java 中,File 是专门用于管理磁盘文件和目录的类,是 java. io 包中唯一代表磁盘文件本身的对象,每个 File 对象都表示一个文件或目录,其对象属性包含了文件或目录的相关信息,如文件名称、长度、文件个数等。

File 对象定义了一些与机器无关的方法来操作文件,在创建 File 对象时需要指明它所对应的文件或目录名。File 类提供了 3 种构造方法,以及不同参数的类型、参数个数的文件和目录名的信息,如表 5-19 所示。

表 5-19　File 类的构造方法

序号	方法名称	功能描述
1	File(String pathname)	用指定的字符串实例化一个文件对象
2	File(String dir,String fielname)	用指定的字符串实例化一个文件对象,dir 指定目录路径
3	File(File paremt,String fielname)	用指定的字符串实例化一个文件对象, parent 代表一个 File 对象

特别提醒:在程序中最好不要使用绝对路径,因为这可能会在其他机器上运行时引起异常。最好使用相对路径,例如在当前系统目录下创建 file1. doc 文件,File f1 = new File ("file1. doc"),这样创建的文件与目录无关,可以在 Windows XP 或 Unix 等操作系统上正常运行使用。

File 对文件进行操作,利用构造方法实例化一个文件对象,File 类包含很多方法,如获取文件名、文件是否存在、文件的删除、获取文件目录等,如表 5-20 所示。

表 5-20　File 类常用方法

序号	方法名称	功能描述
1	delete( )	删除 File 对象表示的文件或目录,如果删除成功返回值为 true, 否则为 false
2	getName( )	获取文件名
3	exists( )	测试 File 对象表示的文件或目录是否存在,如果存在返回值为 true,否则为 false

表 5-20(续)

序号	方法名称	功能描述
4	getPath( )	获得 File 对象对应的路径
5	getAbsolutePath( )	获得文件的绝对路径
6	getParent( )	返回 File 对象的路径名上一级,如果没有上一级,返回 null
7	delete( )	删除指定的文件
8	length( )	获取文件的长度
9	isFile( )	判断是否是文件,如果是返回 true,否则返回 false
10	isDirectory( )	判断文件是否是目录,如果是返回 true,否则返回 false
11	list( )	列出指定目录的内容,只列出名称
12	listFiles( )	返回包含 File 对象所有子文件和子目录的 File 数组
13	canRead( )	判断文件是否可读,如果可读返回 true,否则返回 false
14	canWrite( )	判断文件是否可写,如果可写返回 true,否则返回 false
15	isHidden( )	判断文件是否隐藏,如果是返回 true,否则返回 false

【例 5-29】 File 类文件操作的使用示例 1

```
import java.io. * ;
public class Example5_29 {
    public static void main(String[ ] args)throws IOException {
        File f1 = new File("d: / java / Test. java");
        if(f1. exists( )){
            f1. delete( );
        } else {
            f1. createNewFile( );
        }
        System. out. println("文件路径:" + f1. getPath( ));
        System. out. println("文件是否存在:" + f1. exists( ));
        System. out. println("文件名:" + f1. getName( ));
        System. out. println("文件是否可读:" + f1. canRead( ));
        System. out. println("文件是否可写:" + f1. canWrite( ));
        System. out. println("父目录是:" + f1. getParent( ));
        System. out. println("是否目录:" + f1. isDirectory( ));
        System. out. println("是否隐藏:" + f1. isHidden( ));
        System. out. println("文件的长度:" + f1. length( ));
    }
}
```

程序运行结果如图 5-39 所示。

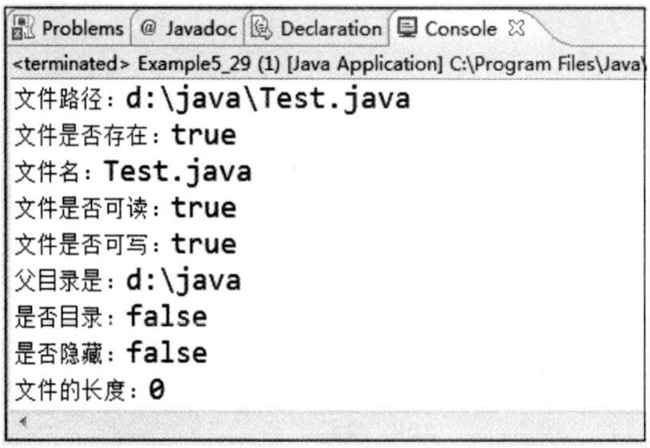

图 5-39

　　上面程序中,首先判断文件是否存在,如果存在使用 delete( )方法进行删除,如果不存在直接创建文件对象。依次对文件是否存在、是否可读、是否可写、是否目录进行判断。输出显示文件的名称、父目录和文件的长度。

【例 5-30】　File 类文件操作的使用示例 2

```java
import java.io. *;
public class Example5_30
{
    public static void main(String[ ] args)
    {
        File dir =new File("d: / test");
        File[ ] f1 =dir.listFiles( );      // 定义 File 数组
        String tag;
        for(int i =0; i<f1.length; i++)
        {
            if(f1[i].isDirectory( )) tag ="[dir]";      // 目录前加[dir]标志
            else tag =" ";
            System.out.println(tag +f1[i].getAbsolutePath( ));
        }
    }
}
```

　　程序运行结果如图 5-40 所示。

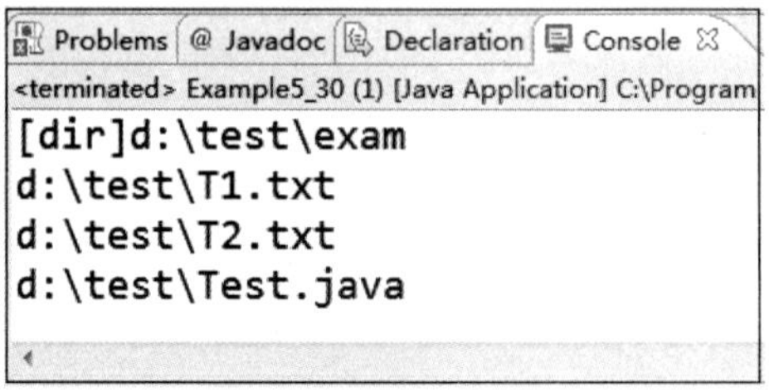

图 5-40

本程序建立一个获得所有目录和文件构成的 File 数组,列举文件 File 类的 listFiles 方法,输出显示目录下的所有子目录和文件。

> 文件管理即对文件进行打开、关闭、读写等各种操作,管理文件的目的是多次读取文件中的数据,实现数据共享。共享发展理念的内涵是中国特色社会主义的本质要求,共享发展在政治、经济、文化、社会等方面满足人民群众的需求,有利于实现人的全面发展,丰富人们享有的资源,有利于团结共进。同学们在学习中共享学习资源,方便快捷,共同进步!

知识拓展

1. 文件过滤器

在例 5-30 所示程序的运行结果中,显示了目录中所有的内容,如果用户想列出该目录中指定类型的文件,在 Java 中需要使用文件过滤器 FilenameFilter。FilenameFilter 是一个接口,它包含一种方法 accpet(File dir,String name),其中 dir 表示目录,name 表示显示的文件类型。对文件进行过滤时,首先要实现 FilenameFilter 接口,然后再覆盖 accept()方法。

【例 5-31】 文件列表和文件过滤器的使用示例

```java
import java.io. * ;
class Filter implements FilenameFilter{
    public boolean accept(File dir,String name){
        return name.endsWith(".java");
    }
}
public class Example5_31 {
    public static void main(String[] args)throws IOException {
File dir1 =new File("d: / test"); // 创建 dir1 对象
        String name1[] =dir1.list(new Filter());
        for(String name: name1){
System.out.println(name);
        }
    }
}
```

程序运行结果如图 5-41 所示。

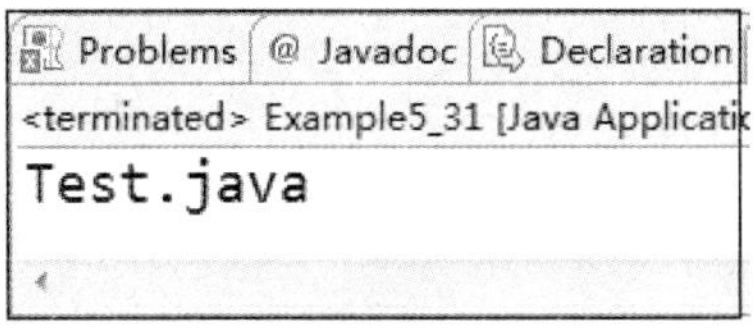

图 5-41

任务实现

子任务 5.3.1 微视频

1. 任务分析

分析任务题目,可以得出以下信息:

①创建一个新的目录,目录中创建扩展名为".doc"和".ppt"的文件;

②使用文件类的 listFiles( )方法,显示目录中所有内容;

③重载 list( )方法,使用 FilenameFilter 过滤器;

④使用 accept( )方法进行判断,获得指定类型的文件。

2. 任务编码

通过分析可以编写下列代码以任务实现功能:

```java
import java.io.*;
public class Task5_3_1 {
    public static void main(String[] args) throws IOException {
        File dir1 = new File("E:/Office");    // 创建 dir1 对象
        if(!dir1.exists())    // 若 dir1 代表的物理文件或目录不存在,则创建物理目录
            dir1.mkdir();
        File f1 = null;
        for(int i = 0; i < 2; i++) {  // 在 dir1 目录下创建 2 个.doc 文件
            f1 = new File(dir1, "A"+i + ".doc");
            f1.createNewFile();
        }
        for(int i = 0; i < 3; i++) {  // 在 dir 目录下创建 3 个.ppt 文件
            f1 = new File(dir1, "B" + i + ".ppt");
            f1.createNewFile();
        }
        System.out.println(dir1.getAbsolutePath() + "目录下的文件有:");
        File[] f2 = dir1.listFiles();
        for(File f: f2) {
            System.out.println(f.getName());  // 输出文件名
        }
        System.out.println(dir1.getAbsolutePath() + "目录下的.doc 文件有:");
        FilenameFilter f3 = new FilenameFilter() {
            public boolean accept(File dir1, String name) {
            File fs1 = new File(dir1, name);
            if(fs1.isFile() && name.endsWith(".doc")) {
            return true;
        } else {
            return false;
        }
    }
```

```
};
File[] f4=dir1.listFiles(f3);
    for(File f: f4){
        System.out.println(f.getName());    //输出文件名
        f.delete();  //删除文件
    }
  }
}
```

3. 运行结果

程序运行结果如图 5-42 所示。

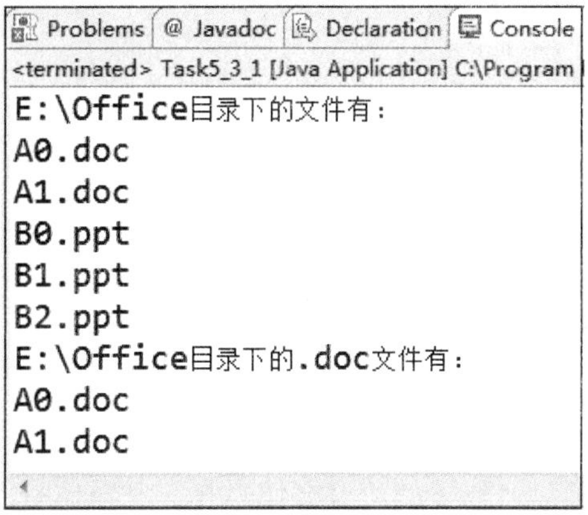

图 5-42

上面程序中创建一个目录,并在目录中创建相应的文件,遍历这个目录,获得目录下的文件,使用 file 类的 list(FilenameFilter filter)方法,该方法中接收一个类型参数 FilenameFilter,实现文件过滤。在 accept()方法中判断扩展名为".doc"文件,从而遍历整个目录获得该类型文件。

能力提升

一、选择题

1.Java 语言提供了处理不同类型流的类,它们在(　　　)包中。

　　A.java.io　　　　　　B.java.util　　　　　　C.java.lang　　　　　　D.java.GUI

2.File 对象调用方法 (　　　)创建一个目录。

　　A.delete()　　　　　B.mkdir()　　　　　　C.exists()　　　　　　D.get()

3.要判断 C 盘下是否存在文件 test.txt,应该使用的语句是(　　　)。

　　A.if(new File("c:test.txt").exists()==1)

　　B.if(File.exists("c:test.txt")==1)

　　C.if(File.exists("c:/test.txt"))

D. if(new File("c:/test. txt"). exists( ))

4. 关于 File 类说法正确的是(　　　)。

A. File 类是 java. io. file 包中的流类

B. File 类不能读写文件

C. File 类以系统相关的方式描述文件对象的属性

D. File 类不能操作文件属性

5. 下面创建一个新文件对象方法错误的是(　　　)。

A. File myFile;myFile=new File("mulu/file") ;

B. File myFile=new file( ) ;

C. myFile=new File("/mulu","filel") ;

D. File myDir=new file("/mulu") ;　myFile=new File(Dir"filel") ;

二、填空题

1. Java 中的流按流动方向分为两种:_____和_____。

2. 在 java. io 中有 4 个常用的流类,分别是 InputStream、OutputStream、_____和 Writer。

3. 能获得文件对象父路径名的方法是_____。

三、编写程序题

1. 设计一个程序,将某个目录下的所有文件夹和文件以树型结构打印出来。

2. 查找某个目录下所有扩展名为. jpg 的文件,并将它们显示在屏幕上。

子任务 5.3.2　字节流的操作

任务描述

将 d:\文件\文本 1. txt 文件内容复制到 d:\文件\文本 2. txt。

预备知识

File 类只能对文件本身操作,而不能访问文件的内容。对文件一般进行读和写访问,读文件是把硬盘中的文件内容读取到内存中,写文件是把内存中的数据存储到硬盘上,实现数据的永久性存储。

字节流是由字节组成的,以字节为基本处理单位,以字节序列的形式读写数据,是从 InputStream 和 OutputStream 类派生出来的一系列类。

1. 字节输入流 InputStream

InputStream 是一个抽象类,它是所有输入字节流的父类,定义所有字节流的共同属性和公共方法。它的所有子类不仅能继承并实现这些公共方法,还能实现不同的特殊方法。

InputStream 继承结构如图 5-1 所示。

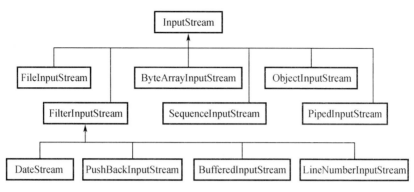

图 5-43 InputStream 继承结构

InputStream 类有 6 个子类,其中:FileInputStream 是文件的输入流;PipedInputStream 是管道输入流;ByteArrayInputStream 是字节数组输入流;ObjectInputStream 是从输入流中读取数据;FilterInputStream 本身是个过滤流,它及其子类增加了数据的输入方法。InputStream 的常用方法如表 5-21 所示。

表 5-21 InputStream 的常用方法

序号	方法名称	功能描述
1	read( )	从输入流中读取一个字节数据,如果到达流末尾返回值为-1
2	read(byte[ ] b)	从输入流中读取数据,存放到字节数组中,并返回读取的实际字节数,如果到达文件末尾返回值为-1
3	read(byte[ ] ,int off,int len)	从输入流中最多 len 个字节读入数组,并从 off 指定的下标开始存放。如果到达文件尾就返回-1,否则返回实际读取的字节数
4	available( )	是否可以从此输入流读取数据。如果可以,则获取可读的字节数
5	reset( )	将流重新定位到初始位置
6	skip( )	输入流中跳过指定的字节数,返回实际跳过的字节数
7	close( )	关闭输入流并释放与此有关的所有系统资源

【例 5-32】 InputStream 的使用示例

```
import java.io. * ;
public class Example5_32 {
    public static void main(String[ ] args) {
        try {
            byte[ ] b1 = new byte[100];    // 数据缓存字节数组
            int n;
            InputStream is1 = new FileInputStream("c: \\文本 1. txt");
```

```
while((n=is1. read(b1))! =-1)     //n 表示实际读取到的字节数
{
    for(int i = 0; i<n; i++)
        System. out. print((char)b1[i]);     //转换成字符显示
}
is1. close();     //关闭流
} catch(Exception e){
    e. printStackTrace();
}
}
}
```

程序运行结果如图 5-44 所示。

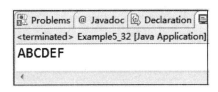

图 5-44

上面程序中使用 read 方法读取文本 1 文件,并存放到字节数组中。read 方法返回值表示实际读取的字节数,如果为-1,表示到达文件尾,已经读取完毕。只有包含英文字母、数字或英文符号的文本内容才能以字节方式读取并显示,其他格式的文件内容用这种方法显示会产生乱码。read 方法返回值为整数,如果要读取英文字母,则需要进行强制类型转换。流对象使用完毕后需要关闭。

2. 字节输出流 OutputStream

OutputStream 与 InputStream 一样也是一个抽象类,它是所有输出字节流的父类,拥有所有的公共方法,其子类可以实现不同的特殊操作。OutputStram 类和子类的关系如图 5-44 所示。

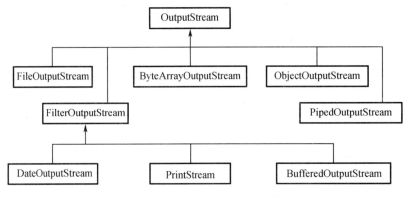

图 5-45   OutputStream 继承结构

OutputStream 类有 5 个子类,其中,FileOutputStream 是文件的输出流;PipedOutputStream 是管道输出流;ByteArrayStream 是字节数组输出流;ObjectInputStream 是从输出流中写出数据;FilterOutputStream 类及其子类扩展了数据的输出方法。OutputStream 的常用方法如表 5-22 所示。

表 5-22　OutputStream 的常用方法

序号	方法名称	功能描述
1	write(int b)	将整数 b 低 8 位作为单个字节写入输出流
2	write(byte[ ] b)	将字节数组写入输出流
3	flush( )	刷新输出流,并强制将所有缓冲区的字节写入外设(通常是硬盘文件或网络)
4	close( )	关闭输出流并释放与此有关的所有系统资源

3. 文件字节输入流 FileInputStream

FileInputStream 类是 InputStream 类的直接子类,它将文件中的数据输入内存中,利用它来读取文本文件中的数据。使用 FileInputStream 类读取文件的具体步骤如下。

(1)导入相关的类

import java. io. IOException;
import java. io. InputStream;
import java. io. FileInputStream;

(2)实例化文件输入流对象

InputStream f1 = new FileInputStream("文本 2. txt")

文件的输入流对象 f1 与源数据源"文本 2. txt"文件建立联系。

(3)利用 read( )方法,读取文本文件的数据

f1. avaliable( );
f1. read( );

(4)关闭文件输入流对象,释放资源

f1. close( );

【例 5-33】　FileInputStream 的使用示例

```
import java. io. IOException;
import java. io. InputStream;
import java. io. FileInputStream;
public classExample5_33 {
    public static void main(String[ ] args)throws IOException {
        // 创建流对象
        FileInputStream f1 = new FileInputStream("c: \\文本 2. txt");
```

```
            int data;
            System. out. println("可读取的字节数为:"+ f1. available());
            System. out. print("文本 2 文件内容为:");
             // 循环读数据
            while((data=f1. read())! =-1){
                System. out. print(data+" ");
            }
             // 关闭流对象
            f1. close();
        }
}
```

程序运行结果如图 5-46 所示。

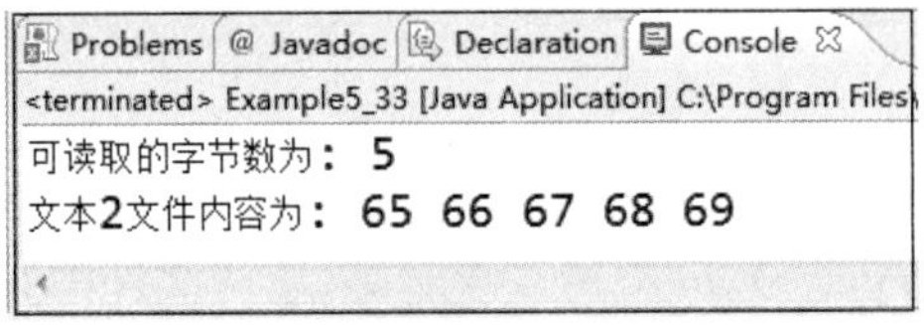

图 5-46

上面的程序结果读出的内容与保存的内容不一样,文本 2 文件中的内容是 ABCDE,而显示的结果是 65 66 67 68 69,这是因为 read()方法返回的是整数值,上面程序的显示结果是每个字母所对应的 ASCII 值。

4. 文件字节输出流 FileOutputStream

FileOutputStream 类是 OutputStream 类的子类,它将内存中的数据输出到文件中,利用它把内存中的数据写到文本文件中。使用 FileOutputStream 类写文件的具体步骤如下。

(1)导入相关的类

```
import java. io. IOException;
import java. io. InputStream;
import java. io. FileInputStream;
```

(2)实例化文件输出流对象

```
OutputStream f2=new FileOutputStream("文本 3. txt")
```

文件的输出流对象 f2 与目标数据源"文本 3. txt"文件建立联系。

(3)利用文件输出流方法把数据写到文本文件中

```
String str ="I like java very much! ";
byte[ ] b1= str. getBytes();
```

(4)关闭文件输入流对象,释放资源

```
f2. close();
```

【例5-34】 FileOutputStream 的使用示例

```java
import java.io.FileNotFoundException;
import java.io.FileOutputStream;
import java.io.OutputStream;
import java.io.IOException;
import java.io.InputStream;
import java.io.FileInputStream;
public class Example5_34{
    public static void main(String[] args) throws IOException {
        try {
            String str = "I like java very much!";
            byte[] b1 = str.getBytes();  //字节数组
             // 创建流对象,以追加方式写入文件
            FileOutputStream f2 = new FileOutputStream("c:\\文本3.txt", true);
             //写入文件
            f2.write(b1, 0, b1.length);
            System.out.println("文本3文件已更新!");
            f2.close();  // 关闭流
        }catch(IOException obj){
             System.out.println("创建文件时出错!");
        }
        OutputStream f2 = new FileOutputStream("文本3..txt");
        String str = "I like java very much!";
        byte[] b1 = str.getBytes();
         // 利用 write 方法将数据写入文件中
        f2.write(b1, 0, b1.length);
    }
}
```

程序运行结果如图5-47所示。

| (a) | (b) |

图5-47

从上面的程序运行结果可以看出,使用 FileOutputStream 的构造函数 FileOutputStream (String filename, boolean append)来创建输出流对象,把 append 参数值设置为 true,将新的数据写入文本3文件中,更新了文件中的内容。

❖ 知识拓展

1. 字节打印流 PrintStream

字节打印流 PrintStream 用来打印输出字节,它有 2 种的常用方法:print( )和 println( )。在 Java1.5 以后,又增加了 printf( )方法,它的使用方法与 C 语言中的函数 printf( )一样。

PrintStream 提供了以下常用的构造方法:

public PrintStream(OutputStream out);

public PrintStream(String filename);

public PrintStream(File file);

其中,第一种构造方法主要用于向网络输出字节,向输出流中打印内容;第二种构造方法和第三种构造方法是将目标文件实例化为打印对象,打印的内容会保存到文件中。

【例 5-35】 PrintStream 的使用示例

```java
import java. io. *;
class Student{
    private String name;
    private String sex;
    private int age;
    public Student(String name, String sex, int age){
        this. name=name;
        this. sex=sex;
        this. age=age;
    }
    public String toString( ){
      return "姓名:"+this. name+ ",性别:"+this. sex+",年龄:"+this. age;
    }
}
public class Example5_35{
    public static void main(String[ ] args)throws IOException {
        File f1=new File( "c:\\文本 4. txt");
        Student s=new Student("John","male",21);
        PrintStream p=null;
        try{
            p=new PrintStream(f1);
            p. println("John");
            p. println("male");
            p. println(21);
        }catch(IOException e){
          e. printStackTrace( );
        }
        System. out. println("文本 4 文件已更新!");
        p. close( );
    }
}
```

程序运行结果如图 5-48 所示。

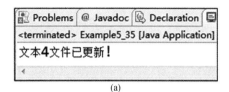 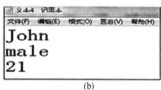

(a)   (b)

图 5-48

任务实现

子任务 5.3.2 微视频

1. 任务分析

分析任务题目,可以得出以下信息:

①File 类实例化一个源文件对象和一个目标文件对象;

②源文件对象实例化 FileInputStream 流对象;

③目标文件对象实例化 FileOutputStream 流对象;

④使用 read( )方法从源文件对象中读取内容,存储到字节数组中;

⑤使用 write( )方法将字节数组内容写入目录文件中;

⑥关闭流对象。

2. 任务编码

通过分析可以编写下列代码以任务实现功能:

```java
import java.io. * ;
public class Task5_3_2{
    public static void main(String[ ] args)throws IOException {
        File s=new File( "d:\\文件\\文本 1. txt");
        if(! s. exists( ) ) {
            throw new RuntimeException("文本 1 文件不存在");
        }
        File d=new File( "d:\\文件\\文本 2. txt");
        FileInputStream is=null; is=null;
        FileOutputStream os=null;
        byte[ ] b=new byte[1024];
        int len=0;
        try{
            is=new FileInputStream(s);
            os=new FileOutputStream(d);
            while((len=is. read(b))! =-1) {
                os. write(b);
                os. flush( );
                String info=new String(b, 0, len);
                    System. out. println(info);
```

```
            }
        }catch(IOException e){
            e. printStackTrace();
        }finally{
            try{
                os. close();
                is. close();
            } catch(IOException e){
                e. printStackTrace();
            }
        }
    }
}
```

3. 运行结果

程序运行结果如图 5-49 所示。

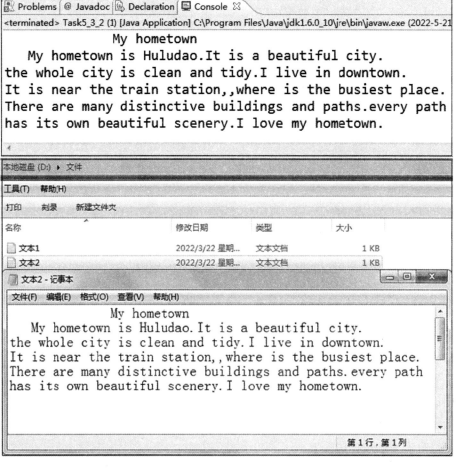

图 5-49

能力提升

一、选择题

1. 下列说法正确的是(　　　)。
　　A. 输入流包含 write 方法　　　　　　B. 输入流包括 skip 方法
　　C. 输出流包括 skip 方法　　　　　　D. 输出流包含 read 方法

2. 文件输出流的构造方法 FileOutputStream (String　name, boolean　append) throws FilenNotFoundException, 当参数 append 的值为 true 时, 表示(　　　)。
　　A. 覆盖了原文件的内容　　　　　　B. 创建新的文件内容
　　C. 在原文件的末尾添加数据　　　　D. 在原文件的指定位置添加数据

3. 判断文件输入流是否结束的标志是(　　　)。
　　A. read 方法的返回值为−1　　　　B. write 方法的返回值为−1
　　C. read 方法的返回值为 0　　　　　D. write 方法的返回值为 0

4. 关闭流对象并释放与此有关的所有系统资源, 使用的方法是(　　　)。
　　A. flush( )　　　　B. release( )　　　　C. remove( )　　　　D. close( )

二、填空题

1. FileInputStream 的父类是＿＿＿＿＿＿。
2. 对于 FileInputStream, 从方向上来分, 它是＿＿＿＿＿流; 从数据单位上来分, 它是＿＿＿＿＿流。
3. 字节输入流 read( )方法的返回值是＿＿＿＿＿。

二、编写程序

设计一个程序:将图像文件"d:\图像 1. jpg"拷贝到"d:\图像 2. jpg", 运行后用看图软件看到正确的拷贝后的图像。

子任务 5.3.3　字符流的操作

任务描述

编写一个程序, 实现文件的浏览、修改和关闭等功能。

预备知识

计算机硬盘上存储二进制的数据, 汉字一般情况下占有 2 个字节, 在使用字节输入流读取数据时, 把字节存储在字节数组中。如果定义字节数组的长度是奇数, 一个汉字 2 个字节会分两次读取, 很可能产生乱码的现象。为解决这一问题, Java 提供字符流对象, 以字符为单位读写数据。字符流主要分为字符输入流和字符输出流。

1. 字符输入流 FileReader

字符输入流 FileReader 是 Reader 抽象类的子类,以字符为读取单位,虽然在硬盘上存储的信息仍然以二进制字节为单位,但字符输入流简化了信息还原过程。FileReader 类继承了 Reader 类的常用方法,它本身没有定义新方法。Reader 类的常用方法如表 5-23 所示。

表 5-23　Reader 类的常用方法

序号	方法名称	功能描述
1	read( )	从字符输入流中选取一个字符,并以 int 形式返回。如果遇到文件末尾就返回-1
2	read(char[ ] cbuf)	从字符输入流中读取一组字符,保存到字符数组中,并返回读取的实际字符数,如果到达文件末尾就返回-1
3	read(char[ ] cbuf, int off, int len)	从字符流中读取的数据存入字符数组,并从 off 指定的下标开始存放,读取的字符个数由 len 指定
4	ready( )	如果要读取的流已经准备就绪,返回 true,否则返回 false
5	skip(long n)	跳过 n 个字符不读取,返回值为跳过的字符个数。如果达到流的末尾或输入错误终止处理,该值将小于 n
6	close( )	关闭流对象并释放与此有关的所有系统资源

【例 5-36】　FileReader 的使用示例

```java
import java.io. * ;
public class Example5_36{
    public static void main(String[ ] args){
        char[ ] c=new char[1024];    // 数据缓冲区
        int n;
        try
        {
            FileReader f1=new FileReader("c:\\文本 5.txt");
            while((n=f1.read(c))!=-1)
                System.out.print(new String(c,0,n));    // 将字符数组转换为字符串
            f1.close();
        }
        catch(IOException e){System.out.print(e.getMessage());}
    }
}
```

程序运行结果如图 5-50 所示。

图 5-50

2. 字符输出流 FileWriter

FileWriter 是字符输出流 Writer 抽象类的子类,它以字符为单位通过缓冲区进行写操作,信息仍以二进制字节为单位存储在硬盘上。它们继承了 Writer 类的常用方法。Writer 类的常用方法如表 5-24 所示。

表 5-24　Writer 类的常用方法

序号	方法名称	功能描述
1	write(int c)	将整数 b 低 8 位作为单个字节写入输出流
2	write(byte[ ] b)	将字节数组写入输出流
3	flush( )	刷新输出流,并强制将所有缓冲区的 字节写入外设 k(通常是硬盘文件或网络)
4	close( )	关闭输出流并释放与此有关的所有系统资源

【例 5-37】　FileReader 的使用示例

```java
import java.io. * ;
public class Example5_37{
  public static void main( String[ ] args)
  {
      try
      {
        FileWriter fw = new FileWriter( "c: \\文本 6. txt") ;
        String s = "我正在学习 FileWrite 字符输出流!";
        fw. write( s) ;
        fw. close( ) ;
        System. out. println( "文件写操作成功!") ;
      }
      catch( IOException e) {
        System. out. print( e. getMessage( ) ) ;
      }
  }
}
```

程序运行结果如图 5-51 所示。

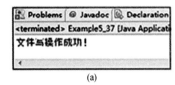
(a)

(b)

图 5-51

3. 缓冲流

文件读取数据时,使用 read( )方法逐个字节或字符读取,效率较低,为解决这一问题,引入缓冲流来提高效率。缓冲流是一种包装流类,以 Buffered 开头,BufferedReader 缓冲输入流。BufferedReader 类的常用方法如表 5-25 所示。

表 5-25　BufferedReader 类的常用方法

序号	方法名称	功能描述
1	read( )	读取单个字符
2	read(char[ ] cbuf,int off,int len)	读取字符数组中从 off 下标开始长度为 len 的字符
3	readLine( )	读取一个文本行
4	skip( )	跳过 n 个字符
5	close( )	关闭流对象并释放与此有关的所有系统资源

【例 5-38】　BufferedReader 的使用示例

```java
import java.io. * ;
public class Example5_38{
    public static void main(String[ ] args) {
        try {
            // 创建一个 FileReader 对象
            FileReader fr = new FileReader("c: \\文本 7. txt");
            // 创建一个 BufferedReader 对象
            BufferedReader br = new BufferedReader(fr);
            // 读取一行数据
            String info = br. readLine( );
            while(info! = null) {
                System. out. println(info);
                info = br. readLine( );
            }
            // 关闭流
            br. close( );
            fr. close( );
```

```
        }catch(IOException e){
            System.out.println("文本7文件不存在!");
        }
    }
}
```

程序运行结果如图 5-52 所示。

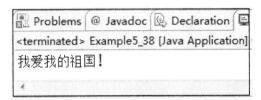

图 5-52

本程序运行了 BufferedReader 类的 ReadLine( ) 方法读取文本 7 文件的内容,这种通过字符流的方式读取文件,并使用缓冲区,简化了代码程序,提高读文本文件的效率。

BufferedWriter 是字符输出流 Writer 抽象类的子类,它通过字符流的方式通过缓冲区把数据写入文本文件,提高了写文本文件的效率。BufferedReader 类的常用方法如表 5-26 所示。

表 5-26　BufferedWriter 类的常用方法

序号	方法名称	功能描述
1	write( )	写入单个字符
2	write(char[ ] cbuf,int off,int len)	写入字符数组中从 off 下标开始长度为 len 的字符
3	write(char[ ] cbuf,int off,int len)	写入字符串从 off 下标开始长度为 len 的一部分字符
4	newLine( )	写入一行分隔符
5	flush( )	刷新此流并强制写出所有缓冲的输出字符
6	close( )	关闭流对象并释放与此有关的所有系统资源

【例 5-39】　BufferedWriter 的使用示例

```
import java.io. * ;
public class Example5_39{
    public static void main(String[ ] args) {
        try {
            // 创建一个 FileWriter 对象
            FileWriter f1 = new FileWriter("c:\\文本8.txt");
            // 创建一个 BufferedWriter 对象
            BufferedWriter b1 = new BufferedWriter(f1);
            b1.write("大家好!");
```

```
            b1. newLine();
            b1. write("我介绍一下我的祖国。");
            b1. newLine();
            b1. write("我的祖国是一个民主、文明、富饶、美丽的国家!");
            b1. newLine();
            b1. flush();
            f1. close();
              //读取文件内容
                FileReader f2=new FileReader("c: \\文本 8. txt");
                BufferedReader b2=new BufferedReader(f2);
                String info=b2. readLine();
                while(info!=null) {
                    System. out. println(info);
                    info=b2. readLine();
                }
                b2. close();
                b2. close();
            }catch(IOException e) {
                System. out. println("文本 8 文件不存在!");
            }
        }
    }
```

程序运行结果如图 5-53 所示。

图 5-53

让学生们介绍自己的祖国,培养其热爱祖国的情怀,激发其民族自信心和爱国热情,为祖国的繁荣富强而感到骄傲和自豪。让学生们牢固树立为中华民族的伟大复兴而努力奋发的坚定信念,刻苦学习、努力拼搏、报效祖国!

知识拓展

1. 转换流

计算机使用二进制的字节流,当我们使用字符流时,计算机可以自动进行字节与字符

的转换,由转换流来完成。转换流分为输入转换流 InputStreamReader 和输出转换流
OutputStreamWriter,有时根据程序的实际需要,也可以进行人为转换。使用不同的编码存储
信息时,必须使用转换流进行文件的读写操作,否则会产生乱码现象。

2. 字符编码

编码是将字符转换成二进制数据的过程,常用的编码格式如下:

(1) ASCII 编码

ASCII 编码是单字节的字符集,是西方国家经常使用的编码集。

(2)Unicode 编码

Unicode 编码中每个字符用 2 个字节表示,对于英文字符,采取前面补 0 的方式实现,是
一种通用的字符集。

(3)GB 2312 编码

GB 2312 是国家标准总局发布的简体中文字符集,其汉字使用率高,基本满足了汉字的
计算机需要。

(4)GBK 编码

GBK 编码是 Windows 默认的编码方式,其对汉字、繁体中文和特殊符号进行了编码。

(5)UFT-8 编码

UFT-8 编码是处理不同计算机之间网络传输的不同编码的文字,它使用可变长度字节
存储数据。在 Windows 系统中,如果使用 UFT-8 编码进行信息处理,必须使用转换流来
完成。

3. InputStreamReader 类和 OutputStreamWriter 类

InputstreamReader 类将字节输入流转换成字符输入流,InputstreamReader 类是对
InputStream 的包装,它是 Reader 类的直接子类。OutpuStreamWriter 类是将字节输出流转换
成字符输出流,OutputstreamReader 类是对 OutputStream 的包装,它是 Writer 类的直接子类。

【例5-40】 转换流的使用示例

```
import java.io. * ;
public class Example5_40{
    static void convert(String src, String dest)
    {
        try
        { //　来源文件为 GBK 编码
            FileInputStream is = new FileInputStream(src);
            InputStreamReader isr = new InputStreamReader(is,"GBK");
            BufferedReader br = new BufferedReader(isr);    //缓冲读取
             //目标文件为 UTF-8 编码
            FileOutputStream os = new FileOutputStream(dest);
            OutputStreamWriter osw = new OutputStreamWriter(os,"UTF-8");
            BufferedWriter bw = new BufferedWriter(osw);    //缓冲写入

            char[] c = new char[1024];    //数据中转用的字符数组
```

```
            int n;
            while((n=br. read(c))! =-1)    // 以 GBK 编码读取
                bw. write(c,0,n);      // 以 UTF-8 编码写入
                bw. flush();
            br. close();
            isr. close();
            is. close();
            bw. close();
            osw. close();
            os. close();
            System. out. println("编码转换成功!");
        }
        catch(IOException e){ }
    }
    public static void main(String[ ] args)
    {
        convert("c: \\文本 9. txt","c: \\文本 10. txt");
    }
}
```

程序运行结果如图 5-54 所示。

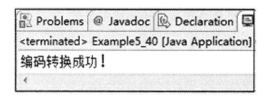

图 5-54

任务实现

1. 任务分析

分析任务题目,可以得出以下信息:

①定义一个类,声明 String 静态变量 path 保存文件的路径,String
静态变量 message 保存文件内容;

②在主方法中实现界面选择的内容,使用 switch 语句实现多分支选择等操作;

③定义 browseFile()方法,来浏览文件的内容;

④定义 modifyFile()方法,来修改文件的内容;

⑤定义 closeFile()方法,来关闭该文件。

子任务 5.3.3 微视频

2. 任务编码

通过分析可以编写下列代码以任务实现功能:

```java
import java.io. * ;
import java.util.Scanner;
public class Task5_3_3 {
    private static String path;        // 保存文件的绝对路径
    private static String message = " ";       // 保存文件内容
    public static void main(String args[ ] ) throws IOException {
        Scanner sc = new Scanner(System.in) ;
        System.out.println("1.浏览文件") ;
        System.out.println("2.修改文件") ;
        System.out.println("3.关闭文件") ;
        int in = 0;
        while(true) {
            System.out.println("请输入您的选择:") ;
            in = Integer.parseInt(sc.nextLine()) ;
            switch(in) {
            case 1:
                browseFile() ;
                break;
            case 2:
                modifyFile() ;
                break;
            case 3:
                closeFile() ;
                break;
            default:
                System.out.println("选择有误,请您重新选择!") ;
            }
        }
    }
    //浏览文件
    public static void browseFile() throws IOException {
        message = " ";  //先清空文件内容
        Scanner sc = new Scanner(System.in) ;
        System.out.println("请输入要浏览的文件的位置和文件名:") ;
        path = sc.nextLine() ;
         // 对 txt 格式的文件路径过滤,只接收.txt 文本文件的打开
        if(path != null && !path.endsWith(".txt")) {
            System.out.println("请选择文本文件!") ;
            return;
        }
        FileReader in = new FileReader(path) ;
        char[ ] chars = new char[1024];
        int len = 0;
```

```
        StringBuffer sb = new StringBuffer();
        while((len = in. read(chars))! = -1){
            sb. append(chars);
        }
        message = sb. toString();
        System. out. println("这个文件的内容是: \r\n" + message);
        in. close();
    }
    //修改文件
    public static void modifyFile(){
        if(message == " " && path == null){
            System. out. println("请打开您要修改的文件");
            return;
        }
        Scanner sc = new Scanner(System. in);
        System. out. println("请输入要修改的内容,(以\"修改的目标文字:修改后的文字\"格式)" + ",停
止修改请输入 end");
        String input = " ";
        while(!input. equals("end")){
            input = sc. nextLine();
            if(input! = null && input. length() > 0){
                //把输入的字符串根据":"拆分成数组
                String[] editMessage = input. split(":");
                if (editMessage != null && editMessage. length > 1){
                    //替换内容
                    message = message. replace(editMessage[0], editMessage[1]);
                }
            }
        }
        System. out. println("修改后的文件内容: \r\n" + message);
    }
    public static void closeFile(){
        System. out. println("您已关闭文件,任务结束!");
        System. exit(0);
    }
}
```

3. 运行结果

程序运行结果如图 5-55 所示。

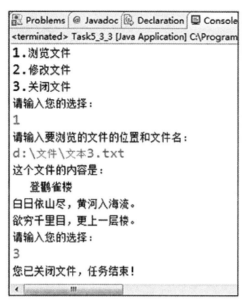

图 5-55

能力提升

一、选择题

1. InputStreamReader 类的(　　)方法可以每次读取一行字符。

　　A. read( )　　　　　B. readLine( )　　　　C. print( )　　　　D. printLine( )

2. 属于输入流的一项是(　　)。

　　A. 从键盘流向内存的数据流　　　　　B. 从键盘流向显示器的数据流

　　C. 从内存流向硬盘的数据流　　　　　D. 从网络流向显示器的数据流

3. 使用字符流可以成功复制哪些文件?(　　)

　　A. 文本文件　　　B. 图片文件　　　C. 视频文件　　　D. 以上都可以

4. BufferedWriter 类,刷新此流并强制写出所有缓冲的输出字符的方法是(　　)。

　　A. close( )　　　B. release( )　　　C. remove( )　　　D. flush( )

5. 下列流中哪一个使用了缓冲区技术?(　　)

　　A. FileInputStream　　　　　　　　B. FileReader

　　C. BufferedFileReader　　　　　　　D. OutputStreamWriter

6. (　　)是转换流,是字符流与字节流之间的纽带。

　　A. FileInput Stream　　　　　　　　B. Output Stream Writer

　　C. Buffered File Reader　　　　　　D. FileWrite

二、填空题

1. 字符类输入流都继承自_____类,字符类输出流都继承自_____类。

2.计算机可以进行字节与字符的转换,由_____来完成。

3.缓冲流以_____开头,通过字符流的方式读取文件,并使用缓冲区,提高读取文件的效率。

三、编写程序

编写实现文本编码转换,实现文本文件 ANSI 编码转换为 UNICODE 编码。

学习评价

班级		学号		姓名	
任务 5.3　实现 Java I/O 技术				课程性质	理实一体化
知识评价(30 分)					
序号	知识考核点			分值	得分
1	文件类的操作			5	
2	字节流的操作方法			10	
3	字符流的操作方法			10	
4	打印流、转换流			5	
任务评价(60 分)					
序号	任务考核点			分值	得分
1	文件检索设计			10	
2	文件读、写操作			15	
3	文件打开、浏览、关闭的程序设计			15	
4	程序检查、纠正、测试			10	
5	项目团队合作			10	
思政评价(10 分)					
序号	思政考核点			分值	得分
1	思政内容的认识与领悟			5	
2	思政精神融于任务的体现			5	
违纪扣分(20 分)					
序号	违纪考查点			分值	扣分
1	上课迟到早退			5	
2	上课打游戏			5	
3	上课玩手机			5	
4	其他扰乱课堂秩序的行为			5	
综合评价				综合得分	

任务 5.4　实现 JDBC 技术

学习目标

【知识目标】

1. 了解 JDBC 技术；
2. 熟悉 JDBC 数据库连接；
3. 运用 JDBC 操作数据库。

【任务目标】

1. 完成数据库连接；
2. 完成 JDBC 数据库相关操作；
3. 完成项目任务。

【素质目标】

1. 具备分析问题、解决问题的能力；
2. 具有团队合作精神。

子任务 5.4.1　JDBC 连接

任务描述

在 Eclipse 环境下，安装和配置数据库，完成数据库的连接。

预备知识

1. JDBC 介绍

JDBC 即数据库连接技术，是 Java Database Connectivity 的简称。JDBC 由 Java 语言编写的类和接口组成，提供统一的、标准的数据库访问 API，使 Java 程序能够连接常用的数据库。

JDBC 主要由 JDBC API 和 JDBC 驱动两部分组成。其中，JDBC API 提供了 JDBC 的接口规范，由一些类和接口组成，存放在 Java 核心类库 java. sql 包中，规避不同数据库驱动程序的差异，使用统一的方法访问和操作各种不同的数据库。JDBC 驱动由驱动管理器与具体数据库的驱动实现组成，由数据库厂商根据 JDBC 定义的接口标准提供数据库的驱动实现。

常用的数据库一般都能提供 JDBC 驱动的实现，对于没有提供 JDBC 驱动的数据库，可以通过 SUN 公司提供的 JDBC-ODBC 桥接器来访问数据库。

2. JDBC 常用 API

JDBC API 包含在两个包里：一个是 java. sql 包，它包含了 JDBC API 核心的数据库对象；另一个是 javax. sql 包，它扩展了 java. sql，是 J2EE/ Java EE 的一部分。JDBC API 主要包括 DriverManager、Connection、Statement、PreparedStatement、CallableStatement 和 ResultSet，其中 DriverManager 和 Connection 尤为重要，它们涉及数据库的连接技术。

（1）DriverManager

DriverManager 是管理数据库驱动程序的接口，其主要功能是获得数据库的连接，通过 getConnection( )方法来获取 Connection 对象的引用。DriverManager 的常用方法如表 5-27 所示。

表 5-27　DriverManager 的常用方法

序号	方法名称	功能描述
1	getConnection(String url)	获取 url 对应的数据库连接
2	getConnection(String url，Properties info)	获取 url 对应的数据库连接，info 是一个持久的属性集对象
3	getConnection(String url，String user，String password)	获取 url 对应的数据库连接，user 访问数据库用户名，password 连接数据库的密码
4	setLoginTimeout(int seconds)	数据库登录时驱动程序等待的延迟时间

（2）Connection

Connection 接口表示应用程序与数据库连接对象，通过 DriverManager 类的 getConnection( )方法实现，获取数据库的 Statement、PrepareStatement、CallableStatement 等对象。Connection 的常用方法如表 5-28 所示。

表 5-28　Connection 的常用方法

序号	方法名称	功能描述
1	Statement createStatement( )	返回 Statement 对象
2	PrepareStatement prepareStatement(String sql)	返回 PrepareStatement 对象，SQL 语句提交到数据库进行预编译
3	CallableStatement prepareCall(String sql)	返回 CallableStatement 对象，该对象处理存储过程
4	setAutoCommit( )	设置事务提交模式
5	commit( )	进行当前事务开始以来的所有改变
6	rollback( )	放弃当前事务开始以来的所有改变

3. JDBC 连接数据库

JDBC 连接数据库的过程如下：

（1）导入 JDBC 包

根据不同的数据库加载不同的驱动，使用 SQLServer 数据库，选用 jar 包，使用 import 语句引入此包。使用标准的 JDBC 包，可以实现选择、更新、插入和 SQL 表中删除数据等操作。

（2）注册 JDBC 驱动程序

通过 Class. forName（）完成注册驱动程序。使用 Java 中的 Class. forName（）方法来注册一个驱动程序是最的常用方法。该方法动态加载驱动程序的类文件到内存中，它会自动注册。下面是一个使用 Class. forName（）来注册 SQLServer 驱动程序的例子。

```
try{
    Class. forName("com. microsoft. sqlserver. jdbc. SQLServerDriver");
}
catch(ClassNotFoundException e){
    System. out. println("加载驱动失败!");
    System. exit(1);
}
```

（3）定义 URL

加载完驱动程序，使用 DriverManager. getConnection（）方法获取连接到指向数据库的 URL，即数据库地址。三种 DriverManager. getConnection（）方法如下：

getConnection(String url)

getConnection(String url, Properties prop)

getConnection(String url, String user, String password)

表 5-29 列出了常用的 JDBC 驱动程序名和数据库的 URL。

表 5-29 JDBC 驱动程序名和数据库的 URL

序号	RDBMS	JDBC 驱动程序名	数据库的 URL
1	MySql	com. mysql. jdbc. Driver	jdbc：mysql：// hostname/ databaseName
2	ORACLE	oracle. jdbc. driver. OracleDriver	jdbc：oracle：thin：@ hostname： port Number：databaseName
3	SQLserver	com. microsoft. sqlserver. jdbc. SQLServerDriver	jdbc：sqlserver：// hostname： port；databaseName

（4）创建 Connection 对象

使用 DriverManager. getConnection（）方法来创建一个连接对象。getConnection（）最常用的方式是要求传递一个数据库 URL，输入数据库用户名和密码。

（5）关闭 JDBC 连接

JDBC 程序结束后，关闭所有的连接对象。确保连接被关闭，可以在代码中的 finally 块中运行关闭。不管是否有异常，finally 块都会运行，确保关闭 JDBC。

知识拓展

1. MySQL 数据库连接

首先下载 JDBC-MySQL 数据库驱动，登录 MySQL 官方网站下载文件。加载 JDBC-MySQL 数据库驱动后，进行数据库连接。

【例 5-41】 连接 MySQL 数据库的使用示例

```
import java.sql.*;
public class Example5_41 {
    public static void main(String[] args) {
        try {
            Class.forName("com.mysql.jdbc.Driver");     //加载程序驱动
            Connection c;
            String url="jdbc:mysql://127.0.0.1:2305/Doctor?useSSL=true&characterEncoding=utf-8";
            String user = "admin";
            String password = "abc123";
            c = DriverManager.getConnection(url, user, password);     //获得连接
            System.out.println("数据库连接成功!");
            }catch(ClassNotFoundException e){
            e.printStackTrace();
            } catch(SQLException e){
            e.printStackTrace();
        }
    }
}
```

程序运行结果如图 5-56 所示。

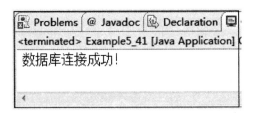

图 5-56

本程序中，url 表示要连接的数据库，主要由三部分组成：<协议>:<子协议>:<子名称>，使用冒号“:”作为分隔符，例如：jdbc:MySql://127.0.0.1:2305/Doctor。其中，协议 jdbc 只支持 JDBC 协议，表示数据库的连接方式；子协议 MySql 表示连接数据库的种类；子名称 127.0.0.1:2305/Doctor 表示连接数据库的位置和名称，2305 代表 MySql 端口号，Doctor 代表连接数据库名。

任务实现

1. 任务分析

分析任务题目,可以得出以下信息:
①创建数据库,设置数据库的用户名和密码;
②加载驱动程序,注册驱动程序;
③数据库连接;
④数据库关闭。

子任务 5.4.1 微视频

2. 任务编码

通过分析可以编写下列代码以任务实现功能:

```java
import java.sql.Connection;
import java.sql.DriverManager;
import java.sql.Statement;
public class Task5_4_1 {
    Connection conn;     //声明数据库连接类
    Statement stm;
    private String m_JDBCDriver
                = "com.microsoft.sqlserver.jdbc.SQLServerDriver";
    private String m_JDBCConnectionURL
                = "jdbc:sqlserver: // localhost:1433;databaseName=Student";
    private String m_userID = "stu";
    private String m_password = "987321";
    public Task5_4_1(){ //创建数据库连接的构造函数
        try {
            Class.forName(m_JDBCDriver).newInstance();     //加载驱动程序
            System.out.println("驱动程序加载成功!");
        } catch(Exception sqle){
            System.out.println("驱动程序加载失败!");
        }
    }
    public boolean connect(){ //建立数据库连接
        try {
            conn = DriverManager.getConnection(m_JDBCConnectionURL, m_userID,
                m_password);
            stm = conn.createStatement();
        } catch(Exception ee){
            System.out.println("数据库连接失败!");
            return false;
        }
        return true;
```

```
        }
    public void disconnect() {      // 断开数据库连接
        try {
            if(conn ! = null) {
                conn. close();
                conn = null;
            }
        } catch(Exception _ex) {
            System. out. println("关闭数据库失败!");
        }
    }
    public static void main(String[ ] args) {
        // TODO Auto-generated method stub
        Task5_4_1 task = new Task5_4_1();
        if(task. connect()) {
            System. out. println("数据库连接成功");
        }
        task. disconnect();
    }
}
```

3. 运行结果

程序运行结果如图 5-57 所示。

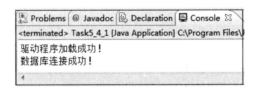

图 5-57

能力提升

一、选择题

1. 建立数据库连接的方法是(　　　)。

   A. java. sql. Dirve 的 getConnection 方法

   B. javax. sql. DataSource 的 getConnection 方法

   C. java. sql. DriverManager 的 getConnection 方法

   D. javax. sql. DataSource 的 Connection 方法

2. JDBC API 存放在(　　　)包中。

   A. java. sql   B. java. io   C. java. awt   D. java. util

二、填空题

1. JDBC 主要由_____和 JDBC 驱动两部分组成。

2. 使用类 java. lang. Class 的_____方法可以加载 JDBC 驱动程序。

三、简答题

简述 JDBC 连接数据库的过程。

四、编程题

创建一个数据库,编写程序测试数据库连接是否成功。

子任务 5.4.2　数据库的操作

任务描述

创建医生表,设置医生编号、姓名和密码三个字段,实现对医生表的查询、修改、插入等操作。

预备知识

1. JDBC 数据库操作

数据库连接完成后,对数据库进行浏览、查询、增加等操作,主要使用 Statement、ResultSet 和 PrepareStatement。

（1）Statement

Statement 向数据库提交 SQL 语句,这些语句可以是 SQL 查询、修改、插入、删除、返回相应的结果。它有三种 Statement 对象运行 SQL 语句:Statement、PrepareStatement 和 CallableStatement。其中,Statement 运行不带参数的 SQL 语句;PrepareStatement 运行预编译 SQL 语句;CallableStatement 运行数据库存储过程的调用。Statement 的常用方法如表 5-30 所示。

表 5-30　**Statement 的常用方法**

序号	方法名称	功能描述
1	ResultSet executeQuery(String sql)	运行查询语句,返回的结果存放在 ResultSet 对象中
2	int executeUpdate(String sql)	运行修改或插入语句,返回的结果是发生改变的记录数
3	boolean execute(String sql)	运行修改或插入语句,返回的结果为 true 表示运行成功,否则运行失败

（2）ResultSet

ResultSet 查询返回的列标题及对应值的结果集，通常是一个表。ResultSet 的常用方法如表 5-31 所示。

表 5-31　ResultSet 的常用方法

序号	方法名称	功能描述
1	boolean next( )	ResultSet 定位到下一行
2	boolean previous( )	ResultSet 定位到上一行
3	getInt(String columnName)	int 形式检索当前行中指定的列值
4	getString(String columnName)	String 形式检索当前行中指定的列值
5	ResultSetMetaData getMetaData( )	返回当前结果集说明对象：列号、列类型及结果属性
6	boolean absolute(int row)	结果集移动到指定行，如果为负数，表示放在倒数第 row 行
7	close( )	释放 ResultSet 对象

（3）PrepareStatement

PrepareStatement 继承 Statement，SQL 语句需要变化且反复运行时，使用 PrepareStatement 进行操作。PrepareStatement 查询语句和更新语句可以设置输入参数，在建立对象后，运行 SQL 语句之前，使用 setXXX 方法给输入参数赋值，使用 execeutUpdate 或 executeQuery 运行 SQL 语句。每次运行 SQL 语句前，可将参数重新赋值。

温馨提示

使用 setXXX 方法给输入参数赋值，XXX 表示数据 JDBC 类型。第一个参数表示参数的位置，第二个参数表示要传递的值，它随 XXX 类型不同而不同。

查询数据库，示例代码如下：

```
public ResultSet getResult( String strSQL) {
    try{
        r = st. executeQuery( strSQL) ;
        return r;
    }catch( SQLException sq) {
        System. out. println("运行 SQL 语句失败 ");
    return null;
    }
}
```

更新数据库，示例代码如下：

```
public boolean updateSQL( String strSQL) {
    try{
```

```
        st. executeUpdate( strSQL) ;
        return true;
    }catch( SQLException sq) {
        System. out. println("运行 SQL 语句错误");
    return false;
    }
}
```

2. 数据库操作流程

①连接数据库;

②运行 SQL 语句;

③处理返回结果;

④关闭连接。

知识拓展

1. JDBC 数据类型

JDBC 中除了与数据库连接相关的抽象接口和 DriverManager 类型外,还有许多种数据类型。下面介绍数据库中可能用到的 SQL 类型。

(1)Date 类

sql 包中的 Date 类也是 util 包中 Date 类的子类,SQL 的 Date 信息只显示年月日,没有小时、分和秒。Date 类构造方法如下:

public Date(int year, int month, int day)

其中,年份参数为设定的年份减去 1900 所得到的整数,月份参数为 0~11,日期参数为 1~31,如 2022 年 5 月 2 日所对应的日期类的方法调用为:

Date date = new Date(122, 4, 2) ;

(2)sql. Time

它是 util. Date 类的子类,在 Time 类时,SQL 的 Time 信息只显示小时、分和秒。它与 sql 包中的 Date 联合起来显示完整的 util. Date 的信息。Time 类构造方法如下:

public Time(int hour, int minute, int second)

其中,小时参数为 0~23,分钟参数为 0~59,秒的参数为 0~59。

(3)sql. Timestamp

Timestamp 代表 SQL 时间戳类型的信息。它是 util. Date 类的子类,除了包含年月日、小时、分和秒外,还引入了纳秒信息,1 纳秒即 1 毫微秒。Timestamp 构造方法如下:

public Timestamp(int year, int month, int day, int hour, int minute, int second, int nano)

其中,纳秒的参数为 0~999 999 999。

Timestamp 设置和获取纳秒信息的方法是:

public getnanos( )   // 获取时间戳的纳秒信息
public void setNanos(int n)   // 设置时间戳的纳秒信息

任务实现

子任务 5.4.2 微视频

1. 任务分析

分析任务题目,可以得出以下信息:

①创建表 Doctor,设置医生编号、姓名、密码三个字段;

②使用 JDBC API 实现查询、浏览、插入等数据库操作。

2. 任务编码

通过分析可以编写下列代码以任务实现功能:

```java
import java. sql. Connection;
import java. sql. * ;
public class Task5_4_2 {
    Connection conn;      // 声明数据库连接类
    Statement sta;        // 声明运行 sql 语句的容器
    ResultSet res;        // 查询语句返回的结果集
    private String m_JDBCDriver = "com. microsoft. sqlserver. jdbc. SQLServerDriver";
    private String m_JDBCConnectionURL = "jdbc: sqlserver: // localhost: 1433; databaseName = Doctor";
    private String m_dID = "admin";
    private String m_dpassword = "abc123";
    public Task5_4_2( ){ // 创建数据库连接的构造函数
        try {
            Class. forName( m_JDBCDriver). newInstance( );    // 转载驱动程序
            System. out. println("驱动程序加载成功!");
        } catch( Exception sq){
            System. out. println("驱动程序加载失败!");
        }
    }
    public boolean connect( ){ // 建立数据库连接
        try {
            conn = DriverManager. getConnection( m_JDBCConnectionURL, m_dID,
                m_dpassword);
            sta = conn. createStatement( );
            System. out. println("数据库连接成功!");
        } catch( Exception ee){
            System. out. println("数据库连接失败!");
            return false;
        }
        return true;
    }
}
```

```java
public ResultSet getResult(String strSQL) { //运行 sql 语句,返回结果集
    try {
        res = sta.executeQuery(strSQL);
        return res;
    } catch(SQLException sq) {
        System.out.println("运行查询语句失败!");
        return null;
    }
}
public boolean updateSql(String strSQL) {
    try {
        sta.executeUpdate(strSQL);
        conn.commit();
        return true;
    } catch(SQLException sq) {
        System.out.println("运行更新语句错误!");
        return false;
    }
}
public boolean insertSql(String strSQL) {
    try{
        sta.executeUpdate(strSQL);
        conn.commit();
        return true;
    }catch(SQLException sq) {
        System.out.println("运行插入语句错误!");
        return false;
    }
}
public void disconnect() { //断开数据库连接
    try {
        if(conn != null) {
            conn.close();
            conn = null;
        }
    } catch(Exception _ex) {
        System.out.println("数据库关闭失败!");
    }
}
public static void main(String[] args) {
    // TODO Auto-generated method stub
    Task5_4_2 task = new Task5_4_2();
    String sq1 = "insert into Doctor(dID,dName,dPassword)values(301,'赵艳','abc456')";
```

```
            String sq2;
            ResultSet rs;
            if(task. connect()) {
                if(task. insertSql(sq1)) {
                    System. out. println("插入成功!");
                    sq2 = "select * from Doctor";
                    if(task. getResult(sq2)! = null) {
                        rs = task. getResult(sq2);
                        try {
                            while(rs. next()) {
                                System. out. println(rs. getInt(1));
                            }
                        } catch(SQLException e) {
                            // TODO Auto-generated catch block
                            e. printStackTrace();
                        }
                    }
                }
            }
            task. disconnect();
        }
    }
```

3. 运行结果

程序运行结果如图 5-58 所示。

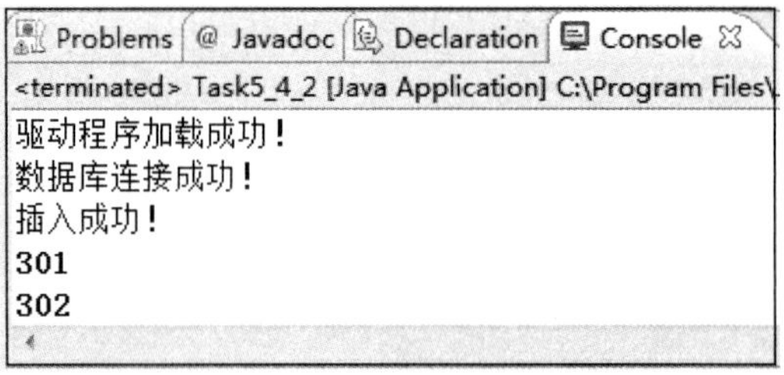

图 5-58

本次任务是数据库连接测试,学生在连接时有时测试成功,有时测试不成功。不成功会让人产生挫败感。教育学生失败是成功之母,经历风雨才能见彩虹。引导学生端正学习态度,养成良好的学习习惯,在学习过程中遇到问题勤思考、多交流、虚心向他人请教,体验学习的快乐!

能力提升

一、选择题

1. Java 与数据库建立连接后,需要查看表中的数据库,使用( )语句。

　A. executeQuery( )　　　　　　B. executeUpdate( )

　C. executeSelect( )　　　　　　D. executeEdit( )

2. JDBC 中调用数据库存储过程的接口是( )。

　A. Statement　　　B. CallableStatement　　　C. PrepareStatement　　　D. ResultSet

3. 下列说法中正确的是( )。

　A. CallableStatement 继承自 PrepareStatement

　B. ResultSet 继承自 Statement

　C. PrepareStatement 继承自 Statement

　D. Statement 继承自 PrepareStatement

二、填空题

1. JDBC 数据类型,获取时间戳的纳秒信息的方法是_____。

2. Java 数据库操作基本流程:数据库连接、_____、处理运行结果、释放数据库连接。

3. State 类的 executeQuery( )方法返回的数据类型是_____。

学习评价

班级		学号		姓名	
任务 5.4　实现 JDBC 技术			课程性质	理实一体化	
知识评价(30 分)					
序号	知识考核点			分值	得分
1	数据库技术			5	
2	数据库连接过程			15	
3	数据库打开、浏览、关闭操作			10	
任务评价(60 分)					
序号	任务考核点			分值	得分
1	数据库连接设计			20	
2	数据库操作程序设计			20	
3	程序检查、纠正			10	
4	程序测试			10	

班级		学号		姓名	
任务 5.4 实现 JDBC 技术			课程性质		理实一体化

思政评价(10 分)

序号	思政考核点	分值	得分
1	分析问题、解决问题能力	5	
2	团队精神和协作能力	5	

违纪扣分(20 分)

序号	违纪考查点	分值	扣分
1	上课迟到早退	5	
2	上课打游戏	5	
3	上课玩手机	5	
4	其他扰乱课堂秩序的行为	5	
综合 评价		综合 得分	

模块六　应用程序高级开发

【主要内容】

1. 线程的创建及安全问题；
2. 线程同步与死锁；
3. GUI 常用组件；
4. GUI 事件处理模型；
5. GUI 常用事件；
6. 基于 UDP 协议的 SOCKET 通信；
7. 基于 TCP 协议的 SOCKET 通信。

任务 6.1　实现多线程编程

学习目标

【知识目标】

1. 了解进程和线程的概念，掌握多线程的创建方式和线程的常用方法；
2. 掌握线程的休眠、中断、礼让和插队等控制操作，了解优先级的使用；
3. 掌握线程同步问题，理解线程中锁的概念及死锁产生的原因；
4. 掌握生产者与消费者模型，了解线程间的通信问题。

【任务目标】

1. 掌握线程定义的两种形式，掌握线程的常用方法，能够解决实际生活中的问题；
2. 掌握线程的休眠、中断、礼让和插队等控制操作，进行项目开发设计；
3. 解决线程同步问题，设计实际生活中线程同步的项目案例；
4. 掌握生产者与消费者模型，设计实际生活中生产者与消费者模型的项目案例。

【素质目标】

1. 具备文明礼让的素养；
2. 具有小心谨慎的安全防范意识；
3. 具有仔细认真、精益求精的工匠精神。

子任务 6.1.1 多线程的实现

任务描述

某旅游景点要求游客必须凭票进入。门票分为三种:全价票、优惠票和免费票,对应三个售票窗口:全票价窗口、优惠价窗口和免票价窗口。其中,成年人需要购买全价票,学生、儿童、现役军人需要购买优惠票,60 周岁以上老年人、残疾人需要取免费票。三个窗口相当于三个线程同时售票。

预备知识

1. 进程和线程

在早期的操作系统中,进程是拥有资源、独立运行的最小单位,也是程序运行的最小单位。一个进程只有一个线程,那时没有线程的概念,进程就是线程。后来随着计算机的快速发展,对多个任务切换运行效率要求越来越高,引入了最小运行单位——线程。一般来说,一个进程会有一个或多个线程。

进程和线程是操作系统中的两个运行模型。进程是程序的一次完整运行过程,在程序运行期间,包括代码加载、运行程序直到运行完毕,内存、CPU、I/O 等资源都要为这个程序服务。线程是进程的一个运行单元,一个进程至少有一个线程。如果一个应用程序有多个线程,称为多线程。多线程能实现多个任务同时并发运行。Java 语言支持多线程。

进程是一个运行中的程序,可以通过任务管理器查看系统中的进程,一个进程至少有一个线程作为它的指令运行主体,即主线程。主线程负责程序初始化工作,运行初始指令,根据程序中需要运行的任务决定是否创建其他线程。从表面上看,多个线程是同时并发运行的,实际上各个线程在操作系统内交替运行,系统不停地在各个线程之间切换。Java 语言支持多线程技术,从 main( )方法开始运行,main( )方法中的代码就是主线程要运行的程序。

线程是进程中最小的运行单位,可以完成一个独立任务的控制流程。线程按处理级别可分为核心级线程和用户级线程。核心级线程是与系统任务相关联的线程,负责处理不同进程之间的线程,按照优先调度方法实现对线程的调度,使同一进程的多个线程有序地工作,发挥多处理器的并发优势,充分利用计算机资源,提高工作效率。用户级线程是基于程序的实际需要而编写的线程,在编写程序时可以控制这类线程的创建、运行和消失。对于用户线程的切换,通常发生在一个应用程序的诸多线程之间,如 QQ 聊天室、迅雷下载工具就属于用户级线程。

多线程应用广泛,能解决现实生活中的具体问题,是程序设计和计算机应用开发的一项很重要的实用技术。在 QQ 聊天室中,可以同时与多个朋友聊天,也可以在聊天时收发邮件、玩 QQ 游戏。迅雷下载工具也是一款典型的应用程序,在这个下载工具中,我们可以同时实现多个任务的下载,不仅能提高下载速度,节约时间,还能充分利用系统资源和网络资源,解决了因程序慢而出现的计算机死机的问题。使用 360 安全卫士,既可以扫描系统漏洞,又可以清理垃圾文件,同时还可以扫描病毒和杀毒。多线程并发运行不同的线程,改善了程序的吞吐量,最大限度地提高了计算机的利用率和使用率,给用户带来便利。

线程和进程既有联系又有区别,具体如下:

①一个进程至少有一个线程;

②进程是操作系统分配资源的最小单位,线程是程序运行的最小单位;

③资源分配给进程,同一进程的所有线程共享该进程的所有资源;

④线程的上下文切换速度要比进程快得多。

【例6-1】 多线程的示例

多线程微视频

```java
public class Example6_1 {
    public static void main(String[] args) {
        First f=new First();    // 创建第一个线程
        Second s=new Second();    // 创建第二个线程
        Third t=new Third();    // 创建第三个线程
        f.start();
        s.start();
        t.start();
        for(int i=1;i<=2;i++) {
            System.out.print("Main"+i+" ");
        }
    }
}
class First extends Thread{
    public void run() {
        for(int i = 1;i <=3;i++) {
            System.out.print("First"+i+" ");
        }
    }
}
class Second extends Thread {
    public void run() {
        for(int i = 1;i <=3;i++) {
            System.out.print("Second"+i+" ");
        }
    }
}
class Third extends Thread {
    public void run() {
        for(int i = 1;i <=3;i++) {
            System.out.print("Third"+i+" ");
        }
    }
}
```

程序运行结果如图 6-1 所示。

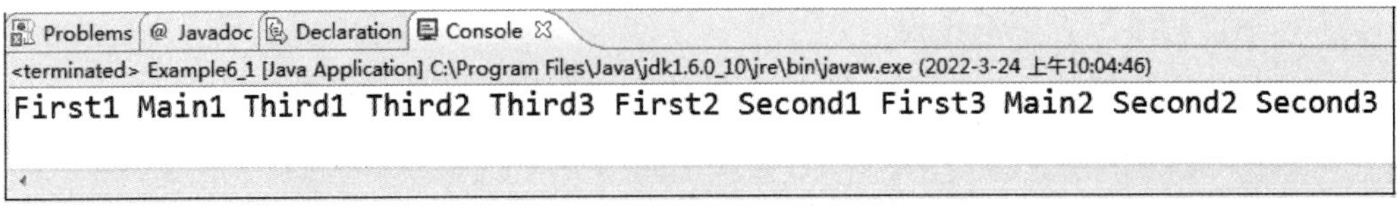

图 6-1

2. Thread 类创建线程

每个程序至少有一个线程,称为主线程。运行 Java 程序时,会运行 public static void main()方法,它是主线程的入口,程序加载到内存时会启动这个主线程。

在程序开发中,用户自定义的线程一般是指除了主线程之外的线程,开发的过程一般分为四个过程:一是定义线程,指明线程要实现的功能;二是创建线程对象;三是启动线程;四是终止线程。在 Java 语言中,与线程相关的是 Thread 类和 Runnable 接口,它们位于 java.lang 包中。

Thread 类称为线程类,Java 通过它或它的子类创建线程对象。线程要运行的任务通过 run()方法完成,如果需要实现新的功能,必须覆盖 Thread 类的中 run()方法。每创建一个新线程,run()方法就会被运行一次。实例化 Thread 类的对象,通过对象调用 start()方法,启动线程。

Thread 类提供了大量的方法来控制和操作线程,如表 6-1 所示。

表 6-1　Thread 类的常用方法

序号	方法名称	功能描述
1	run()	运行任务操作方法
2	start()	使线程开始启动运行
3	sleep(time)	指定的时间内让当前运行的线程处于休眠状态
4	getName()	返回线程的名称
5	isAlive()	测试线程是否处于活动状态
6	join()	等待线程终止
7	getState()	返回该线程状态
8	interrupt()	线程中断
9	yield()	暂停当前正在运行的线程,并运行其他线程
10	getPriority()	返回线程的优先级
11	setPriority()	更改线程的优先级

【例6-2】　Thread 创建线程示例1

```
// 通过继承 Thread 类来创建线程
class MyThread extends Thread{
String str;
int n = 0;
  public MyThread(String str){
      this. str = str;
  }
// 覆盖 run()方法
  public void run(){
      while(n<4){
          n++;
          System. out. println(str+"运行,此时 n 值为:" +n);
      }
  }
}
// 启动线程
public class Example6_2{
    public static void main(String[ ] args){
        MyThread m1 = new MyThread("线程 X");    // 实例化线程对象
        MyThread m2 = new MyThread("线程 Y");
        m1. run();  // 启动线程
        m2. run();
    }
}
```

程序运行结果如图6-2所示。

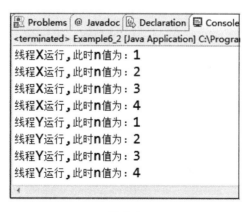

图 6-2

通过上面程序的运行结果,我们发现程序始终是先运行 m1 对象再运行 m2 对象,此时线程并没有真正启动,按顺序运行,并没有出现交叉运行的效果。那么如何正确地启动线程呢？我们不应该调用 run( )方法，而是调用 Thread 类的 start( )方法，请看下面的程序。

【例 6-3】　Thread 创建线程示例 2

```java
// 通过继承 Thread 类来创建线程
class MyThread extends Thread{
String str;
int n = 0;
public MyThread(String str){
        this. str = str;
    }
// 覆盖 run( )方法
    public void run(){
        while(n<4){
            n++;
            System. out. println(str+"运行,此时 n 值为: " +n);
        }
    }
}
// 启动线程
public class Example6_3{
    public static void main(String[ ] args){
        MyThread m1 = new MyThread("线程 X");    //实例化线程对象
        MyThread m2 = new MyThread("线程 Y");
        m1. start();    // 启动线程
        m2. start();
    }
}
```

程序运行结果如图 6-3 所示。

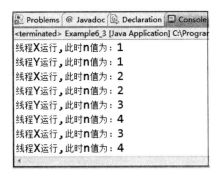

图 6-3

通过上面的程序运行结果,我们发现两个线程是交替运行的,哪个线程先拥有了 CPU 的使用权,就可以先运行,所以程序每次运行时的结果都是不一样的。线程启动调用了 start

（　）方法,运行线程的任务。

3. 实现 Runnable 接口

在 Java 语言中,类的继承只能是单继承,一旦定义了 Thread 类的子类,那么这个类就不能通过 extends 关键字来继承其他的类。在程序开发过程中,创建自定义线程时,需要扩展其他的类来实现复杂的功能,我们可以通过实现 Runnable 接口的方法来定义线程类,解决 Java 单继承局限性的问题。通过实现 Runnable 接口中的 run( )方法,可以实现多线程,通过实现 Runnable 接口来创建线程处理同一资源,实现资源共享。

通过 Runnable 接口实现多线程,首先自定义类实现 Runnable 接口,在类中覆盖 run( )方法,把线程运行任务的代码放在这种方法中。然后实例化 Runnable 子类的对象,以 Runnable 子类对象为参数,实例化 Thread 类对象,最后启动线程。

Runnable 接口中声明 run( )方法,可以通过 Runnable 接口实现 run( )方法完成线程的所有活动,任何实现 Runnable 接口的对象都可以成为线程的目标对象,已经实现的 run( )方法为该对象的线程体。

【例 6-4】　实现 Runnable 接口创建线程示例

```
class Multiply implements Runnable{
    String name;
    public Multiply(String name){
        this. name=name;
    }
    //覆盖 run( )方法
    public void run( ){
        int s=1;
        for(int i=1;i<5;i++){
            s * =i;
            System. out. println(name+"运行,第" +i+"次的乘积值为:"+s);
        }
    }
}
//启动线程
public class Example6_4{
    public static void main(String[ ] args){
        Multiply m1=new Multiply("线程 1");
        Multiply m2=new Multiply("线程 2");
        Thread t1 = new Thread(m1);
        Thread t2 = new Thread(m2);
        t1. start( );    //启动线程
        t2. start( );
    }
}
```

程序运行结果如图 6-4 所示。

图 6-4

上面程序中,Thread t1 = new Thread(m1)将 Thread 对象 t1 与 Runnable 接口实现类的对象 m1 相关联,t1. start()语句运行后,t1 线程开始启动运行,自动调用 m1 对象的 run()方法。

知识拓展

1. 实现多线程两种方式的比较

通过 Thread 类和 Runnable 接口都可以实现多线程。使用 Runnable 接口实现多线程步骤虽然烦琐,但它能实现复杂的功能。

(1)采用继承 Thread 类创建线程

优点:编写简单,可以通过 this 关键字获得线程的当前对象。Thread 的子类可以自定义成员变量,使线程具有某种属性,也可以增加新的方法,使线程能实现特定的功能。

缺点:Java 语言单继承,Thread 的子类不能再继承其他的类。

(2)通过实现 Runnable 接口创建线程

优点:线程通过 Runnable 接口实现,还可以继承其他的类,解决单继承的局限性,更符合面向对象的程序设计思想。CPU 代码与数据独立,代码能被多个线程共享,适合多个相同程序代码的线程去处理同一资源,增强了程序的鲁棒性。

缺点:程序代码稍微复杂,只能通过 Thread 类的静态方法 currentThread()获取当前线程对象。

在实际开发项目中,我们一般建议使用实现 Runnable 接口的方式来实现多线程的程序设计。

【例 6-5】 实现多线程共享资源的示例

```java
public class DuoThread implements Runnable{
    int ticket=5;    //共 5 张票
    public void run(){    //覆盖 run()方法
    while(ticket>0){
        System. out. println(Thread. currentThread(). getName()+ "售出一张票,剩余"+--ticket+"
```

张票");
```
        }
            if( ticket = = 0)
                System. out. println("票已经售完");
        }
}
public class Example6_5 {
    public static void main( String[ ] args) {
        DuoThread d = new    DuoThread( );
        Thread d1 = new Thread( d, "售票处 A");
        Thread d2 = new Thread( d, "售票处 B");
        d1. start( );
        d2. start( );
    }
}
```

程序运行结果如图 6-5 所示。

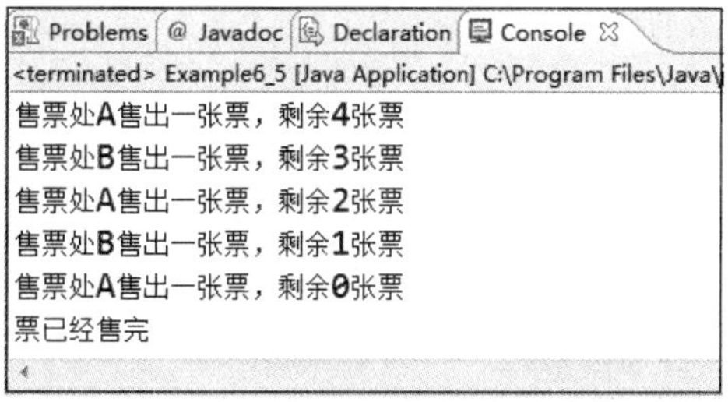

```
🔲 Problems | @ Javadoc | 🔍 Declaration | 📮 Console ✕
<terminated> Example6_5 [Java Application] C:\Program Files\Java\
售票处A售出一张票，剩余4张票
售票处B售出一张票，剩余3张票
售票处A售出一张票，剩余2张票
售票处B售出一张票，剩余1张票
售票处A售出一张票，剩余0张票
票已经售完
```

图 6-5

任务实现

1. 任务分析

分析任务题目,可以得出以下信息:
①定义 MyThread 类,实现接口 Runnable;
②类中定义属性和构造方法,并覆盖 Runnable 接口的 run( )
方法;
③编写程序测试类,在 main( )方法中创建对象,测试程序的运行结果。

子任务 6.1.1 微视频

2. 任务编码

```
public class MyThread extends Thread {
    int ticket = 1000;      // 每个线程都拥有 1000 张票
    public MyThread( String str) {
        super( str) ;
    }
    public void run( ) {      // 覆盖 run( )方法
```

```
            while(ticket>0){
                System. out. println(Thread. currentThread(). getName() +  "售出一张票, 剩余"+--ticket+"
张票");
            }
        }
}
public class Task6_1_1 {
    public static void main(String[] args){
        MyThread t1=new MyThread("全票价窗口");
        MyThread t2=new MyThread("优惠价窗口");
        MyThread t3=new MyThread("免票价窗口");
        t1. start();
        t2. start();
        t3. start();
    }
}
```

3. 运行结果

程序运行结果如图 6-6 所示。

图 6-6

本程序中, Thread. currentThread() 语句表示返回当前使用 CPU 资源的线程。该程序在主方法中创建了 3 个线程对象, 并启动它们。每个线程对应 1000 张票, 从运行结果来看, 它们之间无任何关联, 没有优先级关系, 机会均等地使用 CPU 的拥有权和使用权。但是这 3 个线程并不是依次交替运行, 从图中的运行结果来看, 全票价窗口线程被分配的时间片机会多, 票售完要早一些; 而优惠价窗口线程被分配的时间片机会比较少, 票售完要晚一些。

能力提升

一、选择题

1. 线程类继承的父类是(   )。

    A. Thread   B. Object   C. File   D. Runnable

2. 已定义一个线程类 ThreadA,要在 main( )中启动该线程的方法是(   )。

    A. new ThreadA(   )

    B. new ThreadA. start(   )

    C. Thread A t1 = new ThreadA(   ); t1. run(   )

    D. Thread A t1 = new ThreadA(   ); t1. start(   )

3. 下面说法中错误的是(   )。

    A. 一个进程至少有一个线程

    B. 线程是操作系统分配资源的最小单位,进程是程序运行的最小单位

    C. 资源分配给进程,同一进程的所有线程共享该进程的所有资源

    D. 线程的上下文切换速度要比进程快得多

4. 可以通过实现(   )接口来实现编写线程类。

    A. Serializable   B. Throwable   C. Runnable   D. Comparable

5. 线程主体功能的实现,是通过覆盖 Thread 类的(   )方法,或者通过覆盖 Runnable 接口中的(   )方法来完成的。

    A. run( )   run( )   B. start( )   start( )

    C. run( )   start( )   D. start( )   run( )

二、填空题

1. _____方法用于定义线程运行体。

2. 一个进程至少有一个线程作为它的指令运行主体,称为_____。

3. 程序运行的最小单位是_____。

4. 在 Java 语言中,定义线程类可以通过继承_____类来实现。

5. 在 Java 语言中,定义线程类可以通过实现_____接口来实现。

三、编写程序

实现用多线程的方式,模拟火车票售票系统,假设票数为 50 张,有 3 个窗口同时抢票。

子任务 6.1.2　线程控制的实现

任务描述

病人去医院看病,首先要挂号。正常情况下,病人排队挂号,但有时候会遇到病重或病危的患者,他们就会插到队伍前面先进行挂号,其他病人继续等待,直到插队者挂完号后其他病人再进行排队挂号。

预备知识

1. 线程的状态

线程启动以后,它的运行是独立的、随机的。从创建开始,一个线程的生命周期就开始了,当程序运行完后,它的生命周期也就结束了。线程的生命周期可以分为 5 个阶段,即线程的 5 种状态,分别为新建状态、就绪状态、运行状态、阻塞状态和死亡状态。新建的线程在它的一个完整的生命周期中总是处于这 5 种状态之一。线程的状态图如图 6-7 所示。

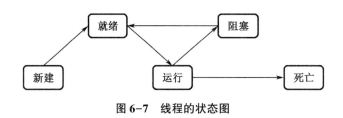

图 6-7　线程的状态图

（1）新建状态

Java 语言中使用 Thread 类及其子类创建新的线程。创建线程对象之后,尚未调用 start( ) 方法前,线程只是一个空对象,具有生命,系统没有为其分配资源。处理这种状态的线程只能进行启动和终止操作,其他任何操作都会引发异常。

（2）就绪状态

当调用 start( ) 方法进行线程启动时,线程首先进行就绪状态。在线程运行之后或者从睡眠、等待或阻塞状态回来后,返回就绪状态。此时的线程具备了运行条件但还没开始运行。

（3）运行状态

系统为线程分配所需的资源,必须具备 CPU 的运行资格和 CPU 的使用权这两个条件线程才能运行,这是线程任务能够被运行的唯一状态。此时线程对象使用 run( ) 方法运行线程的具体任务,在线程没有结束 run( ) 方法之前,不能调用线程的 start( ) 方法,否则会引发异常。

（4）阻塞状态

当程序使用 sleep( ) 方法或者 wait( ) 方法时,线程处于阻塞状态,此时线程不具有 CPU 的运行资格和运行权。如果 sleep( ) 结束,或使用 notify( ) 把 wait( ) 线程唤醒以后,线程会处于临时阻塞状态或者进入运行状态。

　　线程具备 CPU 的运行资格,但没有使用权,线程的使用权由系统随机调度;如果有多个子线程需要运行,仅有一个子线程能够获得 CPU 的运行权,此时这个子线程会进入运行状态,其他子线程处于临时阻塞状态。

　　运行某个中断线程操作,如读/写操作引发的线程阻塞。只有消除引起阻塞的原因,线程才能重新进入就绪状态,等待 CPU 的资源,获得 CPU 的使用权,才能从原来中断处开始继续运行。

　　(5)死亡状态

　　当线程 run( )方法运行完以后,即线程完成运行任务后,线程所占用的资源被释放,线程处于死亡状态。

　　线程的 stop( )方法被调用或在运行过程中出现未捕获的异常而被提前强制性终止时,线程也处于死亡状态。线程一旦死亡,就不能复生。

2. 线程休眠

　　Thread 类中的 sleep( )方法能使当前运行的线程在指定的时间(单位:mm)内处于休眠状态,sleep( )中的参数不能为负数,否则程序会抛出 IllegalArgumentException 异常。操作系统管理线程调度器,线程调度器用来决定当前线程的实际休眠时间。sleep( )方法与线程调度器交互,将当前线程设置为休眠一段时间的状态,休眠时间一旦结束,线程就会改为可运行状态,等待 CPU 分配资源来继续运行任务。

线程状态微视频

【例 6-6】　线程休眠 sleep( )方法的使用示例

　　程序设计要求创建 2 个线程,每个线程运行 3 次,线程主动休眠 1 000 ms,输出每次线程的名称和运行的次数。

```
class MyThread extends Thread{
    public MyThread(String str){
        super(str);
    }
    //覆盖 run( )方法
    public void run(){
        for(int i=1;i<=3;i++){
            System.out.println(getName()+"运行第" +i+"次");
            try{
                Thread.sleep(1000);
            }catch(InterruptedException e){
                e.printStackTrace();
            }
        }
    }
}
//启动线程
public class Example6_6{
    public static void main(String[] args){
```

```
MyThread m1 = new MyThread("线程 X");
MyThread m2 = new MyThread("线程 Y");
m1.start();    // 启动线程
m2.start();
    }
}
```

程序运行结果如图 6-8 所示。

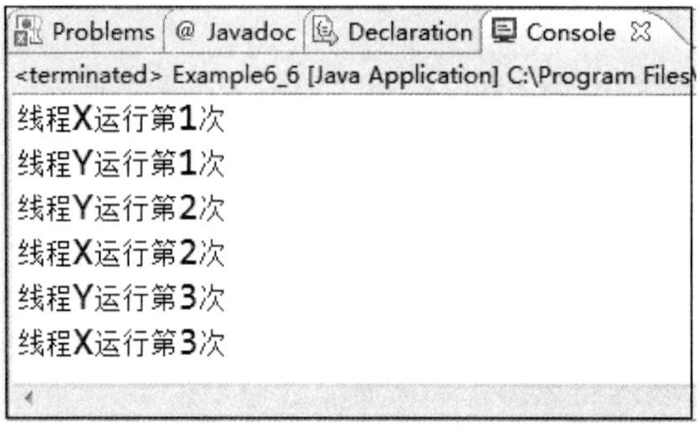

图 6-8

上面程序中,使用 sleep() 方法设置睡眠时间,每次输出都是间隔了 1 000 ms,达到了延时操作的效果。

3. 线程的中断

当一个线程运行时,另一个线程通过 Thread 类中的 interrupt() 方法中断其运行状态。有时 interrupt() 方法会叫醒休眠的线程,一个占有 CPU 资源的线程可以让休眠的线程用 interrupt() 方法叫醒自己,导致休眠的线程发生 InterruptedException 异常,提前结束休眠,重新排队等待 CPU 分配资源来运行后续任务。

【例 6-7】   线程中断 interrupt() 方法的使用示例

```
public class MyThread implements Runnable {        // 实现 Runnable 接口
    public void run() {                            // 覆盖接口中的 run() 方法
        System.out.println("开始运行 run() 方法");
            try {
                Thread.sleep(5000);    // 让线程休眠 5 s
                System.out.println("线程休眠 5 s 已完成");
            } catch(Exception e) {
                System.out.println("线程休眠被终止");
                return;                // 程序直接返回被调用处
            }
        System.out.println("run() 方法运行结束");
    }
}
// 测试线程的中断,即测试 interrupt() 方法的效果
```

```
public class Example6_7 {
    public static void main(String[] args) {
        MyThread m1 = new MyThread();        //定义线程功能类的实例对象
        Thread t1 = new Thread(m1, "线程 1");   // 实例化 Thread 实例,命名为"线程 1"
        t1.start();        // 开启 t1 线程
        try{
            Thread.sleep(3000);             // 主线程休眠 3 s 后,再中断子线程的运行
        }catch(Exception e){
            e.printStackTrace();
        }
        t1.interrupt();                    // 中断子线程的运行
    }
}
```

程序运行结果如图 6-9 所示。

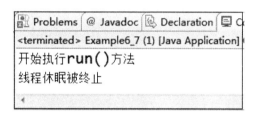

图 6-9

上面程序中,一个线程启动后进入休眠状态,原本打算休眠 5 s 再继续运行任务,但是主方法线程启动 3 s 后将其中断,休眠一旦中断将运行 catch 中的代码。

4. 线程礼让

线程礼让是指正在运行的线程暂时停下来,让给其他线程运行。此时该线程仍处于可运行状态,并不变为阻塞状态,使用 Thread 类的 yield() 方法可实现线程礼让。

> 礼让有助于促进社会文明。生活中注意文明礼让,不仅能体现个人内涵,提高个人素养,还可以营造和谐友善的氛围,构建和谐文明社会。同学们在生活中要学会礼让,提高个人素养。

【例6-8】 线程礼让 yield() 方法的使用示例

```
class ThreadA extends Thread{
    public void run(){
        for(int i = 1; i <= 3; i++){
            System.out.println("线程 A 的第 "+i+"次运行");
            Thread.yield();    // 暂停线程
        }
    }
```

```
        }
    }
    class ThreadB extends Thread{
        public void run( ){
            for( int i=1; i<=3; i++){
                System. out. println("线程 B 第 "+i+"次运行");
                Thread. yield( );
            }
        }
    }
    public class Example6_8 {
        public static void main( String[ ] args){
            ThreadA ma = new ThreadA( );
            ThreadB mb = new ThreadB( );
            ma. start( );
            mb. start( );
        }
    }
```

程序运行结果如图 6-10 所示。

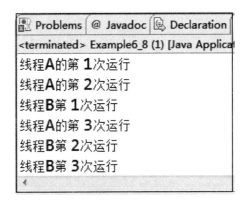

图 6-10

上面程序中,调用了 yield( )方法之后,当前线程并不变为阻塞状态,仍然处于可运行状态,与其他等待运行的线程竞争 CPU 资源,如果它又抢到了 CPU 资源,就会出现连续运行的情况。从运行结果可以看出,线程礼让后,系统有可能调用其他线程,也有可能还是运行本线程。

sleep( )方法与 yield( )方法在使用时容易混淆,它们之间的区别如表 6-2 所示。

表 6-2 sleep( )方法与 yield( )方法的区别

序号	sleep( )方法	yield( )方法
1	当前线程进入阻塞状态	当前线程进入暂时停止运行的状态
2	如果没有其他等待运行的线程,按指定的时间进行等待,等待结束后才能运行	如果没有其他等待运行的线程,当前线程会立刻恢复运行
3	与其他等待运行的线程具有均等的机会	运行优先级相同或更高的线程

5. 线程插队

线程插队通过 Thread 类的 join( )方法来实现,使当前线程暂时停止运行,调用 join( )方法等待其他线程插入当前线程,待插入线程结束后,再继续运行当前线程。使用 join( )方法时,需要抛出 InterrruptedException 异常。

假设有两个线程,分别为线程 M 和线程 N,此时线程 M 正在占用 CPU 资源,N 线程插入,那么 M 线程立刻中断运行,让给线程 N,直到线程 N 运行完毕,线程 M 重新排队等待 CPU 资源,一旦获得 CPU 资源,再继续运行。

【例 6-9】 线程插队 join( )方法的使用示例

```java
class MyThread extends Thread{
    public MyThread(String str){
        super(str);
    }
    public void run(){
        for(int i=1;i<3;i++){
        System.out.println(Thread.currentThread().getName()+i);
        //输出当前线程的名字
        }
    }
}
public class Example6_9 {
    public static void main(String[] args){
        for(int i=1;i<6;i++){
            if(i==3){    // 主线程运行 3 次后, 开始 MyThread 线程,
                MyThread t1 = new MyThread("插入线程");
                try {
                    t1.start();
                    t1.join();  // 把该线程通过 join()方法插到主线程前面
                } catch(InterruptedException e){
                    e.printStackTrace();
                }
            }
            System.out.println("主线程"+i);
        }
```

```
        }
    }
```

程序运行结果如图 6-11 所示。

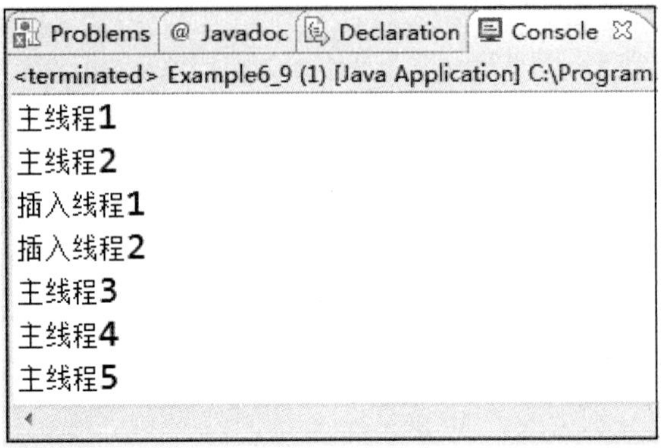

图 6-11

知识拓展

1. 线程的优先级

Java 语言中,每个线程都有一个优先级。线程优先级高比优先级低拥有更高的运行概率。Java 虚拟机中的线程调度器负责管理线程,调度器把线程优先级分为 10 个级别,默认情况下线程的优先级为 5,用常量 NORM_PRIORITY 表示。最高优先级为 10,用 MAX_PRIORITY 表示。最低优先级为 1,用 MIN_PRIORITY 表示。

通过调用 Thread 对象的 setPriority(int grade)方法可以改变线程的优先级,grade 参数的范围是 1~10,如果超出这个范围系统会抛出 IllegalArgumentException 异常。此外,如果线程已经属于某个线程组,那么该线程的优先级不能超过这个线程组的优先级。

Java 虚拟机中的线程调度器始终让优先级高的线程运行,一旦时间片空闲,具有同等优先级的线程轮流顺序使用时间片。比如有 A、B、C、D、E 五个线程,A、B 优先级高于 C、D、E,那么线程调度器首先轮流运行 A、B,直到它们运行完毕,才在 C、D、E 之间轮流顺序运行。

【例 6-10】 线程优先级的使用示例

```java
public class PriThread implements Runnable {          // 实现 Runnable 接口
    public void run() {                                // 覆盖接口中的 run()方法
        for(int i = 1; i <= 3; i++) {
            try {
                Thread. sleep(2000);     // 让线程休眠 2 000 ms, 即休眠 2 s
            } catch(Exception e) {
                e. printStackTrace();
            }
            System. out. println(Thread. currentThread(). getName()+"运行, 此时 i ="+i);
            // 输出线程的名称
```

```
        }
    }
}
public classExample6_10 {
    public static void main(String[ ] args){
        PriThread pri=new PriThread( );        //定义线程功能类的实例对象
        Thread p1=new Thread(pri,"最低优先级线程");      //实例化 Thread 实例
        Thread p2=new Thread(pri,"默认优先级线程");
        Thread p3=new Thread(pri,"最高优先级线程");
        p1. setPriority(Thread. MIN_PRIORITY);      //线程的优先级为最低级 1
        p2. setPriority(Thread. NORM_PRIORITY);       //线程的优先级为中等(默认)级 5
        p3. setPriority(Thread. MAX_PRIORITY);        //线程的优先级为最高级 10
        p1. start( );      //开启 p1 线程
        p2. start( );      //开启 p2 线程
        p3. start( );      //开启 p3 线程
    }
}
```

程序运行结果如图 6-12 所示。

图 6-12

　　线程将根据优先级的高低来决定先运行哪个线程,在上面程序的运行结果中,我们会发现并不是优先级高的线程就一定比优先级低的线程先运行完毕。因为优先级并不一定是 CPU 分配的优先程序,还与虚拟机的版本和操作系统有关。通常采用全局和局部优先级的组合来设定线程的优先级,setPriority( )方法只能设置局部的优先级,而不能对整个 CPU 的分配设置优先级。因此对于整个系统来说,修改线程的优先级所带来的影响难以预测。在实际项目开发中,最好不要依赖于线程优先级,否则可能会产生意想不到的结果,不利于程序的管理。

任务实现

子任务 6.1.2 微视频

1. 任务分析

分析任务题目,可以得出以下信息:

①定义一个实现 Runnable 接口的线程类 InsertThread,设置该类的 InsertThread( )构造函数,覆盖 run( )方法,分别实现正常挂号与插队挂号的功能;

②定义一个正常挂号线程对象 patient,一个插队挂号线程对象 insertPatient;

③编写程序主类,在 main( )方法中启动 start( )方法,实现程序运行测试。

2. 任务编码

```java
public class InsertThread implements Runnable {
    Thread patient;      // 正常挂号排队的线程
    Thread insertPatient;      // 插队挂号线程
    public InsertThread( ) {
        patient = new Thread(this);
        insertPatient = new Thread(this);
        patient.setName("正常挂号线程");
        insertPatient.setName("插队挂号线程");
    }
    public void run( ) {
        if(Thread.currentThread( ) == patient) {
            System.out.println(patient.getName( ) + ": 准备挂号");
            insertPatient.start( );
            try {
                insertPatient.join( );      // 当前排队线程等待插队线程完成再挂号
            } catch(InterruptedException e) {
                e.printStackTrace( );
            }
            System.out.println(patient.getName( ) + ": 开始挂号");
        } else if(Thread.currentThread( ) == insertPatient) {
            System.out.println(insertPatient.getName( ) + ": 我病重,先让我挂号吧!");
            System.out.println(insertPatient.getName( ) + ": 挂号中...");
            try {
                Thread.sleep(3000);
            } catch(InterruptedException e) {
                e.printStackTrace( );
            }
            System.out.println(insertPatient.getName( ) + ": 挂号结束");
        }
    }
}
```

```
public class Task6_1_2{
    public static void main(String[] args){
        InsertThread it = new InsertThread();
        it. patient. start();
    }
}
```

3. 运行结果

程序运行结果如图6-13所示。

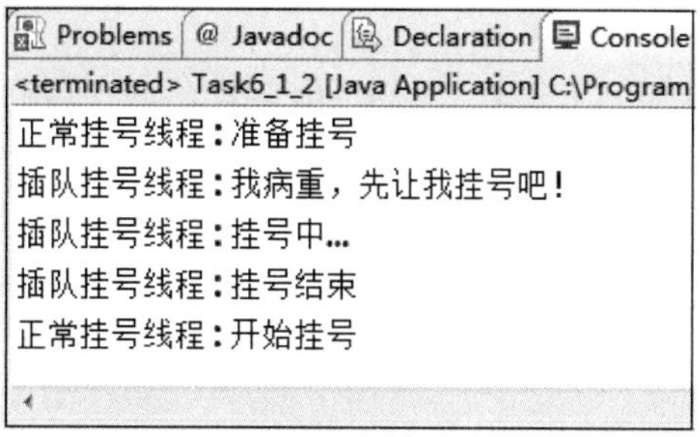

图 6-13

能力提升

一、选择题

1. 使用( )方法实现线程的插队运行。

A. join( )　　　　B. yield( )　　　　C. run( )　　　　D. interrupt( )

2. 当( )方法结束时,能使线程进入死亡状态。

A. sleep( )　　　　B. yield( )　　　　C. run( )　　　　D. stop( )

3. Java语言中,使用( )方法设置线程的优先级。

A. getPriority( )　　B. join( )　　　　C. yield( )　　　　D. setPriority( )

4. ( )方法可以使线程暂停后转入就绪状态。

A. sleep( )　　　　B. yield( )　　　　C. join( )　　　　D. run( )

5. 线程通过( )方法可以休眠一段时间,然后恢复运行。

A. run( )　　　　B. getPriority( )　　C. join( )　　　　D. sleep( )

二、填空题

1. 线程有5种状态,分别是新建状态、就绪状态、_____、_____和死亡状态。

2. 设置线程的名称,可以使用_____方法。

3. 实现线程礼让的方法是_____。

4. 新创建的线程默认的优先级是_____。

5. 获取线程的优先级,可以使用_____方法。

三、编写程序

模拟电影院售票,有两个线程售票员 ticketSeller 和客户 passenger。如果没有人买票,售票员准备休息 10 min,这个时候有人买电影票,叫醒休眠中的售票员。

子任务 6.1.3   线程同步的应用

任务描述

模拟专家挂号系统,某知名医院著名专家,每天只允许 5 名患者挂号看病,有 2 个窗口同时进行挂号,每名患者仅限挂一次号,如果挂满,则停止挂号。

预备知识

1. 线程同步的必要性

当多个线程访问一个对象时,多个线程获得 CPU 资源的顺序是不固定的,其运行顺序无法同步。当多个线程在这种情况下共同访问一个资源时,会出现错误的结果,这就要求线程同步,按照所期望的结果运行。线程同步是保证多线程案例访问竞争资源的一种手段。

使用多线程同步模拟银行取款程序。同一个银行账户对应一张存折和一张银行卡。王红异地上大学,为方便取款,王红妈妈申请一个银行账户使用存折取款,王红使用银行卡取款。

【例 6-11】   银行取款程序存在问题的应用示例

```java
public class Account {
    private int balance = 9000;     //余额
    public int getBalance() {
        return balance;
    }
     //取款
    public void drawMoney(int amount) {
        balance = balance-amount;
    }
}
public class AccountThread implements Runnable {
     //所有用 AccountThread 对象创建的线程共享同一个账户对象
    private Account a1 = new Account();
    public void run() {
        for(int i = 0; i <3; i++) {
            makedrawMoney(3000);     //取款
```

```
            if(a1. getBalance( )< 0){
                System. out. println("账户透支了!");
            }
        }
    }
    private void makedrawMoney( int amt){
        if(a1. getBalance( )>= amt){
                System. out. println(Thread. currentThread( ). getName( )+ "准备取款");
                try {
                    Thread. sleep(1000);    //1 s 后实现取款
                } catch(InterruptedException ex){
                }
                // 如果余额足够,则取款
                a1. drawMoney( amt);
                System. out. println(Thread. currentThread( ). getName( )+ "完成取款");
        } else {
                // 余额不足给出提示
                System. out. println("余额不足以支付 "
                        + Thread. currentThread( ). getName( )+ "的取款,余额为 "
                        + a1. getBalance( ));
        }
    }
}
public class Example6_11{
    public static void main(String[ ] args){
        // 创建两个线程
        AccountThread a = new AccountThread( );
        Thread t1 = new Thread(a);
        Thread t2 = new Thread(a);
        t1. setName("王红妈妈");
        t2. setName("王红");
        // 启动线程
        t1. start( );
        t2. start( );
    }
}
```

程序运行结果如图 6-14 所示。

上面的程序中,首先定义了一个 Accout 类银行账户,然后定义了实现 Runnable 接口的 AccountThread 类,在这个类中有一个账户对象 a1,所有通过此类创建的线程都共享同一个账户对象 a1。在主类中创建了两个线程,分别用于实现王红妈妈和王红的取款功能。从程序的运行结果可以发现,虽然程序对余额进行了判断,但仍然出现了透支情况,这在实际生活中是不允许的。产生的原因就是在取款方法中,先检查余额是否充足,如果余额充足才能进行取款,在查询余额之后取款之前的这段时间里,另一个人可能已经完成了取款。此时余额可能不足,但当前线程还认为余额是充足的。例如,王红妈妈查询余额时发现还有 3 000 元,正打算取时,王红已经把这 3 000 元取走了,可是王红妈妈并不知情,所以她取款时便出现了透支情况。

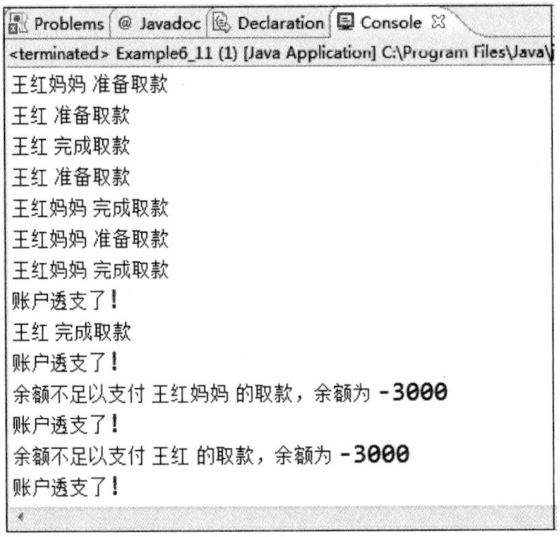

图 6-14

线程安全问题产生的原因主要有两种:其一,多个线程同时操作共享资源;其二,操作共享数据的线程代码有多条。当一个线程在操作共享数据的多条代码过程中,其他线程也参与了运算操作,就会导致线程安全问题的产生。

> 国家的安全与稳定关系着整个民族的切身利益,维护国家安全既是公民的权利,同时也是公民必须履行的义务。人身安全、财产安全、网络安全、信息安全等安全内容,与同学们的生活息息相关,日常生活中同学们要注意加强安全防范意识,避免发生一些不必要的安全事故。

2. 实现线程同步

为了解决上面存在的问题,在实际项目开发中就要使用线程同步。线程同步是指当多个线程需要访问同一资源时,需要以某种顺序来保证该资源在某一时刻只能被一个线程使用。

解决资源共享的同步问题的基本思想是:将多种操作共享资源的线程代码封装起来,只能有一个线程运行操作,其他线程暂时不能参与,必须等到当前线程运行完毕后,其他线程才能运行操作。一般情况下,采用同步方法和同步代码块来解决线程同步问题。

(1)同步方法

使用 synchronized 关键字将一种方法声明为同步方法,同步方法对类成员变量访问,每个类实例对应一把锁,一旦运行,独占该锁,直到该方法运行结束才释放锁。这种方式确保了同一时刻对应一个实例,其声明 synchronized 方法只有一个处于可运行状态,从而有效地避免了类成员变量的访问冲突。同步方法格式如下：

  Synchronized　返回类型　方法名{}

【例 6-14】　同步方法的使用示例

```java
public class Account {
    private int balance = 9000;    // 余额
    public int getBalance() {
        return balance;
    }
    // 取款
    public void drawMoney(int amount) {
        balance = balance- amount;
    }
}
public class AccountThread implements Runnable {
    // 所有用 AccountThread 对象创建的线程共享同一个账户对象
    private Account a1 = new Account();
    public void run() {
        for(int i = 0; i < 3; i++) {
            makedrawMoney(3000);    // 取款
            if(a1. getBalance() < 0) {
                System. out. println("账户透支了!");
            }
        }
    }
    private synchronized void makedrawMoney(int amt) {
        if(a1. getBalance() >= amt) {
            System. out. println(Thread. currentThread(). getName() + " 准备取款");
            try {
                Thread. sleep(1000);    // 1 s 后实现取款
            } catch(InterruptedException ex) {
            }
            // 如果余额足够,则取款
            a1. drawMoney(amt);
            System. out. println(Thread. currentThread(). getName() + " 完成取款");
        } else {
            // 余额不足给出提示
            System. out. println("余额不足以支付 "
                + Thread. currentThread(). getName() + " 的取款,余额为 "
                + a1. getBalance());
        }
    }
```

```
        }
    public class Example6_12{
        public static void main(String[] args){
            //创建两个线程
            AccountThread a = new AccountThread();
            Thread t1 = new Thread(a);
            Thread t2 = new Thread(a);
            t1.setName("王红妈妈");
            t2.setName("王红");
            //启动线程
            t1.start();
            t2.start();
        }
    }
```

程序运行结果如图 6-15 所示。

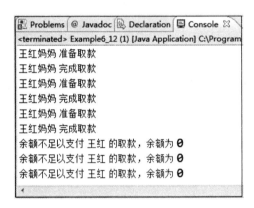

图 6-15

上面程序使用 synchronized 修饰取款方法 makedrawMoney(),取款方法成为同步方法后,当一个线程运行此方法时,这个线程获得了当前对象的锁,该方法运行结束后才能释放这个锁,在它解锁之前其他线程无法运行当前对象的 makedrawMoney()方法,这样就实现了方法同步。

（2）同步代码块

代码块是指用{}括起来的一段代码,根据位置和声明不同,分别有三种代码块:普通代码块、构造代码块和静态代码块。如果在代码块加上 synchronized 关键字,则称为同步代码块,它的格式如下:

```
synchronized(同步对象){
...      //程序同步代码
}
```

同步代码块必须有一个需要同步的对象,一般将 this 当前对象作为同步对象。

【例 6-13】 同步代码块的使用示例

```
public class Account {
    private int balance = 9000;      // 余额
    public int getBalance() {
        return balance;
    }
    // 取款
    public void drawMoney(int amount) {
        balance = balance-amount;
    }
}
public class AccountThread implements Runnable {
    // 所有用 AccountThread 对象创建的线程共享同一个账户对象
    private Account a1 = new Account();
    public void run() {
        for(int i = 0; i <3; i++) {
            makedrawMoney(3000);      // 取款
            if(a1.getBalance()< 0) {
                System.out.println("账户透支了!");
            }
        }
    }
    private void makedrawMoney(int amt) {
        synchronized(a1) {
            if(a1.getBalance()>= amt) {
                System.out.println(Thread.currentThread().getName()+ "准备取款");
                try {
                    Thread.sleep(1000);    //1 s 后实现取款
                } catch(InterruptedException ex) {
                }
                // 如果余额足够,则取款
                a1.drawMoney(amt);
                System.out.println(Thread.currentThread().getName()+ "完成取款");
            } else {
                // 余额不足给出提示
                System.out.println("余额不足以支付 "
                        + Thread.currentThread().getName()+ "的取款,余额为 "
                        + a1.getBalance());
            }
        }
    }
}
```

```
public class Example6_13{
    public static void main(String[] args){
    // 创建两个线程
    AccountThread a = new AccountThread();
    Thread t1 = new Thread(a);
    Thread t2 = new Thread(a);
    t1.setName("王红妈妈");
    t2.setName("王红");
    // 启动线程
    t1.start();
    t2.start();
    }
}
```

程序运行结果如图 6-16 所示。

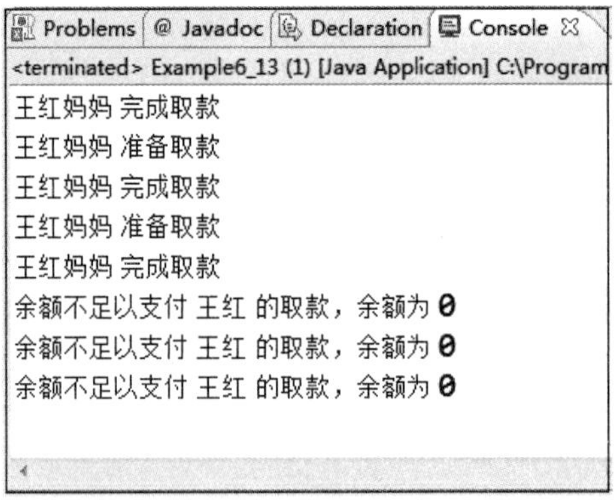

图 6-16

同步方法的锁是固定的 this,同步代码块的锁是任意对象,一般情况下建议使用同步代码块。

线程同步使用的前提是同步中必须有两个或两个以上的线程并使用同一个锁,同步能解决线程安全问题,但因为同步外的线程都会判断同步锁,相对降低了效率。

知识拓展

1. 死锁

两个线程都在等彼此完成任务,造成了程序的停滞,出现了死锁的现象。多线程在使用同步机制时,也存在"死锁"的可能性,如果多个线程处于等待状态而无法唤醒,就构成了死锁,此时处于等待状态的多个线程占用系统资源,但又不能运行,因此无法释放自身的资源。

两个或多个线程在等待两个或多个锁被释放,事实上这些解锁过程根本不会发生,所以线程陷入无限等待的状态,线程等待解锁的状态称为线程阻塞状态,错误的等待顺序是造成死锁的主要原因。

死锁产生的四个条件：

①互斥作用：一个线程使用资源时，其他线程不能使用。

②不能抢占：资源请求者只能等占有资源者主动释放才能占有资源，不能强行占有资源。

③请求和保持：资源请求者在请求其他资源时同时保持对原资源的占有。

④循环等待：在一个等待队列中，线程 A 占有线程 B 的资源，线程 B 占有线程 C 的资源，线程 C 占有线程 A 的资源，每个线程都在等对方释放资源，这样就形成了等待环路。

上述四种条件成立时，便造成了死锁。在编程时注意死锁的问题，采用有效避免死锁的方法：线程未满足某个条件而受阻，能让其继续占有资源；如果多个对象需要互斥访问，要明确线程获得锁的顺序，并确保整个程序以反顺释放锁。

例如：现在孙玲想要赵颖的水晶项链，赵颖想要孙玲的珍珠耳环。孙玲对赵颖说："把你的水晶项链给我，我就把珍珠耳环给你。"赵颖也对孙玲说："把你的珍珠耳环给我，我就把水晶项链给你。"此时他们彼此等待对方答复，最终的结果是：孙玲得不到赵颖的水晶项链，赵颖也得不到孙玲的珍珠耳环，这就形成了死锁，如图 6-17 所示。

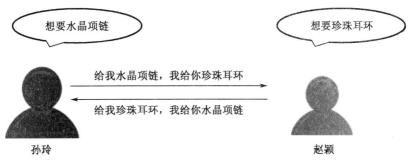

图 6-17 死锁现象

【例 6-14】 死锁的使用示例

```java
public class Sunling {
    public void say() {
        System. out. println("孙玲对赵颖说:把你的水晶项链给我,我就把珍珠耳环给你");
    }
    public void get() {
        System. out. println("孙玲得到了水晶项链");
    }
}
public class Zhaoying {
    public void say() {
        System. out. println("赵颖对孙玲说:把你的珍珠耳环给我,我就把水晶项链给你");
    }
    public void get() {
```

```
            System. out. println("赵颖得到了珍珠耳环");
        }
    }
    public class MyThread implements Runnable {      //实现 Runnable 接口
        private static Sunling sl=new Sunling();        //实例化 static 实例,达到数据共享
        private static Zhaoying zy=new Zhaoying();       //实例化 static 实例,达到数据共享
        private boolean flag=false;                     //标识,用于判断哪个对象先运行
        public MyThread(boolean flag){
            this. flag=flag;
        }
        public void run(){        //覆盖 run()方法
            if(this. flag){          //判断标识
                synchronized(sl){       //同步第一个对象 sl
                    sl. say();          //调用第一种方法()
                    try {
                        Thread. sleep(1000);    //延时 1 s
                    } catch(InterruptedException e){
                        e. printStackTrace();
                    }
                    synchronized(zy){  //同步 zy 对象
                        sl. get();      //调用第二种方法
                    }
                }
            }else{
                synchronized(zy){      //同步第二个对象 zy
                    zy. say();          //调用第一种方法()
                    try {
                        Thread. sleep(1000);    //延时 1 s
                    } catch(InterruptedException e){
                        e. printStackTrace();
                    }
                    synchronized(sl){  //同步一个对象 sl
                        zy. get();      //调用第二种方法
                    }
                }
            }
        }
    }
    public class Example6_14 {      //测试因同步而造成的线程死锁
        public static void main(String[] args){
            MyThread m1=new MyThread(true);      //定义线程功能类的实例对象 m1
            MyThread m2=new MyThread(false);     //定义线程功能类的实例对象 m2
            Thread t1=new Thread(m1,"线程 1");     //实例化 Thread 实例,命名为"线程 1"
```

```
    Thread t2=new Thread(m2,"线程 2");      //实例化 Thread 实例,命名为"线程 2"
    t1.start();      //开启 t1 线程
    t2.start();      //开启 t2 线程
    }
}
```

程序运行结果如图 6-18 所示。

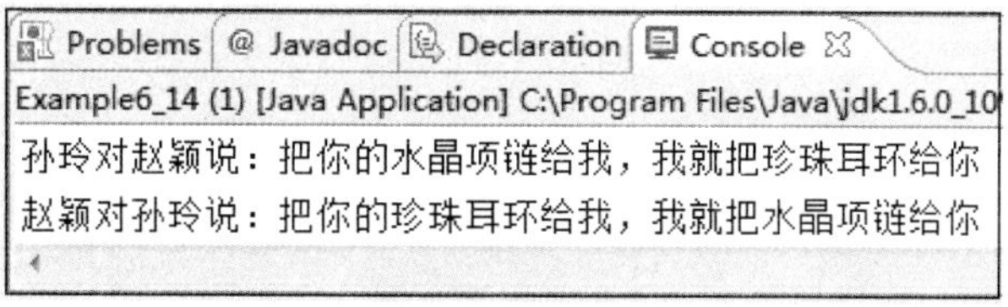

```
🔳 Problems  @ Javadoc  🔍 Declaration  🖥 Console  ☒
Example6_14 (1) [Java Application] C:\Program Files\Java\jdk1.6.0_10
孙玲对赵颖说:把你的水晶项链给我,我就把珍珠耳环给你
赵颖对孙玲说:把你的珍珠耳环给我,我就把水晶项链给你
◄
```

图 6-18

从程序的运行结果可以发现两个程序都在等待对方运行完成,释放锁;这样程序就无法向下运行,造成了死锁。

生活中为了避免出现上面程序中的"死锁"现象,人与人之间相处要知己知彼、互惠互利。有一位盲人,在漆黑的夜晚,没有路灯的道路上,他手举一盏灯走路,旁边的路人很不解,说:"你看不见,举灯走路,不是徒劳吗?"可是这位盲人却说:"我是看不见,但是其他的路人能看清路,这样就碰不到我了。"这位盲人帮人如帮己。同学们在生活中要学会利益共存、力争双赢的道理。

任务实现

子任务 6.1.3 微视频

1. 任务分析

分析任务题目,可以得出以下信息:

①设计一个实现 Runnable 接口的线程类 RegisterWindow,2 个挂号窗口共享一个挂号资源,采用线程同步机制;

②线程类 RegisterWindow 包含一个 registeration 挂号数属性,一个挂号同步方法 register();

③在 run()方法调用挂号方法 register();

④编写主类,在 main()方法中创建 2 个挂号窗口线程,进行程序测试。

2. 任务编码

通过分析可以编写下列代码以任务实现功能:

```
public classRegisterWindow implements Runnable {
    private int registeration =5;
    public void run(){
```

```
            while(registeration>0){
                try {
                    this. register();
                    Thread. sleep(1000);
                } catch(InterruptedException e){
                    // TODO Auto-generated catch block
                    e. printStackTrace();
                }
            }
        }
    public synchronized void register(){
        if(registeration > 0){
            System. out. println(Thread. currentThread(). getName()+ "目前还有" + registeration +"张
专家号");
                registeration--;
            System. out. println(Thread. currentThread(). getName()+"挂完 1 张, 还剩" + registeration
+"张专家号");
            } else {
            System. out. println("今天专家号已挂完!");
            try {
                wait();
            } catch(InterruptedException e){
                // TODO Auto-generated catch block
                e. printStackTrace();
            }
        }
    }
}
public classTask6_1_3 {
    public static void main(String[ ] args) {
        RegisterWindow rw = new RegisterWindow();
        Thread t1 = new Thread(rw,"挂号窗口 1");
        Thread t2 = new Thread(rw,"挂号窗口 2");
        t1. start();
        t2. start();
    }
}
```

3. 运行结果

程序运行结果如图 6-19 所示。

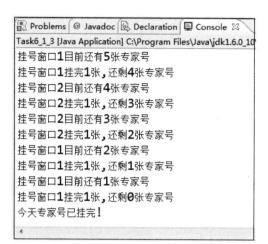

图 6-19

知识源于生活,又服务于生活,利用多线程知识可以解决医院挂号问题,使人们的生活方便快捷。当今社会竞争越来越激烈,知识更新速度快,对个人能力的要求越来越高。每个人都要面对职场竞争,作为新时代大学生,明白"技不压身"的道理,多学技能,为进入职场做好准备,才能在未来职场竞争中拥有属于自己的一片天空。

能力提升

一、选择题

1. 下面说法中不正确的是( )。
   A. 同步解决了线程安全的问题
   B. 同步代码块的锁是任意对象
   C. 同步中必须有一个或多个线程使用同一个锁
   D. 同步方法的锁是固定的 this

2. 在 Java 语言中,使用( )关键字可以实现线程的同步操作。
   A. wait   B. synchronized   C. yield   D. sleep

二、填空题

1. 线程同步是指当_____线程需要访问同一资源时,需要以某种顺序来保证该资源在某一时刻只能被_____线程使用。

2. 在 Java 中,实现线程的同步有两种方法:一种是_____,另一种是同步方法。

3. 两个线程彼此都在等待对方完成任务,造成程序的停滞,这种现象称为_____。

✦ 三、编写程序

模拟电影院售票系统,假设仅有 3 张电影票,2 个窗口同时进行售票,如果票数小于 0,则停止售票;如果有窗口退票,则票数加 1,可以继续售票。

子任务 6.1.4　生产者与消费者模型的应用

任务描述

编程演示生产者与消费者模型。

预备知识

1. 多线程通信的必要性

前面我们学习了 Java 语言中的多线程同步,了解了多线程同步的重要性。通过线程同步正确访问共享资源,各个线程之间不存在依赖关系,相互独立,它们各自竞争 CPU 资源,阻止其他线程对共享资源的异步访问。可是,在现实问题中不仅同步地访问共享资源,线程间还要相互通信,彼此联系,互相牵制。

图 6-20 描述了生产者与消费者的情况。

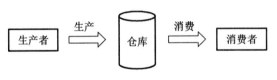

图 6-20　生产者与消费者

生产者和消费者共享一个资源,并且生产者和消费者之间是相互依赖的,生产者生产商品,消费者消费商品,如果没有商品消费者不能消费。同理,存储商品的仓库没有货位,生产者不能生产商品。使用线程同步可以阻止并发更新同一共享资源,但不能实现不同线程之间的消息传递,解决生产者与消费者的问题要使用线程通信。

2. 实现线程通信

Java 提供 3 种方法来实现线程之间的通信。

wait( )方法:让正在运行的线程挂起,使当前正在运行的线程失去 CPU 资源,释放共享资源的锁。

notify( )方法:调用任意对象的 notify( )方法唤醒因调用该对象 wait( )方法而阻塞的任意一个线程,但要等到获得锁后才真正运行。

notifyAll( )方法:唤醒因调用该对象 wait( )方法而阻塞的所有线程。

wait( )、notify( )、notifyAll( )方法都是 Object 类的 final 方法,被所有的类继承且不允许覆盖,它们必须在 synchronized 修饰的代码中使用,否则会抛出异常。

【例 6-15】 线程通信的使用示例

```
public class MulThread implements Runnable{
    public static void main(String[] args) {
        MulThread mt = new MulThread();
        Thread t1 = new Thread(mt, "线程 A");
        Thread t2 = new Thread(mt, "线程 B");
        t1. start();
        t2. start();
    }
// 同步 run() 方法
    synchronized public void run() {
        for(int i = 1; i<6; i++) {
            System. out. println(Thread. currentThread(). getName() +i);
            if(i == 3) {
                try {
                    wait();     // 退出运行态, 放弃资源锁, 进入等待队列
                } catch(InterruptedException e) {
                    e. printStackTrace();
                }
            }
            if(i == 2) {
                notify();    // 从等待队列中唤起一个线程
            }
            if(i == 5) {
                notify();
            }
        }
    }
}
```

程序运行结果如图 6-21 所示。

上面程序中 main() 方法中启动线程 t1 和 t2,由于 run() 采用同步方法,t1 先运行了 run() 方法;i = 3 时,运行 wait() 方法,挂起当前线程,释放共享资源的锁,t2 开始运行;i = 2 时,调用 nofity() 方法,唤醒一个线程,此时 t1 等待 t2 释放对象锁,依次继续直到程序结束。

3. 生产者和消费者问题

在软件开发过程中,遇到如下场景:某个模块负责产生数据,这些数据由另一个模块来负责处理(此处的模块是广义的,可以是类、函数、线程、进程等)。产生数据的模块称为生产者,而处理数据的模块称为消费者。

只抽象出生产者和消费者,还算不上是生产者/消费者模式。该模式还需要一个缓冲区,即处于生产者和消费者之间的中介。生产者把数据放入缓冲区,而消费者则从缓冲区取出数据。

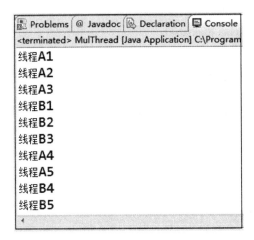

图 6-21

生产者不断生产信息,消费者不断取出信息。为简化问题,我们先讨论一个生产者和一个消费者,即生产一个消费一个。定义三个对象:商品、生产者、消费者。其中生产者和消费者使用多线程技术并发操作,商品类具有编号属性,具有生产和消费行为。

【例 6-16】 单一生产者与消费者的使用示例

```java
public class Commodify {
    private int n = 0;    // 商品编号
    private boolean flag = false;    // 设置标识
     // 定义生产数据同步方法
    public synchronized void set() {
        if(flag) {
            try {
                this. wait();    // 等待消费者取走数据
            } catch(InterruptedException e) {
                e. printStackTrace();
            }
        }
    n++;
    System. out. println("生产者生产商品"+this. n);
    flag = true;    // 标记改为生产
  // this. notify();
}
// 定义读取数据同步方法
public synchronized void get() {
    if(!flag) {
        try {
            this. wait();    // 没有商品等待生产
        } catch(InterruptedException e) {
```

```
                e. printStackTrace();
            }
        }
        // 取走数据
        System. out. println("消费者消费商品"+this. n);
        flag = false;     // 修改标识的值为 false
    // this. nofity();
        }
}
public class Producer implements Runnable {
    private Commodify commodify;     // 定义自己的属性, 类型为 Commodify
    // 为了让生产者和消费者达到共享资源的目的, 资源由外界传入
    public Producer(Commodify commodify) {
        this. commodify = commodify;
    }
    public void run() {     // 生产者运行任务
        while(true) {
            commodify. set();
        }
    }
}
public class Consumer implements Runnable {
    private Commodify commodify;     // 消费者消费商品
        public Consumer(Commodify commodify) {
        this. commodify = commodify;
    }
    public void run() {     // 生产者运行任务
        while(true) {
            commodify. get();
        }
    }
}
public class Example6_16 {     // 生产者消费者模型初步实现
    public static void main(String[ ] args) {
        Commodify commodify = new Commodify();     // 共享的数据对象
        Producer p = new Producer(commodify);     // 生产者线程功能实现类的对象 p
        Consumer c = new Consumer(commodify);     // 消费者线程功能实现类的对象 c
        Thread t1 = new Thread(p);     // 定义 Thread 实例对象
        Thread t2 = new Thread(c);     // 定义 Thread 实例对象
        t1. start();         // 开启线程 t1
        t2. start();         // 开启线程 t2
    }
}
```

程序运行结果如图 6-22 所示。

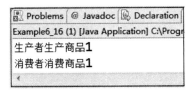

图 6-22

知识拓展

1. 多生产者与多消费者问题

在程序设计中,需要考虑多生产者与多消费者的问题,生产者的生产条件是只要仓库为空即可生产,消费者的消费条件是只要仓库中有商品即可消费。但是同一个商品不能被多个消费者同时消费,使用 notifyAll( )方法唤醒同一锁中所有等待的线程。

【例 6-17】　多个生产者与消费者的使用示例

```java
public class Commodify {
    private int n = 1;
    private boolean flag = false;
    private int[ ] store = new int[30];    //定义仓库
    private int count;
    public Commodify( ) {
        count = 0;
        for( int i = 0; i<store. length; i++) {
            store[i] = 0;
        }
    }
    public synchronized void set( ) {
        int i = 0;
        while( flag) {
            try {
                this. wait( );    // 无货,生产需要等待
            } catch(InterruptedException e) {
                e. printStackTrace( );
            }
            if( store[ i%30] = = 0) {
                flag = false;
                count = i%30;
            }
            i++;
        }
        count = count%30;
```

```
            store[count] =n++;
            System. out. println( Thread. currentThread( ). getName( )+"生产者生产商品"+store[count++] );
            flag =true;
            this. notifyAll( );
    }
    public synchronized void get( ) {
        int i =0;
        while( ! flag) {        //无货,消费需要等待
            try {
                    this. wait( );
            } catch( InterruptedException e) {
                    e. printStackTrace( );
            }
            if( store[ i%30]! =0) {
                flag =true;
            }
        }
        for( int j =0; j<store. length; j++) {
            if( store[ j]! =0) {
                System. out. println( Thread. currentThread( ). getName( )+"消费者消费商品"+store[ j] );
                store[ j] =0;
            }
        }
        flag =false;
        this. notifyAll( );
    }
}
public class Producter implements Runnable {
        private Commodify commodify;        //定义自己的属性,类型为 Commodify
        public Producter( Commodify commodify) {
            this. commodify =commodify;
        }
        public void run( ) {     //生产者运行任务
            while( true) {
            try{
                Thread. sleep( 100) ;
             }catch( InterruptedException e) {
                    e. printStackTrace( );
            }
            commodify. set( );
            }
        }
}
```

```
public class Consumer implements Runnable {
    private Commodify commodify;      // 消费者消费商品
        public Consumer( Commodify commodify) {
        this. commodify = commodify;
    }
    public void run( ) {    // 生产者运行任务
        while( true) {
        try{
            Thread. sleep( 100) ;
         }catch( InterruptedException e) {
                e. printStackTrace( );
        }
        commodify. get( ) ;
        }
    }
}
public class Example6_17 {    // 生产者与消费者模型初步实现
    public static void main( String[ ] args) {
        Commodify commodify = new Commodify( ) ;    // 共享的数据对象
        Producer p1 = new Producer( commodify) ;
        Producer p2 = new Producer( commodify) ;
        Consumer c1 = new Consumer( commodify) ;
        Consumer c2 = new Consumer( commodify) ;
        Thread t1 = new Thread( p1, "王强") ;
        Thread t2 = new Thread( c1, "刘红") ;
        Thread t3 = new Thread( p2, "赵颖") ;
        Thread t4 = new Thread( c2, "白璐") ;
        t1. start( ) ;       // 开启线程 t1
        t2. start( ) ;       // 开启线程 t2
        t3. start( ) ;       // 开启线程 t3
        t4. start( ) ;       // 开启线程 t4
    }
}
```

程序运行结果如图 6-23 所示。

图 6-23

上面程序中,对生产者使用 while 循环判断仓库是否有空位置,对消费者使用 while 循环判断仓库是否有商品。

任务实现

1. 任务分析

分析任务题目,可以得出以下信息:

①定义一个共享资源类 ShareResource;

②使用文件类的 listFiles( )方法,显示目录中所有内容;

③重载 list( )方法,使用 FilenameFilter 过滤器;

④使用 accept( )方法进行判断,获得指定类型的文件。

子任务 6.1.4 微视频

2. 任务编码

通过分析可以编写下列代码以任务实现功能:

```java
//共享资源类
class ShareResource{
    private char c;
    private boolean isProduced = false;     //信号量
    //同步方法 putShareChar( )
    public synchronized void putShareChar(char c){
        //如果产品还未消费,则生产者等待
        if(isProduced){
            try{
                System.out.println("消费者没有消费,生产者暂停生产");
                wait();     //生产者等待
            } catch(InterruptedException e){
                e.printStackTrace();
            }
        }
        this.c = c;
        isProduced = true;     //标记已经生产
        notify();     //通知消费者已经生产,可以消费
        System.out.println("生产了产品" + c + ",通知消费者消费");
    }
    //同步方法 getShareChar( )
    public synchronized char getShareChar(){
        //如果产品还未生产,则消费者等待
        if(!isProduced){
            try{
                System.out.println("生产者还未生产,消费者暂停消费");
                wait();  //消费者等待
            } catch(InterruptedException e){
```

```
                    e. printStackTrace();
                }
            }
            isProduced = false;     // 标记已经消费
            notify();     // 通知需要生产
            System. out. println("消费者消费了产品" + c + ", 通知生产者生产");
            return this. c;
        }
    }
    // 生产者线程类
    class Producer extends Thread {
        private ShareResource s;
        Producer(ShareResource s) {
            this. s = s;
        }
        public void run() {
            for(char ch = '1'; ch <= '3'; ch++) {
                try{
                    Thread. sleep(1000);
                } catch(InterruptedException e) {
                    e. printStackTrace();
                }
                s. putShareChar(ch);     // 将产品放入仓库
            }
        }
    }
    // 消费者线程类
    class Consumer extends Thread {
        private ShareResource s;
        Consumer(ShareResource s) {
            this. s = s;
        }
        public void run() {
            char ch;
            do {
                try{
                    Thread. sleep(1000);
                } catch(InterruptedException e) {
                    e. printStackTrace();
                }
                ch = s. getShareChar();     // 从仓库中取出产品
            } while(ch != '3');
        }
```

```
}
// 主类
public class Task6_1_4{
    public static void main(String[] args){
        // 共享同一个共享资源
        ShareResource s = new ShareResource();
        // 消费者线程
        new Consumer(s).start();
        // 生产者线程
        new Producer(s).start();
    }
}
```

3. 运行结果

程序运行结果如图 6-24 所示。

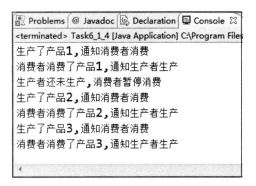

图 6-24

　　上面程序中,首先运行消费者线程,生产者线程没有启动,此时消费者没有产品消费,所以消费者线程处于等待状态。生产者生产了产品 1 通知消费者消费,此时消费者停止等待,进入仓库领取产品 1 进行消费。当消费者进程启动时,由于生产者还未生产,消费者只能暂停消费,生产者再次生产产品,消费者进行消费。消费者消费了产品,立刻通知生产者继续生产。

　　纸上得来终觉浅,绝知此事要躬行。就是说,从书本上得到的知识终归是浅显的,要想认清事物的根本或道理的本质,就得用自己亲身的实践,去探索发现。同学们要将知识应用于实际项目开发,面对复杂的任务代码,各小组要分工协作,把项目任务设计好、完成好,在编写代码过程中养成仔细认真、精益求精的工匠精神。

能力提升

一、选择题

1. 用(　　)关键字可以实现线程的等待操作。
    A. notify　　　　　　B. synchronized　　　　　　C. wait　　　　　　D. sleep

2. 用(　　)关键字可以实现唤醒等待线程的操作。
    A. wait　　　　　　B. nofity　　　　　　C. notifyAll　　　　　　D. synchronized

二、填空题

1. 在 Java 中,wait( )、notify( )、notifyAll( )方法都定义在_____类中。

2. wait(long time)方法中的参数指等待的时间,以_____为单位。

三、编程题

    职工刘艳丽有两个主管——主管 M 和主管 N,他们经常会根据刘艳丽的表现给她调整工资,有时增加,有时减少。试用两个线程来运行主管 M 和主管 N 给刘艳丽调整工资的工作,请使用线程同步解决数据完整性的问题。

学习评价

班级		学号		姓名	
任务 6.1　实现多线程编程				课程性质	理实一体化
知识评价(30 分)					
序号	知识考核点			分值	得分
1	进程和线程			5	
2	线程的各种操作			10	
3	线程的同步			10	
4	生产者和消费者模型			5	
任务评价(60 分)					
序号	任务考核点			分值	得分
1	线程创建			5	
2	多线程实现程序设计			15	
3	线程同步程序设计			20	
4	生产者消费者设计			10	
5	程序测试			10	

班级		学号		姓名	
任务6.1　实现多线程编程			课程性质	理实一体化	
思政评价（10分）					
序号	思政考核点			分值	得分
1	思政内容融于课堂安全的表现			5	
2	仔细认真、团队合作、精益求精的工匠精神			5	
违纪扣分（20分）					
序号	违纪考查点			分值	扣分
1	上课迟到早退			5	
2	上课打游戏			5	
3	上课玩手机			5	
4	其他扰乱课堂秩序的行为			5	
综合评价				综合得分	

任务 6.2　设计 GUI 图形界面

学习目标

【知识目标】

1. 了解 GUI 技术，掌握 GUI 顶层容器、常用组件的属性及方法设置；

2. 理解 GUI 布局管理的概念，掌握常用布局的使用；

3. 理解 GUI 事件处理模型、监听机制和常用事件，掌握事件处理过程及对事件处理过程的使用。

【任务目标】

1. 熟悉 GUI 顶层容器、常用组件的属性及方法设置，设计图形用户界面；

2. 掌握 GUI 常用布局及其使用，设计布局管理界面的项目；

3. 能够独立完成 GUI 界面的设计及事件的处理的项目。

【素质目标】

1. 具有积极向上的兴趣爱好；

2. 具有程序开发设计的能力；

3. 具有良好的心理素质。

子任务 6.2.1　组件的使用

任务描述

设计如图 6-25 所示系统登录窗口。

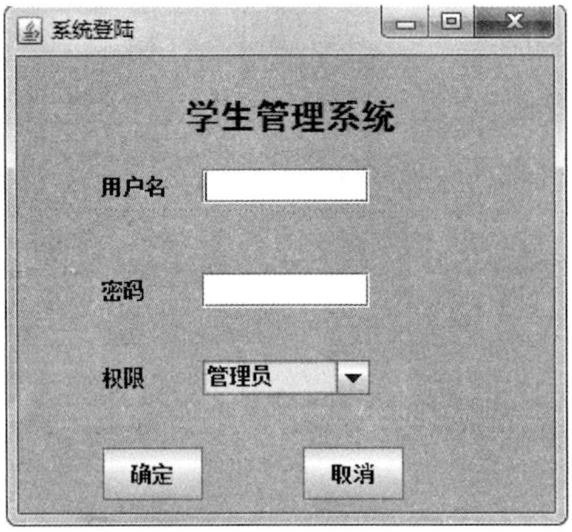

图 6-25　系统登录窗口

预备知识

图形用户界面(Graphics User Interface,GUI)是用户与计算机交互的一种重要方式,通过直观的图形界面可以接收用户输入数据,显示程序运行的结果,极大地方便了用户的使用,以图形化方式显示操作界面的技术得到广泛的应用。Java 的 GUI 技术成为桌面应用开发的一项重要内容,从最初的抽象窗口工具包 AWT 到 Swing 开发技术,都是在满足不同时期、不同场景的需求。

Java 为 GUI 提供的对象包含在 java.awt 包和 javax.swing 包中。其中,awt 包依赖于操作系统,组件种类有限,称为重量级组件;swing 包不依赖于操作系统,可植性强,使用纯 Java 语言编写,称为轻量级组件。

1. AWT 技术

AWT 称为抽象窗口工具包,在 Java 语言发展初期,用于实现图形化界面的组件都放在 java.awt 包中,这个包需要依赖具体的平台来实现图形化界面,AWT 编写的程序在不同平台上运行,可能会出现不同的运行效果。

Component 类是图形界面组件的超类,AWT 支持常用的组件有标签、文本框、文本区域、单选框、复选框、按钮、菜单、列表、滚动条、高级窗口、可视控件等,每个组件都能提供对应的方法,实现组件功能。AWT 的体系结构如图 6-26 所示。

2. Swing 技术

Swing 技术是一个以 AWT 技术为基础,进行巨大改进的 Java GUI 开发包。它采用新的组件实现机制,除顶层容器外,Swing 采用了不依赖于平台的实现方法,可以完全使用 Java

实现相关组件,组件数量丰富、功能强大且使用方便灵活,与无台无关,通常称 Swing 为轻量级组件。

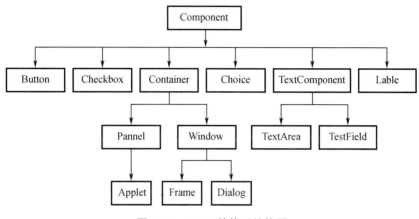

图6-26　AWT 的体系结构图

Swing 支持可更换的观感与主题,即可以更换界面的皮肤,使开发的图形界面具有可以更改默认界面显示外观的特性,实现动态地改变界面外观。实际设计中,Swing 不仅具有开发包中提供的 Metal、Windows 界面样式,也可以使用第三方开发界面外观样式,还可以自己开发个性化的外观样式。Swing 组件的设计使用了大量的"模型-视图-控制器"设计模式,这种设计方式增加了组件使用难度,但大大提高了 Swing 的灵活性。

Swing 虽然比 AWT 具有明显的优势,但是由于 Swing 采用轻量级的设计技术,导致运行速度慢。使用 Swing 应用程序要比本地程序反应慢一些。Swing 虽然功能强大,但组件复杂,开发者使用它开发良好的程序界面,需要具备精湛的技术和能准确理解 Swing 组件体系的良好素养。因此不能使 Java 成为构建桌面应用程序的最优秀工具。

工具包中所有的包都是以 Swing 作为名称,例如 javax. swing. event、javax. swing。Swing 程序的显示界面一般是分层的,顺序为容器、面板和组件,容器在最底层,Swing 组件在最上层。

3. 常用的 AWT 组件

GUI 界面设计包括界面的布局和界面内组件的创建。界面的组件类主要有容器类组件、菜单类组件、非容器类组件等。Java 的界面组件类都是从 Component 派生出来的,它们在 java. awt 包和 javax. swing 包中。编程时,我们根据项目的需要选用不同的组件。

（1）Frame 类

Frame 窗体容器类是一个带有边框的窗口,是比较常用的容器类。通常情况下,使用 Frame 类实例化一个独立的窗口对象,然后再往窗体中添加其他的容器或组件,但不允许其他容器包含 Frame。Frame 类的常用方法如表6-3所示。

表 6-3　Frame 类的常用方法

序号	方法名称	功能描述
1	public Frame( )	构造一个没有标题的窗体对象
2	public Frame(String title)	构造一个带有标题的窗体对象
3	public Component add(Component c)	向窗体中添加指定的组件
4	public String getTitle( )	获取窗体的标题名称
5	public void setTitle(String title)	设置窗体的标题
6	public void setMenuBar(MenuBar m)	设置窗体的菜单栏
7	pubic void setBounds(int x, int y, int width, int height)	设置窗体位置(x,y)，大小(wdith,height)
8	public void setVisible(boolean b)	设置窗体的可见性，参数 b 为 true 表示可见，为 false 表示不可见
9	public boolen isFocused( )	如果是焦点窗口，返回 true
10	public void dispose( )	释放资源，所有内存都返回操作系统
11	public void setLayout(LayoutManager m)	设置窗体组件的排列方式
12	show( )	显示窗体

【例 6-18】　Frame 可视化界面设计的示例

```
import java. awt. Frame;
import java. awt. Color;
public class Example6_18 extends Frame {
    public static void main( String args[ ] ) {
        Example6_18 f = new Example6_18( );    // 创建对象
        f. setTitle("Frame 窗口");    // 设置窗口的标题
        f. setBounds( 300, 300, 300, 200 );    // 设置窗口的大小和位置
        f. setBackground( Color. red );
        f. show( ); // 设置窗口是可见的
    }
}
```

程序运行结果如图 6-27 所示。

图 6-27

上面程序中,在屏幕的位置(300,300)处,显示宽为300、高为200背景是红色的窗口,请注意,默认情况下,程序运行时窗体不显示,必须使用 show( )或 setVisible( )方法来设置窗体的可见性。

（2）Panel 类

Panel 窗格容器类用作组织组件的,其上可以放图形用户界面的组件,也可以放另一个 Panel,每个 Panel 可以有不同的版面,是一个比较简单的容器。Panel 类的常用方法如表6-4所示。

表6-4　Panel 类的常用方法

序号	方法名称	功能描述
1	public Panel( )	创建一个 Panel 对象
2	public Panel(LayoutManager layout)	创建一个有布局管理器的 Panel 对象
3	public Component add(Component c)	向窗格中添加指定的组件
4	public void setVisible(boolean b)	设置窗格的可见性,参数 b 为 true 表示可见,为 false 表示不可见
5	public void setLayout(LayoutManager m)	设置窗格布局管理器 m

【例6-19】　Panel 窗格容器类的示例

```java
import java. awt. * ;
import java. awt. Color;
public class Example6_19{
    public static void main( String args[ ] )
        {
            Panel p1 = new Panel( );
            p1. setSize( 100, 100) ;
            p1. setBackground( Color. pink) ;
            Panel p2 = new Panel( );
            p2. setSize( 50, 50) ;
            p2. setBackground( Color. green) ;
            Frame f = new Frame( );
            f. setLayout( null) ;
            f. setTitle( "Panel") ;
            f. add( p1) ;
            p1. setLayout( null) ;
            p1. add( p2) ;
            f. show( ) ;
        }
}
```

程序运行结果如图6-28所示。

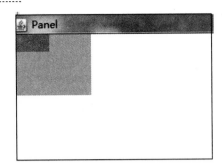

图 6-28

4. 常用的 Swing 组件

Java 图形界面设计时至少要有一个顶级容器,常用的 Swing 顶级容器有 JFrame、JDialog、JApplet。

(1) JFrame

JFrame 框架表示主程序窗口,它存放在 javax. swing 包中,提供了图形界面的组件,通常 Swing 中的组件称为轻量级组件。JFrame 与 AWT 组件中的 Frame 相似,这里不做详细介绍。

(2) JPanel

JPanel 面板通常把一些相关组件组织起来,构建出操作简单、布局良好的界面。创建 JPanel 实例化对象,把它放在容器中,一个 JPanel 包含多个子类的 JPanel,实现多层次嵌套。

(3) JDialog

JDialog 对话框通常是一个临时的窗口,显示提示信息或接受用户输入,在对话框中一般窗口大小固定,不使用菜单条。JDialog 的常用方法如表 6-5 所示。

表 6-5   JDialog 的常用方法

序号	方法名称	功能描述
1	public JDialog( )	创建一个没有标题和父窗体的对话框
2	public JDialog(Frame f)	创建一个指定父窗体的对话框,但窗体没有标题
3	public JDialog(Frame f,boolean model)	创建指定模式的父窗体对话框,但窗体没有指定的标题
4	public JDialog(Frame f,String title)	创建一个指定父窗体和标题的对话框
5	public JDialog(Frame f,String title,boolean model)	创建一个指定窗体、标题和模式的对话框
6	public JDialog(Dialog owner)	创建一个指定另一个对话框的对话框,该对话框无标题
7	public JDialog(Dialog owner,String title)	创建一个指定父对话框和标题的对话框
8	public JDialog(Dialog owner,boolean model)	创建一个指定模式的父对话框的对话框,该对话框没有指定标题
9	public JDialog(Dialog owner,String title,boolean model)	创建一个指定对话框、标题和模式的对话框

其中 Frame 类型参数表示对话框的父类,boolean 类型参数用于控制对话框的工作方式,值为 true 代表对话框可见,其他组件不能接受用户输入,此时对话框为静态;值为 false 表示对话框和所属窗口可以互相切换。String 类型参数表示对话框标题。根据实际需要,在对话框中可以添加其他组件。

【例 6-20】 JDialog 对话框的使用示例

```
import javax. swing. * ;
import java. awt. GridLayout;
public class Example6_20{
    public static void main(String[] args) {
        // TODO Auto-generated method stub
        JFrame jf = new JFrame("JDialog");
        JDialog jd = new JDialog(jf,"对话框", false);    // 模式对话框
        JPanel jp=new JPanel();
        jp. setLayout(new GridLayout(1, 2));             // GridLayout 布局,1 行 2 列
        jp. add(new JButton("确定"));
        jp. add(new JButton("取消"));
        // 向对话框添加标签
        jd. add(new JLabel("你将关闭 Java 程序吗?"), "Center");
        jd. add(jp, "South");                            // 向对话框添加面板
        jf. setBounds(100, 100, 300, 200);
        jd. setBounds(150, 150, 200, 100);
        jf. show();
        jd. show();
        jf. setDefaultCloseOperation(JFrame. EXIT_ON_CLOSE);
    }
}
```

程序运行结果如图 6-29 所示。

图 6-29

(4)JLabel 类

JLabel 对象可以显示文本或图像,一般用作标识或提示信息。设置垂直和水平对齐方

式,指定标签内容的对齐方式。只显示文本的标签,默认情况下为左对齐;只显示图像的标签,默认情况下为水平居中对齐;既有文本又有图像的标签,默认情况下,文本和图像垂直对齐,水平方向文本在图像的结尾处。JLabel 类的常用方法如表 6-6 所示。

表 6-6　JLabel 类的常用方法

序号	方法名称	功能描述
1	public JLabel( )	创建没有标题和图像的 JLabel 对象
2	public JLabel(Icon image)	创建指定图像的 JLabel 对象
3	public JLabel(String text)	创建指定文本的 JLabel 对象
4	public JLabel(String text,Icon icon,int horizontalAlignment)	创建一个指定文本、图像和水平对齐方式的 JLabel 对象
5	public JLabel(String text,int horizontalAlignment)	创建一个指定文本和水平对齐方式的 JLabel 对象
6	getHorizontalAlignment(int alignment)	返回标签内容沿水平轴的对齐方式
7	getHorizontalTextPosition(int textPosition)	返回标签的文本相对图像的水平位置
8	getIcon( )	返回标签显示的图形图像
9	getText( )	返回标签所显示的文本字符串
10	setHorizontalAlignment(int alignment)	设置标签内容沿水平轴的对齐方式
11	setIcon(Icon icon)	定义组件显示的图标
12	setText(String text)	定义组件要显示的单行文本
13	setVerticalAlignment(int alignment)	设置标签内容沿垂直轴的对齐方式
14	setVerticaTextPosition(int textPosition)	设置标签的文本相对图像的垂直位置
15	SetUI(LabelUI ui)	设置呈现此组件的 UI 对象

【例 6-21】　JLabel 的使用示例

```
import javax. swing. * ;
public class Example6_21{
    public static void main(String[ ] args){
        JFrame jf = new JFrame("JLabel");
        jf. setSize(250,150);
        JLabel l1;
        l1 = new JLabel("欢迎进入超市结账系统 ");
        l1. setSize(100,20);
        jf. add(l1);
        jf. setDefaultCloseOperation(JFrame. EXIT_ON_CLOSE);
        jf. show();
    }
}
```

程序运行结果如图 6-30 所示。

图 6-30

（5）JButton 类

JButton 类继承 AbstractButton 抽象类，定义了许多组件设置方法和事件驱动方法，如 setText()等。JButton 类用于创建按钮，是非常重要的一个类，其常用方法如表 6-7 所示。

表 6-7　JButton 类的常用方法

序号	方法名称	功能描述
1	JButton(Icon icon)	创建有图标的按钮
2	JButton(String text,Icon icon)	创建有文本内容和图标的按钮
3	getText()	获取按钮文本内容
4	setText()	设置按钮文本内容
5	setIcon(Icon picture)	设置按钮图标
6	sctText(String s)	设置标签内容
7	getText()	获取标签内容

【例 6-22】　JButton 的使用示例

```
import javax. swing. * ;
public class Example6_22{
    public static void main(String[] args) {
        JFrame jf = new JFrame("JButton");
        jf. setSize(250,150);
        jf. setDefaultCloseOperation(JFrame. EXIT_ON_CLOSE);
        JPanel jp = new JPanel();
        jf. setContentPane(jp);
        JButton b1 = new JButton("是");
        JButton b2 = new JButton("否");
        jp. add(b1);
        jp. add(b2);
        jf. show();
```

```
        }
    }
```

程序运行结果如图 6-31 所示。

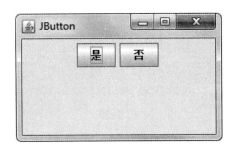

图 6-31

（6）文本组件 JTextField、JPasswordField、JTextArea

文本组件完成文本的录入，包括文本域（JTextField）、密码（JPasswordField）和文本区（JTextArea）。JTextComponent 是所有 Swing 文本组件的基类。

①文本域 JTextField

文本域 JTextField 实现了单行文本的输入。JTextField 类的常用方法如表 6-8 所示。

表 6-8　JTextField 类的常用方法

序号	方法名称	功能描述
1	JTextField( )	创建文本框对象
2	JTextField(int m)	创建长度为 m 个字符长度的文本框
3	JTextField(String s)	创建初始字符串为 s 的文本框
4	JTextField(String s, int x)	创建初始字符串为 s、长度为 x 的文本框
5	setText(String s)	设置文本框的内容
6	getText( )	获取文本框的内容
7	getColumns( )	获取文本框的字符个数
8	setEditable(boolean b)	设置文本框的可编辑性，默认值为可编辑
9	setEchoChar(char c)	设置文本框的回显字符

②密码域 JPasswordField

密码域 JPasswordField 是 JTextField 的子类，具有文本域的一切属性，输入的字符通常以回显字符"＊"显示。JPasswordField 类的常用方法如表 6-9 所示。

表6-9　**JPasswordField 类的常用方法**

序号	方法名称	功能描述
1	setEchoChar(char)	设置密码框的显示字符
2	char[ ] getPassword( )	获取密码框中的密码

③文本区 JTextArea

文本区 JTextArea 显示多行文本,使用 setLineWrap( )方法实现文本换行,使用 JScrollPane( )方法实现文本滚动显示。JTextArea 类的常用方法如表6-10 所示。

表6-10　**JTextArea 类的常用方法**

序号	方法名称	功能描述
1	JTextArea( )	创建文本区对象
2	JTextArea(String s)	创建初始字符串为 s 的文本区对象
3	JTextArea(String s,int x,int y)	创建初始字符串为 s 的文本区对象, 行数为 x,列数为 y
4	JTextArea(int x,int y)	创建行数为 x,列数为 y 的文本区对象
5	setText(String s)	设置文本区中的内容
6	getText( )	获取文本区中的内容
7	getRows( )	返回文本区的行数
8	getColumns( )	返回文本区的列数
9	insert(String s,int x)	在指定位置插入指定文本
10	replaceRange(String s,int x,int y)	用指定的新文本替换从位置 x 到 y 的文本
11	append(String s)	在文本内容结尾处追加字符串
12	getCarePosition( )	获取文本区中活动光标的位置
13	setCarePosition(int n)	设置活动光标的位置
14	setLineWrap(boolean b)	设置输入的文本是否在文本区自动换行
15	setWrapStyleWord(boolean b)	返回值为 true 时,文本区在文字的边界处 自动换行,否则在字符边界处换行

【**例6-23**】　文本组件的使用示例

```
import javax. swing. * ;
public class Example6_23{
    public static void main(String[ ] args){
        JFrame jf = new JFrame("文本组件");
        jf. setSize(250, 200);
        JPanel jp = new JPanel( );
```

```
                    JLabel l1, l2, l3;
                    JTextField j1;
                    JPasswordField j2;
                    JTextArea j3;
                    l1 = new JLabel("昵称:");
                    j1 = new JTextField("单行文本", 16);
                    l2 = new JLabel("密码:");
                    j2 = new JPasswordField("密码文本", 16);
                    l3 = new JLabel("个人简历");
                    j3 = new JTextArea("多行文本区", 3, 5);
                    jp.add(l1);
                    jp.add(j1);
                    jp.add(l2);
                    jp.add(j2);
                    jp.add(l3);
                    jp.add(j3);
                    jf.add(jp);
                    jf.show();
                    jf.setDefaultCloseOperation(JFrame.EXIT_ON_CLOSE);
                }
        }
```

程序运行结果如图 6-32 所示。

图 6-32

(7)选择组件 JRadioButton、JCheckBox、JList、JComBox

选择组件是为用户提供多种可供选择输入的组件。常用的选择组件有单选按钮 JRadioButton、复选框 JCheckBox、列表框 JList 和组合框 JComBox 等。

①单选按钮 JRadioButton

单选按钮 JRadioButton 用户从多个选项中只选择其中的一个,其常用方法如表 6-11 所示。

表 6-11　JRadioButton 类的常用方法

序号	方法名称	功能描述
1	JRadioButton	创建未选择的单选按钮
2	JRadioButton(Action a)	创建单选按钮,其属性取自提供的操作
3	JRadioButton(Icon icon)	用指定的图像和未选择状态创建单选按钮
4	JRadioButton(Icon icon,boolean selected)	用指定的图像和选择状态创建单选按钮
5	JRadioButton(String text,boolean selected)	用指定的文本和选择状态创建单选按钮
6	JRadioButton(String text,Icon icon)	用指定的文本和图像创建单选按钮
7	JRadioButton(String text,Icon icon,boolean selected)	用指定的文本、图像和选择状态 创建单选按钮
8	AccessibleContext getAccessibleContext( )	获取与此单选按钮相关联的可访问上下文
9	String getUIClassID( )	返回呈现此组件的 L&F 类的名称
10	protected Stringparam String( )	返回此单选按钮的字符串表示形式
11	void updateUI( )	将 UI 属性重置为当前外观的值

②复选框 JCheckBox

复选框 JCheckBox 提供一组选项,有选中和未选中两种状态,用 on/off 设置。JCheckBox 类的常用方法如表 6-12 所示。

表 6-12　JCheckBox 类的常用方法

序号	方法名称	功能描述
1	JCheckBox( )	创建标题为空的复选框
2	JCheckBox(String s)	创建标题为 s 的复选框,位置在复选框的右边
3	JCheckBox(String s,boolean b)	创建标题为 s、参数为 b 的初始状态复选框, 默认值为 false 表示未选中,为 true 表示选中
4	JCheckBox(Icon picture,boolean b)	创建形状是图标 picture 复选框, 默认值为 false 表示未选中,为 true 表示选中
5	JCheckBox(String s,Icon picture,boolean b)	创建标题,形状是图标 picture 的复选框, 指定了复选框的初始状态
6	getText( )	获取复选框的标题
7	setText( )	设置复选框的标题
8	getIcon( )	获取复选框的图标
9	setIcon(Icon picture)	设置复选框的图标,返回类型为 Icon 类型
10	setState(boolean b)	设置复选框的状态

③列表框 JList

列表框 JList 提供的选项很多,呈现一个列表供用户进行选择。JList 组件是排列的单选或多选的项目列表,JList 不仅可以显示字符串,还可以显示图标。JList 类的常用方法如表 6-13 所示。

表 6-13   JList 类的常用方法

序号	方法名称	功能描述
1	JList( )	创建一个默认为可见的空滚动列表
2	JList(Object[ ] listdata)	创建一个滚动列表,并设置选项
3	clearSelection( )	清除所有的选项,没有选项被选中
4	getSelectedIndex( )	获取当前被选中的第一个选项的索引
5	int[ ] getSelectedIndices( )	获取当前被选中选项的索引,以递增的形式存放在数组中
6	Object getSelectedValue( )	获取当前被选中的第一个选项的内容
7	Object[ ] getSelectedValues( )	获取当前被选中的所有选项的内容,以数组形式表示
8	setListData(Object[ ] object)	设置下拉框的选项
9	Boolean isSelectedIndex(int index)	判断指定索引值的选项是否被选中
10	boolean isSelectedEmpty( )	判断选项是否被选中

④组合框 JComBox

组合框 JComBox 是文本域和下拉列表的组合。JComBox 类的常用方法如表 6-14 所示。

表 6-14   JComBox 类的常用方法

序号	方法名称	功能描述
1	JComboBox( )	创建一个内容为空的组合框
2	JComboBox(Object[ ] items)	创建一个选择项由参数组 items 确定的组合框
3	addItem(Object item)	向选择框的列表中添加选择项 item
4	getItemAt(int index)	获取列表中索引值是 index 的选项
5	getItemCount( )	获取列表中选择项目的个数
6	getSelectedIndex( )	获取当前被选中项目的索引值
7	getSelectedItem( )	获取当前被选中项目的对象表示(一般情况下用字符串表示)
8	removeAllItem( )	移除所有的选项
9	removeItem(Object item)	移除指定的选项 item
10	removeIndex(int index)	删除索引值
11	setEditable(boolean b)	设置组合框是否可编辑
12	setEnable(boolean b)	设置组合框的可用性

【例 6-24】 选择组件的使用示例

```
import java. awt. Color;
import javax. swing. * ;
public class Example6_24{
    public static void main(String[ ] args) {
        JFrame jf = new JFrame("选择组件");
        JPanel jp = new JPanel();
        ButtonGroup group = new ButtonGroup();        //按钮组
        JRadioButton jb1 = new JRadioButton("男");     //有值的单选框
        JRadioButton jb2 = new JRadioButton("女");
        JCheckBox jcb1 = new JCheckBox("听音乐");        //有值的复选框
        JCheckBox jcb2 = new JCheckBox("读散文");
        JCheckBox jcb3 = new JCheckBox("踢足球");
        String[ ] type = {"听音乐","读散文","踢足球"};
        JList jl = new JList(type);
        JComboBox jc = new JComboBox(type);
        group. add(jb1);
        group. add(jb2);
        jp. add(jb1);
        jp. add(jb2);
        jp. add(jcb1);
        jp. add(jcb2);
        jp. add(jcb3);
        jp. add(jl);
        jp. add(jc);
        jp. setBackground(Color. green);
        jf. add(jp);
        jf. setSize(450, 200);
        jf. setVisible(true);
        jf. setDefaultCloseOperation(JFrame. EXIT_ON_CLOSE);
    }
}
```

程序运行结果如图 6-33 所示。

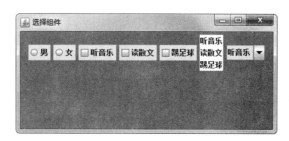

图 6-33

良好的兴趣爱好能使人热爱生活、适应环境,感受生活充实和美好,产生积极的情绪体验,也可以培养人的观察力、思维力、想象力、注意力和意志力,还可以陶冶情操、拓宽视野、增长见识,有益于学生的身心健康。

知识拓展

1. 菜单

菜单显示项目列表,指明操作任务,在菜单中选择或单击某个选项时会打开一个子菜单或级联菜单。Java 支持的菜单主要有两种:正规菜单和弹出菜单。菜单由菜单栏、菜单和菜单项构成。菜单栏在窗口标题栏下面的水平区域,包含每个菜单的标题。采用 JmenuBar、Jmenu、JmenuItem、JcheckboxMenuItem 等类来创建和管理菜单。菜单的常用方法如表 6-15 所示。

表 6-15　菜单的常用方法

序号	方法名称	功能描述
1	JmenuBar( )	创建菜单栏对象
2	setMenuBar( )	附加栏到 JFrame 上
3	add( )	每个菜单栏添加菜单对象
4	JMenu( )	每个菜单创建 JMenu 类对象
5	JMenuItem( )	每个子菜单项创建对象

【例 6-25】　菜单的使用示例

```java
import java. awt. Color;
import javax. swing. JFrame;
import javax. swing. JMenu;
import javax. swing. JMenuBar;
import javax. swing. JMenuItem;
import javax. swing. JScrollPane;
import javax. swing. JTable;
public class Example6_25 {
    JFrame jf;
    JMenuBar jmb;     // 菜单条
    JMenu file, modify, sys;     // 菜单
    JMenuItem new1, open, save, close, unmake, resume, cut, copy, paste, help, about;     // 菜单项
    String[] colName = {"编号","昵称","密码"};     // 表头
    String[][] rowDate =
        {{"1","优优","123456"},{"2","乐乐","654321"},{"3","笑笑","321456"}};
```

```java
JTable jt;
public Example6_25() {
    jf = new JFrame("简易文本编辑器");    // 创建窗体、容器, 用于放置组件
    jt = new JTable(rowDate, colName);    // 创建表格
    jt.setSelectionBackground(Color.LIGHT_GRAY);
    jt.setShowHorizontalLines(true);
    JScrollPane scrollpane = new JScrollPane(jt);
    jmb = new JMenuBar();    // 创建菜单条
    jf.setJMenuBar(jmb);    // 将菜单条 jmb 设置为窗体 jf 的菜单条
    file = new JMenu("文件");    // 创建文件菜单
    modify = new JMenu("编辑");    // 创建编辑菜单
    sys = new JMenu("系统");    // 创建系统菜单
    new1 = new JMenuItem("新建");
    open = new JMenuItem("打开");
    save = new JMenuItem("保存");
    close = new JMenuItem("退出");
    file.add(new1);
    file.add(open);
    file.add(save);
    file.addSeparator();    // 分割线
    file.add(close);
    unmake = new JMenuItem("撤销");
    resume = new JMenuItem("恢复");
    file.addSeparator();    // 分割线
    cut = new JMenuItem("剪切");
    copy = new JMenuItem("复制");
    paste = new JMenuItem("粘贴");
    modify.add(unmake);
    modify.add(resume);
    modify.addSeparator();
    modify.add(cut);
    modify.add(copy);
    modify.add(paste);
    help = new JMenuItem("帮助");
    about = new JMenuItem("关于");
    sys.add(help);
    sys.add(about);
    jmb.add(file);
    jmb.add(modify);
    jmb.add(sys);
    jf.add(scrollpane);
    jf.setSize(300, 200);
    jf.setDefaultCloseOperation(JFrame.EXIT_ON_CLOSE);
```

```
        jf. setVisible(true);
    }
    public static void main(String[] args){
        new Example6_25();
    }
}
```

程序运行结果如图 6-34 所示。

图 6-34

任务实现

1. 任务分析

分析任务题目,可以得出以下信息:

①设计一个窗口容器类 JFrame;

②创建面板对象 JPanel,最后加入窗体容器中;

③设计标签 JLabel、按钮 JButton、文本域 JTextField、密码域 JPasswordField、文本区 JTextArea 等组件;

④设置每个组件的大小、位置、颜色;

⑤主类,main()方法中测试程序。

子任务 6. 2. 1 微视频

2. 任务编码

通过分析可以编写下列代码以任务实现功能:

```
import java. awt. Color;
import java. awt. Container;
import java. awt. Font;
import javax. swing. JButton;
import javax. swing. JComboBox;
import javax. swing. JFrame;
import javax. swing. JLabel;
import javax. swing. JList;
import javax. swing. JPasswordField;
import javax. swing. JTextField;
public class Task6_2_1 extends JFrame{
```

```
JFrame f1;
JLabel l1, l2, l3, l4, l5;      //定义标签
JButton btn1, btn2;      //定义按钮
JTextField tx1;      //定义文本框
JPasswordField tx2;      //定义密码文本框
JComboBox ch1;      //下拉菜单
public Task6_2_1( )
{
    //f1 = new JFrame("登录");
    super("系统登录");
    Container c = getContentPane( );      //获取当前的容器
    l1 = new JLabel("学生管理系统");
    l1. setBounds(100, 15, 200, 40);    //x, y, width, heigth
    l1. setFont(new Font("黑体", 1, 20));
    l1. setForeground(new Color(0, 0, 0));
    l2 = new JLabel("用户名");
    l2. setBounds(50, 45, 50, 60);
    l2. setForeground(new Color(0, 0, 0));
    tx1 = new JTextField(20);
    tx1. setBounds(110, 65, 100, 20);
    l3 = new JLabel("密码");
    l3. setBounds(50, 105, 60, 60);
    l3. setForeground(new Color(0, 0, 0));
    tx2 = new JPasswordField( );
    tx2. setBounds(110, 125, 100, 20);
    l4 = new JLabel("权限");
    l4. setBounds(50, 155, 50, 60);
    l4. setForeground(new Color(0, 0, 0));
    String[ ] s = {"管理员", "普通用户"};
    ch1 = new JComboBox(s);
    ch1. setBounds(110, 175, 100, 20);
    btn1 = new JButton("确定");
    btn1. setBounds(50, 225, 60, 30);
    btn1. setForeground(new Color(0, 0, 0));
    btn2 = new JButton("取消");
    btn2. setForeground(new Color(0, 0, 0));
    btn2. setBounds(170, 225, 60, 30);
    l5 = new JLabel(" ");
    l5. setBounds(50, 265, 150, 60);
    ch1. setForeground(new Color(0, 0, 0));
    c. add(l1);      //c 表示当前的容器, add 表示往容器里添加组件
    c. add(l2);
    c. add(tx1);
```

```
        c.add(l3);
        c.add(tx2);
        c.add(l4);
        c.add(ch1);
        c.add(btn1);
        c.add(btn2);
        c.add(l5);
        c.setLayout(null);        // 当前容器的布局, 默认布局方式
        c.setBackground(Color.pink);
    }
    public static void main(String[] args) {
        Task6_2_1 ta = new Task6_2_1();
        ta.setDefaultCloseOperation(JFrame.EXIT_ON_CLOSE);
        ta.setSize(335, 300);      // 设置大小
        ta.setVisible(true);       // 设置为可见
    }
}
```

3. 运行结果

程序运行结果如图 6-35 所示。

图 6-35

利用 GUI 知识, 设计学生管理系统界面。界面设计的核心是美观, 应注重设计细节。同学们在未来的工作中, 不仅要考虑工作的要求、内容、制约因素, 还要考虑工作中可能涉及的各种细节。世间万物都是相通的, 同学们一定要处理好细节问题, 记住细节决定成败的道理。

能力提升

一、选择题

1. 下面(　　)为容器类的组件。

  A. JPanle   B. JLabel   C. JList   D. JTextField

2. 下面说法中正确的是(　　)。

  A. Swing 依赖于操作系统,称为重量级组件

  B. AWT 不依赖于操作系统,可植性强,使用 Java 语言编写

  C. JFrame 所在的包为 javax. swing,提供了图形用户界面组件

  D. JDialog 允许创建嵌套 JDialog,即一个 JDialog 含有一个或多个 JDialog

3. 用于在 GUI 环境中触发事件的类是(　　)。

  A. JTextFields   B. JMenuBar   C. JButton   D. JCheckBox

4. JTextArea 支持文本换行,使用(　　)方法来实现。

  A. getText( )   B. append( )

  C. setWrapStyleWord( )   D. setLineWrap( )

5. JComboBox 方法中移除所有选项的方法是(　　)。

  A. removeItem( )   B. removeIndex( )

  C. removeAllItem( )   D. getItemAt( )

6. 常用的选择组件是(　　)。

  A. JMenu   B. JRadioButton

  C. JPasswordField( )   D. JLabel( )

7. jf 为 JFrame 类的对象,显示窗口,正确的语句是(　　)。

  A. jf. show(true)   B. JFrame. show( )

  C. JFrame. setVisual(true)   D. jf. setVisual(true)

二、填空题

1. Java 为 GUI 提供的对象包含在_____包和_____包中。

2. 复选框有选中和未选中两种状态,分别对应_____两种设置。

3. 密码域输入的字符以回送字符表示,通常用_____代表。

4. _____只显示单行文本,_____可以显示多行文本。

5. 组合框就是文本框和_____的组合,设置是否可用的方法是_____。

三、编写程序

设计图 6-36 所示系统登录窗口。

图 6-36　登录界面

子任务 6.2.2　GUI 布局管理器的设计

任务描述

设计如图 6-37 所示简易计算器。

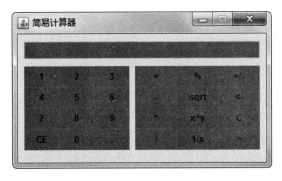

图 6-37　简易计算器

预备知识

设计用户界面时,需要确定组件的大小和位置。Java 将容器内的所有组件都交由布局管理器管理,当窗口移动或调整大小时,组件大小、位置及排列顺序的变化都由对应容器的布局管理器来管理。不同的布局管理器使用不同的布局策略来决定组件的布局。Java 常用的布局管理器有边界布局管理器 BorderLayout、流式布局管理器 FlowLayout、网格布局管理器 GridLayout、卡片布局管理器 CardLayout,这些布局管理器的类都位于 java. awt 包中。

1. 边界布局管理器 BorderLayout

BorderLayout 按照地图方位把容器分为东、西、南、北、中五个区域,是一种简单的布局管理器,也是 Frame 容器默认的布局管理器。为容器添加组件时,必须指定组件的位置,默认情况下为 Center 位置。

BorderLayout 类的构造函数如下:

（1）public BorderLayout( )

创建新的组件之间没有间距的边框布局。

（2）public BorderLayout(int hgap, int vgap)

以指定的水平和垂直间距创建新的边框布局。其中,hgap 代表水平间距,vgap 代表垂直间距。

【例6-26】 BorderLayout 的使用示例

```java
import java. awt. BorderLayout;
import javax. swing. * ;
public class Example6_26 {
public static void main(String[ ] args) {
        JFrame jf = new JFrame("BorderLayout 布局");
        jf. setSize(280, 170);
        jf. setDefaultCloseOperation(JFrame. EXIT_ON_CLOSE);
        jf. show( );
        JPanel jp = new JPanel( );
        jf. setContentPane(jp);
        JButton jb1 = new JButton("东岳泰山");
        JButton jb2 = new JButton("南岳衡山");
        JButton jb3 = new JButton("西岳华山");
        JButton jb4 = new JButton("北岳恒山");
        JButton jb5 = new JButton("中岳嵩山");
        BorderLayout bl = new BorderLayout( );
        jf. setLayout(bl);
        jp. add(jb1, "East");
        jp. add(jb2, "South");
        jp. add(jb3, "West");
        jp. add(jb4, "North");
        jp. add(jb5, "Center");
    }
}
```

程序运行结果如图 6-38 所示。

图 6-38

2. 流式布局管理器 FlowLayout

FlowLayout 也称顺序布局管理器,以组件放入的顺序位置排放,沿水平方向从左边开始一个接一个地顺次排放,一行排满后自动换行,会随着容器大小的变化而进行调整。它是基本的布局管理器,也是 Applet、Panel 默认的布局管理器。

FlowLayout 类的构造函数如下:

(1)public FlowLayout( )

创建一个新的 FlowLayout 对象以中心对齐,缺省值为 5 像素的水平和垂直间距。

(2)public FlowLayout(int align)

以指定的定位方式,缺省的水平和垂直间距创建一个新的 FlowLayout。定位必须是 FlowLayout. LEFT、FlowLayout. CENTER 或 FlowLayout. RIGHT 三者之一。其中,align 代表定位值。

【例 6-27】　BorderLayout 的使用示例

```java
import java. awt. FlowLayout;
import javax. swing. JLabel;
import javax. swing. JButton;
import javax. swing. JFrame;
public class Example6_27 {
    public static void main(String[ ] args) {
        JFrame jf = new JFrame("FlowLayout 布局");
        FlowLayout fl = new FlowLayout(FlowLayout. CENTER, 10, 10);
        jf. setLayout(fl);
        JLabel jl;
        jl=new JLabel("当地时间:");
        JButton jb1, jb2, jb3, jb4;
        jb1 = new JButton("北京");
        jb2 = new JButton("多哈");
        jb3 = new JButton("巴黎");
        jb4 = new JButton("纽约");
        jf. add(jl);
        jf. add(jb1);
        jf. add(jb2);
        jf. add(jb3);
        jf. add(jb4);
        jf. setSize(370, 100);
        jf. setVisible(true);
        jf. setDefaultCloseOperation(JFrame. EXIT_ON_CLOSE);
    }
}
```

程序运行结果如图 6-39 所示。

图 6-39

3. 网格布局管理器 GridLayout

GridLayout 以矩形网格形式对容器的组件进行布置,是一种简单的版面管理器,容器被划分为 M * N 的矩阵,其中 M 代表行数,N 代表列数。创建的组件按从左到右、自上而下的顺序放置。

GridLayout 类的构造函数如下:

(1) public GridLayout(int rows,int cols)

创建一个带有指定行数和列数的格子布局,布局中所有构件的尺寸相同。如果 rows 值为 0 或者 cols 值为 0,意味着在一行或一列中可以放置任何数目的对象。

(2) public GridLayout(int rows,int cols,int hgap,int vgap)

创建一个带指定行数和列数的格子布局,布局中所有构件的尺寸相同。另外,水平和垂直间距设置为指定值。水平间距放置在每个列之间的左、右边处,垂直间距放置在每个行之间的上、下边处。其中,rows 表示行数,0 表示"任意行数";cols 表示列数:0 表示"任意列数"。

【例 6-28】　GridLayout 的使用示例

GridLayout 微视频

```java
import java.awt.GridLayout;
import javax.swing.JButton;
import javax.swing.JFrame;
public class Example6_28 {
    public static void main(String[] args) {
        JFrame jf = new JFrame("GridLayout 布局");
        GridLayout gl = new GridLayout(4, 3);
        jf.setLayout(gl);
        JButton jb1, jb2, jb3, jb4, jb5, jb6, jb7, jb8, jb9, jb10, jb11, jb12;
        jb1 = new JButton("1");
        jb2 = new JButton("2");
        jb3 = new JButton("3");
        jb4 = new JButton("4");
        jb5 = new JButton("5");
        jb6 = new JButton("6");
        jb7 = new JButton("7");
        jb8 = new JButton("8");
        jb9 = new JButton("9");
        jb10 = new JButton("#");
        jb11 = new JButton("0");
```

```
        jb12 = new JButton("*");
        jf.setSize(260,200);
        jf.add(jb1);
        jf.add(jb2);
        jf.add(jb3);
        jf.add(jb4);
        jf.add(jb5);
        jf.add(jb6);
        jf.add(jb7);
        jf.add(jb8);
        jf.add(jb9);
        jf.add(jb10);
        jf.add(jb11);
        jf.add(jb12);
        jf.setVisible(true);
        jf.setDefaultCloseOperation(JFrame.EXIT_ON_CLOSE);
    }
}
```

程序运行结果如图 6-40 所示。

图 6-40

4. 卡片布局管理器 CardLayout

CardLayout 是最复杂的版面管理器之一,不允许单独使用,需要与其他布局管理器配合使用。创建卡片盒之类的布局盒,各个组件作为卡片放在卡片盒里,只能看到最上面的卡片,要想看到其他卡片,必须把它移到最上面。

CardLayout()类的构造函数如下:

(1) public CardLayout()

创建一个新的卡片布局。

(2) public CardLayout(int hgap,int vgap)

创建一个带指定水平和垂直间距的新的卡片布局。水平间距放置在左边和右边,垂直间距放置在上边和下边。

为实现布局盒中卡片之间的切换,CardLayout 类提供如下的方法:

void first(Container parent)　　显示第一张卡片

void last(Container parent)　显示最后一张卡片

void show(Container parent, String name)　显示指定卡片

void previous(Container parent)　显示前一张卡片

void next(Container parent)　显示后一张卡片

CardLayout 类用于以一副卡片的形式展示 Container 对象的构件,每次只能看见一张卡片。通常容器里构件的顺序为第一张、最后一张、前一张和后一张。

【例 6-29】　CardLayout 的使用示例

```
import java. awt. * ;
import javax. swing. * ;
public class Example6_29 extends JFrame {
    public static void main( String[ ] args) {
        JFrame jf = new JFrame("CardLayout 布局");
        JPanel cardPanel = new JPanel( );
        JPanel controlPanel = new JPanel( );
        JButton b1;
        JButton b2;
        JButton b3;
        CardLayout c = new CardLayout( );
        b1 = new JButton("后一张");
        b2 = new JButton("前一张");
        b3 = new JButton("按钮 0");
        controlPanel. add( b2);
        controlPanel. add( b1);
        cardPanel. add( b3);
        controlPanel. add( b1);
        controlPanel. add( b2);
        jf. add( cardPanel, BorderLayout. CENTER);
        jf. add( controlPanel, BorderLayout. SOUTH);
        jf. setSize( 240, 160);
        jf. setVisible( true);
    }
}
```

程序运行结果如图 6-41 所示。

图 6-41

知识拓展

1. 网袋布局管理器 GridBagLayout

GridBagLayout 是 AWT 提供的既灵活又复杂的布局管理器。它不要求组件大小相同，以行和列的形式放置组件,允许组件跨多行或多列。它与 GridLayout 管理器一样,使用网络进行布局管理。GridBagLayout 通过 GridBagConstraints 对象来设置组件的大小和位置,这样就可以按照用户的意图,完成页面布局的设计。

【例 6-30】 GridBagLayout 的使用示例

```
import java. awt. * ;
public class Example6_30 extends Frame {
    String[] mark = {"ID 号","居住地","姓名","性别","生日","父亲","母亲","备注"};
    Button bt1, bt2;    //声明两个按钮
    protected void makeObj(Component name, GridBagLayout gridbag,
GridBagConstraints c)    //添加组件方法
    {
        gridbag. setConstraints(name, c);
        add(name);
    } //方法结束
    public Example6_30()    //构造方法
    {
        setTitle("GridBagLayout 布局");
        GridBagLayout gridbag = new GridBagLayout();
        GridBagConstraints c = new GridBagConstraints();
        setLayout(gridbag);
        c. fill = GridBagConstraints. BOTH;
        makeObj(new Label(mark[0]), gridbag, c);
        c. gridwidth = GridBagConstraints. REMAINDER;    //下边添加本行最后一组件
        makeObj(new TextField(10), gridbag, c);
        c. gridwidth = 1;
        makeObj(new Label(mark[1]), gridbag, c);
        c. gridwidth = GridBagConstraints. REMAINDER;    //下边添加第 2 行最后一组件
        makeObj(new TextField(10), gridbag, c);
        c. weightx = 1. 0;
        c. gridwidth = 1;
        makeObj(new Label(mark[2]), gridbag, c);
        makeObj(new TextField(6), gridbag, c);
        makeObj(new Label(mark[3]), gridbag, c);
        makeObj(new TextField(6), gridbag, c);
        makeObj(new Label(mark[4]), gridbag, c);
        c. gridwidth = GridBagConstraints. REMAINDER;    //下边添加第 3 行最后一组件
        makeObj(new TextField(2), gridbag, c);
        c. weightx = 0. 0;
```

```
        c. gridwidth = 1;
        makeObj(new Label(mark[5]), gridbag, c);
        makeObj(new TextField(8), gridbag, c);
        makeObj(new Label(mark[6]), gridbag, c);
        makeObj(new TextField(3), gridbag, c);
        makeObj(new Label(mark[7]), gridbag, c);
        c. gridwidth = GridBagConstraints. REMAINDER;    //下边添加第 4 行最后一组件
        makeObj(new TextField(8), gridbag, c);
        bt1 = new Button("确认");    //创建按钮对象 bt1
        bt2 = new Button("取消");    //创建按钮对象 bt2
        c. gridwidth = 1;  // reset to the default
        makeObj(bt1, gridbag, c);
        c. gridwidth = GridBagConstraints. REMAINDER;    //下边添加第 5 行最后一组件
        makeObj(bt2, gridbag, c);
        setSize(300, 150);
        this. setVisible(true);
    }
    public static void main(String args[] ) {
        new Example6_30();
    }
}
```

程序运行结果如图 6-42 所示。

图 6-42

任务实现

1. 任务分析

分析任务题目,可以得出以下信息:

①设计一个外部类 CountFrame,并创建它的构造器;
②设计三个内部类 CountButton、CountPanel1 和 CountPanel2;
③设计标签 JLabel、按钮 JButton、文本域 JTextField 等组件;
④使用 GridLayout 布局管理器进行页面布局设置;
⑤主类中,main( )方法创建 CountFrame 对象,测试程序。

子任务 6.2.2 微视频

2. 任务编码

通过分析可以编写下列代码以任务实现功能：

```java
import java. awt. * ;
import javax. swing. JButton;
import javax. swing. JFrame;
import javax. swing. JPanel;
import javax. swing. JTextField;
class CountFrame extends JFrame {
    double d1, d2;
    int op = -1;
    JTextField tf;
    CountPanel1 cp1;
    CountPanel2 cp2;
    // 构造函数
    CountFrame( ) {
        super("简易计算器");
        setLayout( new FlowLayout( FlowLayout. CENTER, 8, 10) );
        setBackground( new Color( 200, 100, 145) );
        setForeground( Color. white);
        setResizable( false);
        setSize( 350, 200);
        tf = new JTextField( 23);
        tf. setEditable( false);
        tf. setBackground( new Color( 208, 108, 53) );
        tf. setForeground( Color. white);
        tf. setFont( new Font("Arial", Font. BOLD, 16) );
        add( tf);
        cp1 = new CountPanel1( );
        cp2 = new CountPanel2( );
        add( cp1);
        add( cp2);
        setVisible( true);
        this. setDefaultCloseOperation( JFrame. EXIT_ON_CLOSE);
    }
    // inner class: CountButton
    class CountButton extends JButton {
        CountButton( String s) {
            super(s);
            setBackground( Color. gray);
        }
    }
    // inner class: CountPanel1
```

```java
class CountPanel1 extends JPanel {
    CountButton b0, b1, b2, b3,
                b4, b5, b6, b7,
                b8, b9, b10, b11;
    CountPanel1() {
        setLayout(new GridLayout(4, 3));
        setFont(new Font("TimesRoman", Font.BOLD, 16));
        b0 = new CountButton("0");
        b1 = new CountButton("1");
        b2 = new CountButton("2");
        b3 = new CountButton("3");
        b4 = new CountButton("4");
        b5 = new CountButton("5");
        b6 = new CountButton("6");
        b7 = new CountButton("7");
        b8 = new CountButton("8");
        b9 = new CountButton("9");
        b10 = new CountButton("CE");
        b11 = new CountButton(".");
        //加入按钮
        add(b1);
        add(b2);
        add(b3);
        add(b4);
        add(b5);
        add(b6);
        add(b7);
        add(b8);
        add(b9);
        add(b10);
        add(b0);
        add(b11);
    }
}
class CountPanel2 extends JPanel {
    CountButton b12, b13, b14, b15,
                b16, b17, b18, b19,
                b20, b21, b22, b23;
    CountPanel2() {
        setLayout(new GridLayout(4, 3));
        setFont(new Font("TimesRoman", Font.BOLD, 16));
        b12 = new CountButton("+");
        b13 = new CountButton("-");
```

```
        b14 = new CountButton("*");
        b15 = new CountButton("/");
        b16 = new CountButton("%");
        b17 = new CountButton("sqrt");
        b18 = new CountButton("x^y");
        b19 = new CountButton("1/x");
        b20 = new CountButton("+/-");
        b21 = new CountButton("<-");
        b22 = new CountButton("C");
        b23 = new CountButton("=");
        add(b12);
        add(b16);
        add(b20);
        add(b13);
        add(b17);
        add(b21);
        add(b14);
        add(b18);
        add(b22);
        add(b15);
        add(b19);
        add(b23);
        }
    }
}
public class Task6_2_2 {
    public static void main(String[] args) {
        CountFrame c = new   CountFrame();
    }
}
```

3. 运行结果

程序运行结果如图 6-43 所示。

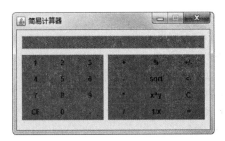

图 6-43

　　计算器是日常生活中常用工具之一,它具有计算速度快、使用方便、价格低、应用面广等优点。利用所学知识开发简易计算器,不仅可以体现知识源于生活、应用于生活,还可以提高学生的项目开发设计能力。

能力提升

一、选择题

1. (   )是 JFrame 的默认布局管理器。
　　A. BorderLayout　　　　B. CardLayout　　　　C. FlowLayout　　　　D. GridLayout
2. (   )布局管理器以组件放入的顺序位置排放,沿水平方向从左边开始一个接一个地顺次排放,一行排满后自动换行。
　　A. CardLayout　　　　B. GridBagLayout　　　　C. GridLayoutt　　　　D. FlowLayout
3. (   )布局管理器是 AWT 提供的既灵活又复杂的布局管理器,它不要求组件大小相同,以行和列的形式放置组件,允许组件跨多行或多列。
　　A. GridLayout　　　　B. GridBagLayout　　　C. BorderLayout　　　D. FlowLayout
4. public GridLayout(int rows,int cols,int hgap,int vgap);rows 表示行数,0 表示(   )。
　　A. 0 行　　　　　　　B. 0 列　　　　　　　C. 任意行数　　　　　D. 任意列数
5. BorderLayout 布局管理器,默认情况下组件的位置放在(   )。
　　A. East　　　　　　　B. Center　　　　　　C. North　　　　　　D. West

二、填空题

1. JPanel 和 JApplet 的默认布局管理器是_____。
2. _____布局管理器不单独使用,需要与其他布局管理器配合使用。
3. CardLayout 类 void first(Container parent)方法表示_____。
4. 设置容器布局管理器的方法是_____。
5. Java 中常用布局管理器的类都位于_____包中。

三、编写程序

1. 使用边框布局,设置 5 个按钮,实现"上北下南左西右东居中"界面布局。
2. 实现图 6-44 所示的界面布局。

图 6-44　界面布局

子任务 6.2.3　事件处理

任务描述

设计图 6-45 所示的用户界面,并完成会员注册的功能。

图 6-45　会员注册界面

预备知识

向容器添加组件进行界面设计之后,组件使用鼠标、键盘等方式操作,完成特定的功能,因此必须进行事件处理。Java 语言采用事件源–监听者机制,基于授权事件模型的处理方法,包含事件源、事件、监听器和事件处理。

1. 事件监听机制

Java 语言中事件源–监听者机制,主要涉及事件、事件源、事件监听器三个类对象。事件源生成事件,将事件送到监听器;监听器收到事件后再处理事件,处理结束后返回。如图 6-46 所示。

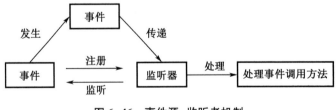

图 6-46　事件源–监听者机制

（1）事件

事件是指用户界面组件交互行为产生的一种效果或完成特定的操作。它通过类进行描述,比如,用鼠标点击窗口右上角"关闭"按钮就会产生一个关闭窗口的行为。

（2）事件源

事件源指事件发生的场地,一般是指界面的组件,承载事件的对象,在 Java 中事件被封装成类,每个类型的事件对应一个对象,所有事件对象的根类是 java. util. EventObject。与 GUI 程序相关的事件对象的基类是 java. awt. AWTEvent,它是 EventObject 的直接子类。

（3）事件监听器

事件监听器用来接收事件,对事件进行处理。处理事件通常要实现监听器的接口。每种类型的事件都有相对应的监听器进行监听处理,如动作事件所对应的类是 ActionEvent。

Java 事件处理的过程如下：

①事件源根据处理事件类型,注册事件处理监听器。一个事件源可注册多个事件监听器,一个事件监听器也可监听多个事件源。

②监听器只监听事件源上对应类型的事件,不监听其他事件。

③事件源上发生注册类型的事件时,会自动传给监听器。

④监听器自动调用事件处理方法来处理事件。

事件处理方法是事件处理机制的核心,程序员根据实际需要覆盖监听器的方法。这种方法的表现形式为 add×××Listener,其中×××表示事件类型,如果是动作事件,可以写为 addActionListener( )。Java 事件体系结构如图 6-47 所示。图中列出了 Java 语言的常用事件类型,这些事件类型与事件源的对应关系如表 6-16 所示。

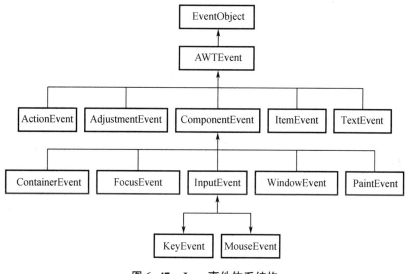

图 6-47 Java 事件体系结构

表 6-16 事件源关系表

序号	事件类型	事件源	描述
1	ActionEvent	Button、List、MenuItem、TextField	动作事件
2	AdjustmentEvent	Scrollbar	调整事件
3	ItemEvent	CheckBox、List、Choice、ChechboxMenuItem	选项事件

表 6-16(续)

序号	事件类型	事件源	描述
4	ComponentEvent	Component	组件事件
5	FocusEvent		焦点事件
6	KeyEvent		键盘事件
7	MouseEvent		鼠标事件
8	ContainerEvent		容器事件
9	TextEvent	TextField、TextArea	文本事件
10	WindowEvent	Window	窗口事件

　　每种类型的事件都有相对应的监听器进行监听,监听器对象属于类的实例,通过 Java. awt. event 包中的接口实现,这个接口称为监听器接口。事件发生时,事件源把事件传给监听器,监听调用相对应的方法来进行处理。Java 系统把消息进行分类,每个类对应一种或多种特定的方法,这些方法定义在不同监听器的接口中。监听器通过实现监听器接口,覆盖接口中的方法,实现事件的监听和处理。监听器可以由本类、内部类、内部匿名类、外部类来实现。常用的事件监听器接口及其对应的方法如表 6-17 所示。

表 6-17　事件监听器接口类

序号	事件类型	监听器接口	处理方法
1	ActionEvent	ActionListener	actionPerformed(ActionEvent e)
2	AdjustmentEvent	AdjustmentListener	AdjustmentValueChanged(AdjustmentEvent e)
3	ItemEvent	ItemListener	itemStateChanged(ItemEvent e)
4	ComponentEvent	ConponentListener	ComponentResized(ComponentEvent e) ComponentMoved(ComponentEvent e) ComponentShown(ComponentEvent e) ComponentHidden(ComponentEvent e)
5	FocusEvent	FocusListener	FocuseGained(FocusEvent e) FocuseLost(FocusEvent e)
6	KeyEvent	KeyListener	keyTyped(KeyEvent e) keyPressed(KeyEvent e) keyReleased(KeyEvent e)
7	MouseEvent	MouseListener	mouseClicked(MouseEvent e) mousePressed(MouseEvent e) mouseReleased(MouseEvent e) mouseEntered(MouseEvent e) mouseExited(MouseEvent e)

表 6-17（续）

序号	事件类型	监听器接口	处理方法
8	ContainerEvent	ContainerListener	componentAdded(ContainerEvent e) componentRemoved(ContainerEvent e)
9	TextEvent	TextListener	textValueChanged(TextEvent e)
10	WindowEvent	WindowListener	windowActivated(WindwosEvent e) windowDeactivated(WindwosEvent e) windowOpened(WindwosEvent e) windowClosing(WindwosEvent e) windowClosed(WindwosEvent e) windowIconified(WindwosEvent e) windowDeiconified(WindwosEvent e)

2. 动作事件处理

动作事件处理是比较常见的事件,主要由鼠标单击按钮、单击菜单等事件源引发。ActionListerner 作为接收事件的监听器接口,使用该类的创建对象向组件注册 addActionListerner( )方法。发生事件操作时,调用对象的 actionPerformed( )方法。

【例 6-31】 动作事件处理的使用示例

```
import javax. swing. * ;
import java. awt. * ;
import java. awt. event. * ;
public class  Example6_31 implements ActionListener {
    private JFrame jf;
    private JPanel jp1;
    private JPanel jp2;
    private JButton b1;
    private JButton b2;
    public void changeColor( ) {
        jf = new JFrame("动作事件");
        jp1 = new JPanel( );
        jp2 = new JPanel( );
        b1 = new JButton("这是粉色");
        b2 = new JButton("改变颜色");
        jp1. add(b1);
        jp2. add(b2);
        jp1. setBackground(Color. blue);    //设置面板的背景颜色
        jp2. setBackground(new Color(130, 130, 0));
        b1. addActionListener(this);
        b2. addActionListener(this);
```

```
        jf. getContentPane().add(jp1, BorderLayout. NORTH);
        jf. getContentPane().add(jp2, BorderLayout. CENTER);
        jf. setSize(200, 120);
        jf. setVisible(true);
        jf. setDefaultCloseOperation(jf. EXIT_ON_CLOSE);
    }
    public void actionPerformed(ActionEvent e) {
        int a = (int)(Math. random() * 256);
        int b = (int)(Math. random() * 256);
        int c = (int)(Math. random() * 256);
        if(e. getSource() == b1)
            jp1. setBackground(Color. pink);
        else
            jp2. setBackground(new Color(a, b, c));
    }
    public static void main(String[] args) {
        Example6_31 a = new Example6_31();
        a. changeColor();
    }
}
```

程序运行结果如图 6-48 所示。

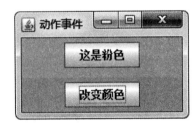

图 6-48

在上面程序中,通过 actionPerformed() 方法实现了颜色的变化,颜色变化的值 RGB 是系统随机生成的,每次运行时颜色都会不同。

3. 鼠标事件处理

鼠标是最基本的输入设备,每个组件都支持鼠标事件,MouseListener 是接收组件鼠标事件(如单击、按下、释放等操作)的侦听器接口。MouseMotionListener 是鼠标移动相关事件的监听器接口。

【例 6-32】 鼠标事件处理的使用示例

```
import java. awt. *;
import java. awt. event. *;
import javax. swing. *;
```

```
public class Example6_32{
    public void MouseFrame( ) {
        JFrame jf = new JFrame("鼠标事件");
        Container c = jf. getContentPane( );
        jf. setVisible(true);
        jf. setBounds(200, 200, 260, 160);
        c. addMouseListener(new MouseConduct( ));
        jf. setDefaultCloseOperation(jf. EXIT_ON_CLOSE);
    }
    // 内部类为事件监听器
    class MouseConduct implements MouseListener{
        public void mouseClicked(MouseEvent e) {        // 鼠标单击
            int x = e. getX( );
            int y = e. getY( );
            System. out. println("鼠标位置 x: "+x+"\ty: "+y);
        }
        public void mousePressed(MouseEvent e) {
            int i = e. getButton( );
            if(i = = MouseEvent. BUTTON1)
                System. out. println("按鼠标左键");
            if(i = = MouseEvent. BUTTON3)
                System. out. println("按鼠标右键");
        }
        public void mouseExited(MouseEvent e) { // 鼠标离开窗口
            System. out. println("鼠标离开窗口");
        }
        public void mouseReleased(MouseEvent e) { // 松开鼠标
            System. out. println("松开鼠标");
        }
        public void mouseEntered(MouseEvent e) { // 鼠标进入窗口
            System. out. println("鼠标进入窗口");
        }
    }
    public static void main(String[ ] args) {
        Example6_32 ex = new Example6_32( );
        ex. MouseFrame( );
    }
}
```

程序运行结果如图 6-49 所示。

上面程序中鼠标单击、进入、离开、释放事件的监听器是 MouseListener 接口,根据程序运行中鼠标的实际操作,会产生不同的事件处理结果。

图 6-49

4. 键盘事件处理

若想获取键盘上的某个键值,需要按下键使用键盘事件监听器进行处理。键盘事件类 KeyEvent 包含静态常量 VK_键,表示一个键的值。例如,数字键"6"的值为 VK_6。KeyEvent 类中有 3 种常用的方法:

(1)int getKeyCode( )

获取相应键的 ASCII 值,返回值类型整型。

(2)char getKeyChar( )

获取相应的键值,返回一个字符。

(3)String getKeyText(int keyCode)

将键值作为字符串返回。

【例 6-33】 键盘事件处理的使用示例

```java
import java. awt. FlowLayout;
import java. awt. event. KeyAdapter;
import java. awt. event. KeyEvent;
import javax. swing. JTextField;
import javax. swing. JLabel;
import javax. swing. JFrame;
class KeyWindow extends JFrame{
    private JTextField jt=new JTextField(10);
    private JLabel jl=new JLabel("只接收数字键");
    public KeyWindow( ){
        super("键盘事件");
        setLayout(new FlowLayout( ));
        add(jt);
        add(jl);
        setSize(200,120);     //设置大小
        setVisible(true);
        jt. addKeyListener(new KeyAdapter( ){
            public void KeyTyped(KeyEvent e){
```

```
                char key = e. getKeyChar( );
                if( ! ( key > = KeyEvent. VK_0‖key < = KeyEvent. VK_9) ) {
                        e. consume( );
                    }
                }
            } );
        }
    }
    public class Example6_33{
        public static void main( String[ ] args) {
            new KeyWindow( );
        }
    }
```

程序运行结果如图 6-50 所示。

图 6-50

上面程序中, 文本框中只接收用户按下键盘上的数字键; 如果不是数字键, 会中止输入。

5. 窗口事件处理

用于接收窗口事件的侦听器接口, 处理窗口事件可以扩展抽象类 WindowAdapter, 覆盖方法, 也可以实现窗口接口。使用窗口的 addWindowListener 方法, 向 Windows 注册该类创建的监听器对象。通过打开、关闭、图标化等操作改变窗口的状态, 调用侦听器对象中相关的方法, 并将 WindowEvent 传给该方法。

【例 6-34】　窗口事件处理的使用示例

```
import java. awt. Event;
import java. awt. Dimension;
import java. awt. event. WindowEvent;
import java. awt. event. WindowListener;
import javax. swing. JFrame;
public class Example6_34 extends JFrame implements WindowListener {
    public Example6_34( ) {
        this. setSize( new Dimension( 300, 200) ) ;
        this. setTitle( "窗口事件") ;
        this. addWindowListener( this) ;
```

```
    }
    public static void main(String[ ] args){
        Example6_34 ex= new Example6_34();
        ex.setVisible(true);
    }

    public void windowActivated(WindowEvent e){
        System.out.println("激活窗口");
    }
    public void windowOpened(WindowEvent e){
        System.out.println("打开窗口");
    }
    public void windowClosing(WindowEvent e){
        this.dispose();
    }
    public void windowClosed(WindowEvent e){
        System.out.println("关闭窗口");
        System.exit(0);
    }
    public void windowDeactivated(WindowEvent e){}
    public void windowDeiconified(WindowEvent e){}
    public void windowIconified(WindowEvent e){}
}
```

程序运行结果如图 6-51 所示。

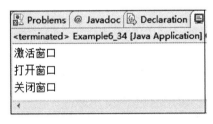

图 6-51

知识拓展

1.对话框

对话框用于实现可视化人机交互界面,通过对话框提示可以接收输入的数据,也可以获得提示信息。对话框属于容器类,可以向对话框添加其他组件。对话框依赖于某个窗口,随着窗口的关闭而消失。

Swing 组件的对话框由 JDialog 类构造。自定义对话框分为有模式和无模式两种情况。有模式对话框是指当对话框弹出以后,只在该对话框中操作,无法切换到其他界面,只有关闭后,才能进行其他组件界面的操作。无模式对话框与有模式对话框不同,它可以从当前对话框切换到其他组件界面进行操作。通过下面的构造方法实例化对话框对象：

（1）public JDialog( )

构造一个无标题的无模式对话框。

（2）public JDialog(Frame owner)

构造一个无标题的无模式对话框，对话框在 owner 窗体中。

（3）public JDialog(Frame owner,boolean modal)

构造一个无标题、参数 modal 是否为有模式的对话框，对话框在 owner 窗体中。

（4）public JDialog(Frame owner,String title)

构造一个有标题的无模式对话框，对话框在 owner 窗体中。

（5）public JDialog(Frame owner,String title,boolean modal)

构造一个有标题、参数 modal 是否为有模式的对话框，对话框在 owner 窗体中。

【例 6-35】 对话框的使用示例

在窗体中创建一个按钮，单击该按钮时，弹出一个对话框，在对话框中设置一个文本框和一个"确定"按钮，输出数据后，按"确定"按钮，关闭对话框，数据在窗体的标签中显示出来。

```
import java. awt. FlowLayout;
import java. awt. event. * ;
import javax. swing. * ;
class DialogWindow extends JFrame implements ActionListener {
    private JButton jb=new JButton("打开对话框");
    private JLabel jl=new JLabel("        ");
    private MyDialog md=null;
    private FlowLayout fl=new FlowLayout( );
    public DialogWindow( ) {
        setLayout(fl);
        setSize(170, 120);
        setVisible(true);
        add(jb);
        add(jl);
        md=new MyDialog(this,"对话框", true);
        jb. addActionListener(this);
        addWindowListener(new WindowAdapter( ) {
            public void windowClosing(WindowEvent e) {
                System. exit(0);
            }
        });
    }
    public void actionPerformed(ActionEvent e) {
        md. setVisible(true);
    }
    class MyDialog extends JDialog implements ActionListener{
```

```
        private JButton jb = new JButton("确定");
        private JTextField jt = new JTextField(10);
        public MyDialog(JFrame jf, String title, boolean modal) {
            setSize(170, 120);
            setVisible(false);
            setLayout(new FlowLayout());
            add(jt);
            add(jb);
            jb.addActionListener(this);
        }
        public void actionPerformed(ActionEvent e) {
            String s = jt.getText();
            jl.setText(s);
            setVisible(false);
        }
    }
}
public class Example6_35 {
    public static void main(String[] args) {
        new DialogWindow();
    }
}
```

程序运行结果如图 6-52 所示。

图 6-52

任务实现

1. 任务分析

分析任务题目,可以得出以下信息:

①设计一个窗口容器类 JFrame;

②创建面板对象 JPanel,最后加入到窗体容器中;

③设计标签 JLabel、按钮 JButton、文本域 JTextField、密码域 JPasswordField、文本区 JTextArea、单选按钮 JRadioButton、复选框 JCheckBox、组合框 JComboBox 等组件;

④使用 for 语句,添加各组件对象;

子任务 6.2.3 微视频

⑤注册和取消等功能使用 JButton,添加动作事件响应用户对按钮的操作,实现注册成功和取消注册功能;

⑥主类中 main( )方法测试程序。

2. 任务编码

通过分析可以编写下列代码以任务实现功能:

```
import java. awt. * ;
import javax. swing. * ;
import java. awt. event. * ;
import javax. swing. event. * ;
public class Task6_2_3   {
        boolean flag = true;      // 标识两次输入的密码是否相等
        String[ ] listItem = {"沈阳","大连","鞍山","抚顺","葫芦岛"};
        // 创建数组标签对象
        JLabel[ ] jl = {new JLabel("用户名"), new JLabel("密码"), new JLabel("确认密码"), new JLabel
("性别"), new JLabel("住址"), new JLabel("兴趣"), new JLabel("备注")};
        JTextField txtname = new JTextField(10);             // 文本对象
        JPasswordField pw1 = new JPasswordField(10);        // 密码域对象
        JPasswordField pw2 = new JPasswordField(10);
        JRadioButton rbWoman = new JRadioButton("女", true);    // 单选按钮
        JRadioButton rbMan = new JRadioButton("男");
        JComboBox jcbStay = new JComboBox(listItem);  // 组合框项为 listItem 数组
        // 复选框用数组来表示
        JCheckBox[ ] jcb = {new JCheckBox("读书"), new JCheckBox("音乐"), new JCheckBox("运动"),
new JCheckBox(" 网购 "), new JCheckBox(" 美食 ")};
        JTextArea jta = new JTextArea( );
        JButton btnOk = new JButton("提交");
        JButton btnCancel = new JButton("取消");
        JPanel[ ] p = new JPanel[8];
        public void designFrame( ){
            // 窗口的布局,创建 8 个面板对象,最后加入窗体容器中
            JFrame mywindow = new JFrame("会员注册窗口");
            for( int i = 0; i < = 6; i++)
            p[i] = new JPanel( new GridLayout(1, 2) );
            p[7] = new JPanel( );
            p[0]. add(jl[0]);
            p[0]. add(txtname);
            p[1]. add(jl[1]);
            p[1]. add(pw1);
            p[2]. add(jl[2]);
            p[2]. add(pw2);
            ButtonGroup bg = new ButtonGroup( );
```

```java
        bg.add(rbMan);
        bg.add(rbWoman);
        p[3].add(jl[3]);
        p[3].add(rbMan);
        p[3].add(rbWoman);
        p[4].add(jl[4]);
        p[4].add(jcbStay);
        p[5].add(jl[5]);
        for(int i = 0;i <= 4;i++)
        p[5].add(jcb[i]);
        p[6].add(jl[6]);
        JScrollPane jsp1 = new JScrollPane(jta);
        jta.setLineWrap(true);
        p[6].add(jsp1);
        p[7].add(btnOk);
        p[7].add(btnCancel);
        Container c = mywindow.getContentPane();
        c.setLayout(new GridLayout(8,1));
        for(int i = 0;i <= 7;i++)
          c.add(p[i]);
        //匿名内部类,监听确认密码框焦点事件,实现失去焦点的方法的代码编写
        pw2.addFocusListener(new FocusAdapter(){
            public void focusLost(FocusEvent e){   //失去焦点
              String str1 = new String(pw1.getPassword());
              String str2 = new String(pw2.getPassword());
              if(str1.equals(str2) == false){   //判断两个密码的字符串是否相等
                  flag = false;
                  pw2.setText("");
                  JOptionPane.showMessageDialog(null,"两次密码不一致!");
              }
              else
                  flag = true;     //密码相等
            }
        });
        //匿名内部类,监听注册按钮的动作事件
        btnOk.addActionListener(new ActionListener(){
          public void actionPerformed(ActionEvent e){
              if(flag == true && txtname.getText().length()! = 0){
                  //str 用来存储最后注册的信息说明的字符串
                  String str = new String();
                  str = txtname.getText()+",您的基本信息:";
                  if(rbWoman.isSelected() == true)  //判断性别
                      str = str+"女性";
```

```
            else
                str = str+"男性";
        str = str+"\n 现居住地: "+jcbStay. getSelectedItem( );
        str = str+"\n 您的爱好兴趣: ";
        boolean b = false;      // 标识选择的兴趣爱好的复选框
        for( int i = 0; i<5; i++) {
                if( jcb[i]. isSelected( ) = = true) {
                b = true;
            str = str+" "+jcb[i]. getText( );     // 所选兴趣爱好字符串连接
                }
            }
        if( b = = false)
            str = str+"\n 注册成功! ";
            else
            str = str+"\n 注册成功! ";
            JOptionPane. showMessageDialog( null, str);     // 对话框
        }
    else if( txtname. getText( ). length( ) = = 0)
        JOptionPane. showMessageDialog( null, "请输入用户名");
    }
});
//匿名内部类, 监听取消按钮的动作事件
btnCancel. addActionListener( new ActionListener( ) {
    public void actionPerformed( ActionEvent e) {
        //设置所有组件的初始未输入状态
        txtname. setText(" ");
        pw1. setText(" ");
        pw2. setText(" ");
        jta. setText(" ");
        rbWoman. setSelected( true);
        jcbStay. setSelectedIndex( 0);
        for( int i = 0; i<5; i++) {
            jcb[i]. setSelected( false);
        }
    }
});
mywindow. setSize( 400, 300);
mywindow. setVisible( true);
mywindow. setDefaultCloseOperation( JFrame. EXIT_ON_CLOSE);
}
public static void main( String[ ] args) {
    Task6_2_3  t = new Task6_2_3( );
    t. designFrame( );
```

```
        }
    }
```

3. 运行结果

程序运行结果如图 6-53 所示。

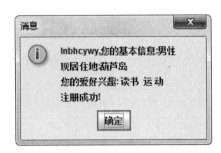

图 6-53

> 　　触发事件编码是 Java 中的难点内容。面对学习中的困难,要鼓足勇气和干劲,独立思考,通过努力获得成功。这样不但有助于增强自信心,还有助于在逆境中保持良好的心理状态。学生在与老师、同学交流、讨论的过程中,会引发新的思考,碰撞出智慧的火花,提高自身分析问题、解决问题的能力。

能力提升

一、选择题

1. 一个事件源可以注册(　　　)事件监听器,一个事件监听器可以监听(　　　)事件源。

    A. 一个;一个   B. 一个;多个   C. 多个;一个   D. 多个;多个

2. 在 Java 中每个事件都是对象,(　　　)是所有事件对象的根类。

    A. EventObject   B. AWTEvent   C. ActionEvent   D. MouseEvent

3. 不属于鼠标事件类的方法是(　　　)。

    A. MousePressed( )   B. MouseEntered( )

    C. MouseQuited( )   D. MouseClicked( )

4. 窗口关闭时会触发的事件是(　　　)。

    A. KeyEvent   B. WindowEvent   C. ItemEvent   D. MouseEvent

5. KeyEvent 类中的常用方法中,返回值为整型的是(　　　)。

    A. getKeyCode( )   B. getKeyChar( )   C. getKeyText( )   D. getKey( )

6. 组件位置发生改变的事件是(　　　)。

    A. componentShown( )   B. componentHidden( )

    C. componentMoved( )   D. componentResized( )

二、填空题

1. Java 语言中事件源-监听者机制,主要涉及事件、_____、事件监听器三个类对象。

2. ActionListener 接收动作事件的侦听器接口,发生操作事件时,调用对象_____方法。

3. 当释放鼠标时产生_____事件。

4. 自定义对话框分为_____和_____两种。_____是指当对话框弹出以后,只在该对话框中操作,无法切换到其他界面。

5. Java 为事件监听器接口提供了对应的适配器类,在该类中实现了对应接口的所有方法,比如 KeyListen 对应的适配器类是_____。

三、编写程序

设计一个颜色切换面板:单击 A 按钮,面板颜色为黄色;单击 B 按钮,面板颜色为粉色;单击 C 按钮,面板颜色为橙色。前进和后退同样有效,如图 6-54 所示。

图 6-54　颜色切换面板

学习评价

班级		学号		姓名	
任务 6.2　设计 GUI 图形界面				课程性质	理实一体化
知识评价(30 分)					
序号	知识考核点			分值	得分
1	GUI 界面设计			10	
2	界面布局设置			10	
3	事件处理			10	

班级		学号		姓名	
任务 6.2　设计 GUI 图形界面				课程性质	理实一体化

任务评价(60 分)

序号	任务考核点	分值	得分
1	登录界面设计	15	
2	小型计算器界面布局	15	
3	会员注册页面事件编码	20	
4	程序测试	10	

思政评价(10 分)

序号	思政考核点	分值	得分
1	思政内容的认识与领悟	5	
2	思政精神融于任务的体现	5	

违纪扣分(20 分)

序号	违纪考查点	分值	扣分
1	上课迟到早退	5	
2	上课打游戏	5	
3	上课玩手机	5	
4	其他扰乱课堂秩序的行为	5	
综合评价		综合得分	

任务 6.3　网 络 编 程

学习目标

【知识目标】

1. 了解网络的概念和网络模型,掌握 UDP 通信协议、基于 UDP 协议的 SOCKET 通信;
2. 了解 TCP 通信协议,掌握基于 TCP 协议的 SOCKET 通信;
3. 掌握使用 URL、URLConnection、HttpURLConnection 进行程序设计。

【任务目标】

1. 能够正确运用 InetAddress 类获取主机的 IP 地址和域名,实现基于 UDP 协议编程;
2. 能够理解 TCP 协议与 UDP 协议在通信时的区别,实现基于 TCP 协议编程;

3.能够运用 URL、URLConnection、HttpURLConnection 实现编程。

【素质目标】

1.具有理性消费的意识和保护自身合法消费权益的能力；

2.具有学习交流的能力；

3.具有仔细认真、勇于挑战、精益求精的工匠精神。

子任务 6.3.1 UDP 程序设计

任务描述

物联网时代,网上购物已经成为人们生活中不可缺少的一部分。通过学习 UDP 数据报编程,可以设计一个网上购物买家和卖家的聊天程序。通过监听指定端口号、目标端口号和 IP 地址,实现买卖双方消息的发送和接收,以便日后出现分歧时留下凭证,显示聊天记录,以保障买家和卖家的合法消费权益。

预备知识

Java 提供了强大的网络支持功能。Java 程序设计中,既可以给网络中的其他计算机发送数据,又可以接收网络中的数据,实现了数据共享。Java. net 包中提供了一系列的网络类,利用这些类可以实现基于 UDP 或 TCP 协议的网络编程。

1. 介绍网络编程

网络编程是 Java 语言中最具特色的部分,通过编写网络应用程序,可实现不同计算机之间的通信,实现数据交换和数据共享。网络编程实质上还是数据传输,只不过是在不同计算机之间传输数据。实现网络编程必须保证各个计算机之间有物理连接的通道、网络协议和 IP 地址。

2. 网络协议

在计算机通信过程中,把发送信息的计算机称为源,接收信息的计算机称为目标。为使目标计算机还原发送源的信息,需要统一的信息传输格式,对数据格式建立规则、标准、约定,称为网络协议。在网络编程时,常用的网络协议有 UDP 协议和 TCP 协议。

UDP 是 User Datagram Protocol 的简称,即用户数据报协议。UDP 是一个无法连接的协议,不需要建立专门的连接线路,也就是说在传输数据之前,客户端和服务器不建立连接。类似于发短信,发送端只负责发送数据,不确保数据能否被成功接收或数据是否正确。它虽然提供了简单、高效的传输服务,但无法确保传输数据的可靠性和正确性,属于不可靠传输。由于 UDP 协议消耗资源低,通信效率高,适用于音频、视频和普通数据的传输。UDP 交换过程如图 6-55 所示。

TCP 是 Transmission Control Protocol 的简称,即传输控制协议。TCP 是一种面向连接的、可靠的、基于字节流的通信协议。在进行通信之前先要建立一条通路,确保整个通信过程处于连接状态。通信双方可以同时进行数据传输,它是全双工的,能够确保数据正确传送。通信结束后,才能释放链路。TCP 协议的优点是能保证数据传输的可靠性、正确性及安全性,是被广泛采用的协议。例如,下载文件时,如果数据接收不完整,会导致数据缺失而无法打开,因此下载文件必须采用 TCP 协议。TCP 交换过程如图 6-56 所示。

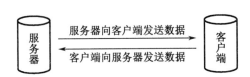

图 6-55　UDP 服务端与客户端

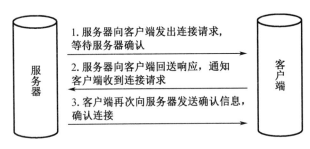

图 6-56　TCP 服务端与客户端

3. IP 地址

互联网上每台计算机都有唯一表示自己的标记,称为 IP 地址。IP 地址是一个 32 位二进制数,分为 4 个字节,实际中看到的大多数 IP 地址都以十进制的数据形式表示,如"192. 234. 210. 3"。

IP 地址的格式:IP 地址=网络地址+主机地址。其中,网络地址也叫作网络号,用户识别主机所有的网络;主机地址也叫作主机号,用户识别该网络中的主机。IP 地址中的掩码主要用来区分网络号和主机号。

4. 端口

有时候,同一台计算机往往运行多个不同的网络应用程序,为标识是哪个网络应用程序,避免不同程序之间的冲突,需要引入一个端口。端口类似于公司的总机号码和分机号码,IP 地址相当于总机号码,端口相当于分机号码。同一端口同一时间只能被一个网络应用程序占用,否则会发生冲突。通常 HTTP 采用的是 80 端口,FTP 采用的是 21 端口。端口采用数字进行编号,范围为 0~65535。其中 0~1023 是系统保留的端口,在设计网络通信程序时,不要占用这些端口。

5. 服务器和客户端

网络通信中,客户端向服务器发出连接请求,此时服务器等待连接请求。请求信息在网络上传输,当服务器收到连接请求并确认后,建立与客户端的连接。一旦通信建立,客户端和服务器端便成了一种双向通信。网络编程中的程序分为客户端和服务器,网络编程结构称为客户/服务器结构,简称 C/S 结构。

6. UDP 网络编程

网络编程是 Java 语言中最具特色的内容,已成为互联网上最流行的一种编程语言。java.net 包中提供的网络类,根据需要处理的通信协议决定使用其中的哪些。基于 UDP 的应用程序使用 DatagramPacket、DatagramSocket 类;基于 TCP 的应用程序使用 Socket 类、ServerSocket 类;基于 HTTP 和 FTP 等协议访问 URL 资源的应用程序使用 URL、URLConnection 类。

UDP 协议是无连接协议,以数据报为基本单位在网络中传输信息,包含源地址、目标地址和传输的信息,数据报限定为不超过 64 KB 大小。因为无须建立专门的连接,所以数据报在网络中可以使用任何可能的路径传送到目标地址,但目标地址是否能收到数据无法保证。UDP 协议主要在视频会议、网络游戏等方面应用广泛。

7. InetAddress 类

java.net 包中提供了 InetAddress 类。InetAddress 的实例对象包含主机地址的域名和 IP 地址。此类没有提供 public 构造方法,但提供了一些返回此类对象的静态方法来获取 InetAddress 实例对象。InetAddress 类的常用方法如表 6-18 所示。

表 6-18　InetAddress 类的常用方法

序号	方法名称	功能描述
1	getLocalHost( )	获取本地主机名
2	getByName(String host)	用指定的主机名获取 InetAddress 实例化对象
3	getByAddress( )	用指定的 IP 地址获取 InetAddress 实例化对象
4	getAddress( )	返回 IP 地址的字节形式
5	getHostAddress( )	获取当前 InetAddress 对象的 IP 地址
6	getHostName( )	获取当前 InetAddress 对象的主机名
7	isReachable( )	判断指定时间内是否可以到达

【例 6-36】　InetAddress 的使用示例

```
import java.net. * ;
public class Example6_36 {
    public static void main( String[ ] args) throws Exception {
        //创建一个表示本地主机的 InetAddress 对象 local
        InetAddress local = InetAddress. getLocalHost( );
        System. out. println("获取本地机的实例化对象...");
        System. out. println("本地机:" + local);     //输出本地机的名字和地址
        System. out. println("本地机名称:" + local. getHostName( )); InetAddress 类
        System. out. println("本地机 IP 地址:" + local. getHostAddress( ));
        //创建一个表示本网易的 InetAddress 对象 inet
        InetAddress inet = InetAddress. getByName("www. sina. com");
        System. out. println("获取网易的实例化对象...");
```

```
        System. out. println("网易的主机域名:" + inet. getHostName( ));
        System. out. println("网易的 IP 地址:" + inet. getHostAddress( ));    //输出网易的地址
    }
}
```

程序运行结果如图 6-57 所示。

图 6-57

8. DatagramPacket 类

DatagramPacket 类表示一个数据报包,用来实现一个无连接的传送服务。每条信息从一台计算机发送到另一台计算机的路径仅取决于这个包所包含的信息。多个包从一台计算机发送到另一台计算机可以经过不同的路径,任意顺序到达。

数据报按用途划分为两种:一种用来发送数据,另一种用来从网络中接收数据。用来发送数据的数据报要有传递的目标地址和端口号。UDP 数据报的发送和接收需要建立一个 DatagramSocket 对象,用来接收或发送数据报。DatagramSocket 类实例化数据报对象,是 UDP 传输的基本单位。

DatagramPacket 构造方法有 6 种,其中有 4 种是发送数据包的方法,参数中都带有地址变量;有 2 种是接收数据包的构造方法,参数中没有地址变量。

(1)DatagramPacket(byte[ ] buf,int length,InetAddress address,int port)

构造数据报包,用来将长度为 length 的数据包发送到指定主机上的指定端口号。

(2)DatagramPacket(byte[ ] buf,int length,int offset,InetAddress address,int port)

构造数据报包,用来将长度为 length、偏移量为 offset 的数据包发送到指定主机上的指定端口号。

(3)DatagramPacket(byte[ ] buf,int offset,int length,SocketAddress address)

构造数据报包,用来将长度为 length、偏移量为 offset 的数据包发送到指定主机上的指定端口号。

(4)DatagramPacket(byte[ ] buf,int length,SocketAddress address)

构造数据报包,用来将长度为 length 的数据包发送到指定主机上的指定端口号。

(5)DatagramPacket(byte[ ] buf,int length)

构造 DatagramPacket,用来接收长度为 length 的数据包。

(6)DatagramPacket(byte[ ] buf,int offset,int length)

构造 DatagramPacket,用来接收长度为 length 的数据包,在缓冲区指定了偏移量。

DatagramPacket 类的常用方法如表 6-19 所示。

表 6-19 DatagramPacket 类的常用方法

序号	方法名称	功能描述
1	getPort( )	获取某台主机的端口号
2	getLength( )	获取要发送或接收数据的长度
3	getSocketAddress( )	获取发送到或发出此数据包的远程主机的 SocketAddress
4	getAddress( )	获取某台机器的 IP 地址
5	setAddress( )	设置数据包发送到那台机器的 IP 地址
6	setData( )	设置包的数据缓冲区
7	setPort( )	设置数据包发送到远程主机的端口号
8	setLength( )	设置包的长度

9. DatagramSocket 类

DatagramSocket 类表示一个发送和接收数据报包的 Socket，数据报 Socket 是无连接包传递服务的发送或接收地点。每一个在数据报文 Socket 发送或接收的包都独立地寻找地址和选择路径。多个包从一台机器到另一台机器的路径可能不同，可以任意顺序到达。

DatagramSocket 既适用于 UDP 服务器，也适用于 UDP 客户端。DatagramSocket 既可以发送 DatagramPacket，也可以接收 DatagramPacket，实现了双向通信。

DatagramSocket 常用的构造方法如下：

（1）DatagramSocket( )

构造数据报套接字并将其绑定本地主机上的任何可用端口。

（2）DatagramSocket(DatagramSocketImpl impl)

创建带有指定 DatagramSocketImpl 的未绑定数据报套接字。

（3）DatagramSocket(int port)

创建数据报套接字并将其绑定在本地主机上的指定端口。

（4）DatagramSocket(int port,InetAddress laddr)

创建数据报套接字并将其绑定在指定的本地地址。

（5）DatagramSocket(SocketAddress baddr)

创建数据报套接字并将其绑定指定的本地套接字地址。

DatagramSocket 类的常用方法如表 6-20 所示。

表 6-20 DatagramSocket 类的常用方法

序号	方法名称	功能描述
1	receive( )	套接字接收数据报包
2	send( )	套接字发送数据报包

表 6-20(续)

序号	方法名称	功能描述
3	isBound( )	套接字的绑定状态
4	close( )	关闭数据套接字
5	getLocalPort( )	获取套接字绑定的本地地址
6	getLocalPort( )	获取套接字绑定的本地主机上的端口
7	getPort( )	返回套接字的端口
8	getReceiveBufferSize( )	获取 DatagramSocket 的 SO_RCVBUF 选项值
9	getLocalSocketAdress( )	返回套接字绑定的端口地址,如果未绑定返回 null

【例 6-37】　DatagramPacket 和 DatagramSocket 的使用示例

```java
package Example6_37;
import java.io.IOException;
import java.net.DatagramPacket;
import java.net.DatagramSocket;
import java.net.InetAddress;
public class Receive {
    public static void main(String[] args) throws IOException {
        //1.创建 Socket 对象
        DatagramSocket recevieSocket = new DatagramSocket(10000);
        //2.创建数据包对象
        byte[] data = new byte[1024];
        DatagramPacket packet = new DatagramPacket(data, data.length);
        //3.发送数据
        recevieSocket.receive(packet);    //阻塞式方法
        //从包裹中取数据及其他内容
        InetAddress address=packet.getAddress();    //获取发送方的 IP 对象
        byte[] sourceData=packet.getData();    //获取发送方的数据
        int len=packet.getLength();    //获取发送方发送的数据的有效长度,单位为字节数
        int port=packet.getPort();    //获取发送方的端口号
        String text=new String(sourceData, 0, len);    //把字节数组转换为字符串
        System.out.println("收到 IP ="+address.getHostAddress()+",端口号="+port+"的信息:");
        System.out.println(text);
        //4.关闭 socket
        recevieSocket.close();
    }
}
import java.io.IOException;
import java.net.DatagramPacket;
import java.net.DatagramSocket;
```

```
import java. net. InetAddress;
public class Send {
    public static void main(String[] args) throws IOException {
        //1. 创建 Socket 对象
        DatagramSocket sendSocket = new DatagramSocket(20000);    //此时的端口号为客户端发送数
据的端口号,跟服务器端的接收数据的端口号可以不一致
        //2. 创建数据包对象
        byte[] data = "Hello, I am Lily, I miss you very much, How are you?". getBytes();
        InetAddress address = InetAddress. getByName("localhost");
        DatagramPacket packet = new DatagramPacket(data, data. length, address, 10000);
        //3. 发送数据
        sendSocket. send(packet);
        //4. 关闭 socket
        sendSocket. close();
    }
}
```

程序运行结果如图 6-58 所示。

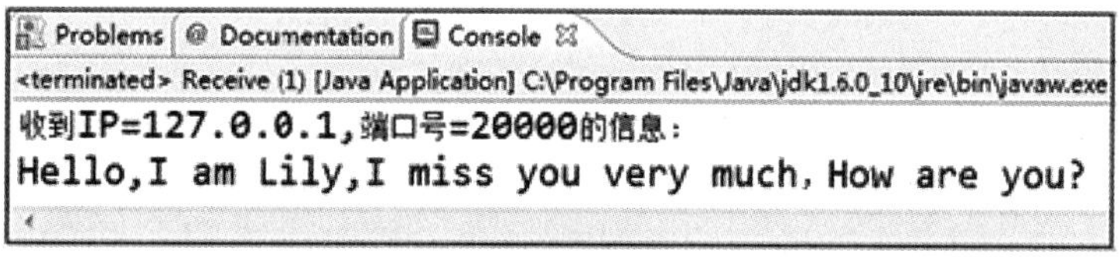

图 6-58

本程序先运行接收端程序,让接收端处于等待接收状态,再运行发送端程序,则在接收端就收到了发送端发送的信息。

知识拓展

1. 数据报编程

使用 UDP 协议,从键盘上输入内容,并将内容发送到指定的主机,接收端接收到信息以后,将信息显示在屏幕上,获取数据报的源地址。

UDP 协议的发送端发送数据的步骤:

①建立发送端对象;

②建立数据包(发送格式);

③调用 Socket 的发送方法;

④关闭发送端 Socket。

UDP 协议的接收端接收数据的步骤:

①建立接收端对象;

②建立数据包(接收格式);

③调用 Socket 的接收方法;

④关闭接收端 Socket。

由 UDP 编程步骤可知,我们分别编写发送端和接收端的程序,接收端接收信息以后,还要将信息返给发送端,所以发送端既可以发送信息,又可以接收信息;接收端同样既可以接收信息,又可以发送信息。

【例 6-38】　数据报编程的使用示例

```java
package Example6_38;
import java.io.IOException;
import java.net. * ;
public class Send {
    public static void main(String[ ] args) {
        InetAddress ia = null;
        DatagramSocket ds = null;
        try{
            String mess = "您好,请问有养生堂牌维生素 E 软胶囊吗?";
            // 显示与本地对话框
            System.out.println("我　说:"+mess);
            // 获取本地主机地址
            ia = InetAddress.getByName("localhost");
            // 创建 DatagramPacket 对象,封装数据
            DatagramPacket dp = new
DatagramPacket(mess.getBytes( ), mess.getBytes( ).length, ia, 8800);
            // 创建 DatagramSocket 对象,向服务器发送数据
            ds = new DatagramSocket( );
            ds.send(dp);
            byte[ ] buf = new byte[1024];
            DatagramPacket dpre = new DatagramPacket(buf, buf.length);
            // 创建 DatagramSocket 对象,接收数据
            // ds = new DatagramSocket(8800);
            ds.receive(dpre);
            // 显示接收到的信息
            String reply = new String(dpre.getData( ), 0, dpre.getLength( ));
            System.out.println(dpre.getAddress( ).getHostAddress( )+"说:"+reply);
        }catch(UnknownHostException e) {
            e.printStackTrace( );
        } catch(IOException e) {
            e.printStackTrace( );
        }finally{
            // 关闭 DatagramSocket 对象
            ds.close( );
        }
    }
}
```

```
}
import java.io.IOException;
import java.net.*;
public class Receive {
    public static void main(String[] args) {
        DatagramPacket dp = null;
        DatagramSocket ds = null;
        DatagramPacket dpto = null;
        try {
            // 创建 DatagramPacket 对象,用来准备接收数据包
            byte[] buf = new byte[1024];
            dp = new DatagramPacket(buf, buf.length);
            // 创建 DatagramSocket 对象,接收数据
            ds = new DatagramSocket(8800);
            ds.receive(dp);
            // 显示接收到的信息
            String mess = new String(dp.getData(), 0, dp.getLength());
            System.out.println(dp.getAddress().getHostAddress() + "说:" + mess);
            String reply = "您好,我查询一下,请稍等!";
            // 显示与本地对话框
            System.out.println("我　说:" + reply);
            // 创建 DatagramPacket 对象,封装数据
            SocketAddress sa = dp.getSocketAddress();
            dpto = new DatagramPacket(reply.getBytes(), reply.getBytes().length, sa);
            ds.send(dpto);
        } catch(IOException e) {
            e.printStackTrace();
        } finally {
            ds.close();
        }
    }
}
```

程序运行结果如图 6-59 所示。

图 6-59

✤ 任务实现

子任务 6.3.1 微视频

1. 任务分析

分析任务题目,可以得出以下信息:

①编写卖家程序,创建 DatagramPacket 和 DatagramSocket 对象;

②通过 while 循环反复调用 receive( )方法等待接收买家信息;

③输入数据并封装到 DatagramPacket 对象,调用 send( )方法发送回复信息;

④编写买家程序,创建 DatagramPacket 对象和 DatagramSocket 对象;

⑤在 while 循环中输入对话信息并封装到 DatagramPacket 对象,调用 send( )方法发送信息;

⑥输入"再见"表示程序结束。

2. 任务编码

通过分析可以编写下列代码以任务实现功能:

```java
package Task6_3_1;
import java.net. * ;
import java.io. * ;
public class Seller{
    static final int PORT = 4000;     // 使用 PORT 常量设置服务端口
    private byte[ ] buf = new byte[1000];
    // 构造 DatagramPacket 对象
    private DatagramPacket dgp =new DatagramPacket(buf, buf. length);
    private DatagramSocket sk;
    public Seller( ){
        try{
            // 使用 DatagramSocket(PORT) 构造 DatagramSocket 对象
            sk = new DatagramSocket(PORT);
            System. out. println("卖家已经启动");
            while(true){
                sk. receive(dgp);     // 使用 receive 方法等待接收客户端数据
                String sReceived =   "("+ dgp. getAddress( )+":"+ dgp. getPort( )+")"+new String(dgp.
getData( ),0, dgp. getLength( ));
                System. out. println(sReceived);
                String sMsg ="";
                BufferedReader stdin= new BufferedReader(new InputStreamReader(System. in));
                try{
                    sMsg = stdin. readLine( );  // 读取标准设备输入
                }catch(IOException ie){
                    System. err. println("输入输出错误!");
                }
                String sOutput = "[卖家]:"+ sMsg;
                byte[ ] buf = sOutput. getBytes( );     // 获取字符到 buf 数组
```

```
                // 构造 DatagramPacket 对象打包数据
                DatagramPacket out = new DatagramPacket(buf, buf. length, dgp. getAddress(), dgp.
getPort());
                // 发送回复信息
                sk. send(out);
            }
        } catch(SocketException e) {
            System. err. println("打开套接字错误!");
            System. exit(1);
        } catch(IOException e) {
            System. err. println("数据传输错误!");
            e. printStackTrace();
            System. exit(1);
        }
    }
    public static void main(String[] args) {
        new Seller();
    }
}
import java. net. * ;
import java. io. * ;
public class Buyer{
    private DatagramSocket ds;
    private InetAddress ia;
    private byte[] buf = new byte[1000];
    private DatagramPacket dp = new DatagramPacket(buf, buf. length);
    public Buyer() {
        try{
            // 使用 DatagramSocket 默认构造方法创建 DatagramSocket 对象 ds
            ds = new DatagramSocket();      // 获取主机地址
            ia = InetAddress. getByName("localhost");
            System. out. println("买家已经启动");
            while(true) {
                String sMsg = " ";
                BufferedReader stdin = new BufferedReader(new InputStreamReader(System. in));
                try{
                    sMsg = stdin. readLine();    // 读取标准设备输入
                } catch(IOException ie) {
                    System. err. println("IO 错误!");
                }
                if(sMsg. equals("再见")) break;    // 如果输入"再见"则表示退出程序
                String sOut = "[买家]:"+ sMsg;
                byte[] buf = sOut. getBytes();
```

```
                    // 构造 DatagramPacket 对象打包数据
                    DatagramPacket out = new DatagramPacket(buf, buf. length, ia, Seller. PORT);
                    ds. send(out);        // 使用 DatagramSocket 的 send 方法发送数据
                    ds. receive(dp);      // 使用 DatagramSocket 的 receive 接收服务器数据
                    String sReceived = "("+ dp. getAddress() + ":" + dp. getPort() +")" + new String(dp.
getData(), 0, dp. getLength());
                    System. out. println(sReceived);
                }
            }catch(UnknownHostException e) {
                System. out. println("未找到服务器!");
                System. exit(1);
            }catch(SocketException e)
            {
                System. out. println("打开套接字错误!");
                e. printStackTrace();
                System. exit(1);
            }catch(IOException e) {
                System. err. println("数据传输错误!");
                e. printStackTrace();
                System. exit(1);
            }
        }
        public static void main(String[] args) {
            new Buyer();
        }
    }
```

3. 运行结果

程序运行结果如图 6-60 所示。

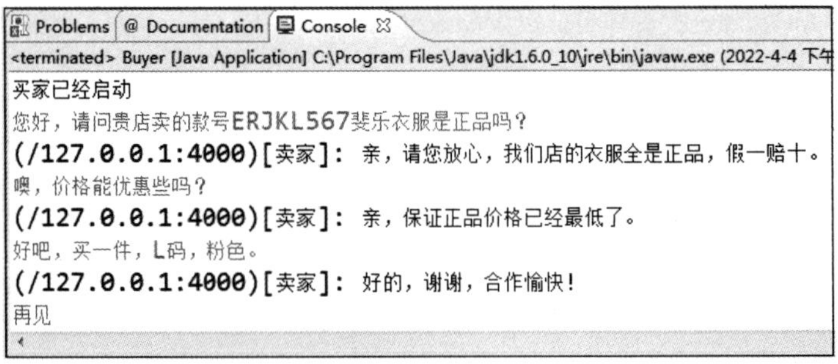

图 6-60

　　网购是大学生目前购物的主要方式之一,同学们在网购中要多了解商品的相关信息,不要匆忙购买。要货比三家,做到心中有数,同时还要考虑选择服务有保障的商家,采用类似上面程序中的聊天方式,与商家沟通,了解相关信息,保障自己的合法消费权益。网上购物时要具有理性消费的意识和保护自身合法消费权益不被侵犯的能力。

能力提升

一、选择题

1. 通过下面哪种方法可以获取本机地址? (　　　)
 　A. getHostName( )　　　　　　　B. getLocalHost( )
 　C. getByName( )　　　　　　　　D. getHostAddress( )

2. InetAddress 类获取本地机 IP 地址的方法是(　　　)。
 　A. getHostAddress( )　　　　　　B. getAddress( )
 　C. getByAllName( )　　　　　　　D. getHostName( )

3. 下列属于 UDP 协议特点的是(　　　)。
 　A. 传输数据可靠　　　　　　　　B. 面向有连接
 　C. 传输速度快　　　　　　　　　D. 数据大小无限制

4. DatagramSocket 类用于发送数据的方法是(　　　)。
 　A. receive( )　　　　　　　　　　B. send( )
 　C. accept( )　　　　　　　　　　D. post( )

5. UDP 协议的编程中用来表示通信端点的类是(　　　)。
 　A. Socket　　　　　　　　　　　B. DatagramPacket
 　C. ServerSocket　　　　　　　　D. DatagramSocket

6. UDP 协议通信时,需要使用(　　　)类把要发送的数据打包。
 　A. DatagramPacket　　　　　　　B. Socket
 　C. DatagramSocket　　　　　　　D. ServerSocket

二、填空题

1. 目前使用最广泛的网络协议是 Internet 上使用的_____协议。

2. 套接字是一个特定机器上被编号的端口,系统可用的端口号是_____。

3. 常用的编程模式有客户端/ 服务器模式,简称_____模式。

4. 基于 UDP 协议编程时,DatagramPacket 类的构造方法共有 6 种形式的重载,其中_____种表示发送形式,_____种表示接收形式。

5. TCP/ IP 协议的两种通信协议是_____协议和_____协议。

✦ 三、编写程序

使用 UDP 协议实现聊天室的群聊功能,要求从键盘上打字,直到某人输入"bye",表示他退出聊天室,结束程序运行。

子任务 6.3.2　TCP 程序设计

任务描述

使用 TCP 协议实现照片上传服务器。使用多用户多线程技术向 IP 地址为 192.168.0.17 的服务器上传照片,服务器接收上传照片并保存在服务器的本地文件中。

预备知识

Java 提供了强大的网络支持功能,Java 程序设计中,既可以给网络中的其他计算机发送数据,又可以接收网络中的数据,实现了数据共享。Java.net 包中提供了一系列网络类,利用这些类可以实现基于 UDP 或 TCP 协议的网络编程。

1. TCP 编程基础

TCP 传输控制协议是面向连接的协议,它提供双向、可靠、有流量控制的字节流服务。TCP 连接中必须明确服务器与客户端,还要建立逻辑连接。实现连接功能称为套接字(Socket)。基于 TCP 协议实现网络通信的套接字有两个:Socket 类和 ServerSocket 类。Socket 类创建客户端的套接字对象,服务器端的 ServerSocket 类实例化对象用来监听来自客户端的连接。如果监听到来自客户端的 Socket 对象,服务器会同样获得一个 Socket 对象,此时与客户端的 Socket 对象建立连接。

Java 中使用 Socket 完成 TCP 程序的开发,Socket 可以方便地建立双向、可靠、持续、点对点的通信连接。建立 Socket 连接是实现 TCP 网络程序的基础,服务器与客户端进行数据传递如图 6-61 所示。

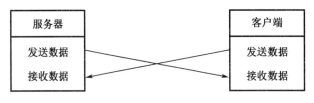

图 6-61　客户端/服务器数据交换图

进行数据交换时,服务器发送数据,客户端接收数据;客户端发送数据,服务器接收数据。Socket 工作过程主要包括以下五个步骤:

①服务器实例化 ServerSocket 对象,并使用 accept() 方法来进行监听;

②服务器的 IP 地址和端口号作为参数,在客户端实例化 Socket 对象;

③使用客户端/服务器两端的 Socket 对象,打开数据的输入/输出流;

④客户端/服务器按照协议要求,发送和接收数据;

⑤关闭数据输入/输出流和 Socket。

2. Socket 类

Socket 称为套接字,用于描述 IP 地址和端口,实现不同计算机之间的通信。套接字有两种类型:流套接字和数据报套接字。TCP 属于流套接字协议,提供双向、有序、无重复且无记录边界的数据流服务;UDP 属于数据报套接字协议,它传输速度快,但数据传送并不可靠、无序、可重复,保留记录边界的双向数据流服务。

套接字运行的基本操作主要有连接到远程机器、绑定端口、接收从远程计算机发来的连接请求、监听到达数据、发送数据、接收数据和关闭连接。

Socket 类的构造方法如下:

(1)Socket()

创建未连接的 Socket,没有 IP 地址和端口号,只创建了客户端对象。

(2)Socket(String host,int port)

创建 Socket 连接到指定主机 host 和端口号 port。

(3)Socket(InetAddress address,int port)

创建 Socket 连接到指定 IP 地址和端口号 port。

Socket 类的常用方法如表 6-21 所示。

表 6-21　Socket 类的常用方法

序号	方法名称	功能描述
1	getPort()	套接字连接到远程端口
2	getLocalPort()	套接字绑定到本地端口
3	getLocalAddress()	套接字绑定本地地址
4	getInetAddress()	套接字连接的地址
5	getInputStream()	套接字的输入流
6	getOutputStream()	套接字的输出流
7	close()	关闭套接字
8	toString()	套接字转换 String

3. SeverSocket 类

SeverSocket 服务器套接字,在客户端/服务器的网络模型中,利用 SeverSocket 可以开发服务器程序,等待网络上发来的请求。它的运行是基于某些请求,然后可能返回给请求者一个结果。

SeverSocket 工作过程主要包括以下七个步骤:

①在指定的监听端口创建 ServerSocket 对象。

②ServerSocket 对象调用 accept()方法在指定端口监听到发来的连接。accept()阻塞当

前 Java 线程,直到接收到客户端连接请求,accept()方法返回连接客户端与服务器的 Socket 对象。

③调用 getInputStream()方法和 getOutputStream()方法获得 Socket 对象的输入和输出流。

④服务器与客户端根据一定的协议交互数据,直到一端请求关闭连接。

⑤服务器与客户端关闭连接。

⑥服务器回到第 2 步,继续监听下一次的连接。

⑦客户端运行结束。

ServerSocket 类的构造方法如下:

①ServerSocket()

创建非绑定服务器套接字。

②ServerSocket(int port)

创建绑定到特定端口的服务器套接字。

③ServerSocket(int port,int backlog)

创建服务器套接字并将其绑定到指定的本地端口号。

④ServerSocket(int port,int backlog,InetAddress bindAddr)

使用指定的端口、侦听 backlog 和要绑定到的本地 IP 地址创建服务器。

ServerSocket 类的常用方法如表 6-22 所示。

表 6-22　Socket 类的常用方法

序号	方法名称	功能描述
1	accept()	侦听并接收套接字的连接
2	bind()	将 ServerSocket 绑定到 IP 地址和端口号
3	close()	关闭此套接字
4	getChannel()	如果有,则返回与此套接字关联的唯一 ServerSocketChannel 对象
5	getInetAddress()	返回此服务器套接字的本地地址
6	getLocalPort()	返回此套接字侦听的端口
7	getLocalSocketAddress()	返回此套接字绑定的端点的地址,如果尚未绑定则返回 null
8	getReceiveBufferSize()	获取此 ServerSocket 的 SO_RCVBUF 选项的值, 该值是 ServerSocket 接收的套接字的缓冲区大小
9	getReuseAddress()	测试是否启用 SO_REUSEADDR
10	getSoTimeout()	获取 SO_TIMEOUT 的设置
11	implAccept()	ServerSocket 的子类使用此方法覆盖 accept()以返回它们自己的套接字子类
12	isBound()	返回 ServerSocket 的绑定状态
13	isClosed()	返回 ServerSocket 的关闭状态
14	setReceiveBufferSize()	ServerSocket 接收的套接字的 SO_RCVBUF 选项设置默认建议值

表 6-22(续)

序号	方法名称	功能描述
15	setReuseAddress( )	启用/禁用 SO_REUSEADDR 套接字选项
16	setSoTimeout( )	指定超时值,以毫秒为单位
17	setPerformancePreferences( )	设置此 ServerSocket 的性能首选项

【例 6-39】　Socket 的使用示例

Socket 微视频

```java
package Example6_39;
import java.net. * ;
import java.io. * ;
public class Server {
    public static void main( String[ ] args) {
        try {
            // 建立一个服务器 Socket(ServerSocket)指定端口并开始监听
            ServerSocket serverSocket = new ServerSocket(8800);
            // 使用 accept( )方法等待客户端触发通信
            Socket socket = serverSocket.accept( );
            // 打开输入输出流
            InputStream is = socket.getInputStream( );
            OutputStream os = socket.getOutputStream( );
            // 获取客户端信息, 即从输入流读取信息
            BufferedReader br = new BufferedReader( new InputStreamReader( is) );
            String info = null;
            while( ! ( ( info = br.readLine( ) ) = = null) ) {
                System.out.println("我是服务器, 客户的信息:");
                System.out.println( info) ;
            }
            // 给客户端一个响应, 即向输出流写入信息
            String reply = "已收到您的个人信息!";
            os.write( reply.getBytes( ) );
            // 关闭资源
            br.close( );
            os.close( );
            is.close( );
            socket.close( );
            serverSocket.close( );
        } catch( IOException e) {
            // TODO Auto-generated catch block
            e.printStackTrace( );
        }
    }
}
```

```java
}
import java.net.*;
import java.io.*;
public class Client {
    public static void main(String[] args) {
        try {
            // 建立客户端 Socket 连接, 指定服务器的位置以及端口
            Socket socket = new Socket("localhost", 8800);
            // 打开输入输出流
            OutputStream os = socket.getOutputStream();
            InputStream is = socket.getInputStream();
            // 发送客户端登录信息, 即向输出流写入信息
            String info = "姓名:刘扬帆    性别:男    年龄:21";
            os.write(info.getBytes());
            socket.shutdownOutput();
            // 接收服务器端的响应, 即从输入流读取信息
            String reply = null;
            BufferedReader br = new BufferedReader(new InputStreamReader(is));
            while(!((reply = br.readLine()) == null)) {
                System.out.println("我是客户端, 服务器响应:");
                System.out.println(reply);
            }
            //4.关闭资源
            br.close();
            is.close();
            os.close();
            socket.close();
        } catch(UnknownHostException e) {
            e.printStackTrace();
        } catch(IOException e) {
            e.printStackTrace();
        }
    }
}
```

程序运行结果如图 6-62 所示。

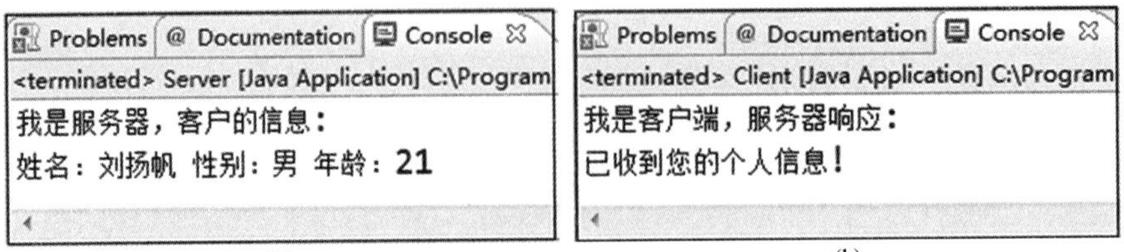

(a)　　　　　　　　　　(b)

图 6-62

　　上面程序完成了客户端和服务器的交互,采用一问一答的模式,先启动服务器进入监听状态,等待客户端连接请求。连接成功以后,客户端先发言,服务器给予响应。

知识拓展

1. Sever 和多客户的通信程序

　　在客户端/服务器的实际应用中,一个服务器不可能只针对一个客户端服务,一般面向很多客户端同时提供服务。采用多线程方式,可以在服务器端创建一个专门负责监听的应用主服务程序,一个专门负责响应的线程程序,可以利用多线程处理多个请求,实现服务器和多客户端之间通信。

　　基于 TCP 协议的客户端发送数据的过程:

　　①建立客户端对象,明确服务器的 IP 地址和端口号;

　　②若建立连接成功,则既可以通过 getOutputStream( ) 获取输出流,又可以通过 getInputStream( )获取输入流;

　　③使用输出流向服务器端输出数据;

　　④使用输入流获取服务器端返回的数据;

　　⑤关闭 Socket。

　　基于 TCP 协议的服务器端接收数据过程:

　　①建立连接服务器端的 ServerSocket 对象,服务器端 Socket 必须对外提供一个端口,否则客户端无法连接;

　　②获取客户端的 Socket 对象;

　　③通过 getOutputStream( )来获取服务器端的输出流,通过 getInputStream( )获取服务器端的输入流;

　　④通过输入流获取客户端的数据;

　　⑤通过输出流向客户端发送数据;

　　⑥关闭客户端的 Socket 对象和服务器端的 ServerSocket 对象。

【例 6-40】　多客户通信的使用示例

```
packeage Example6_40;
import java.net. * ;
import java.io. * ;
public class Server {
    public static void main(String[ ] args)    {
        try {
            //建立一个服务器 Socket(ServerSocket)指定端口并开始监听
            ServerSocket serverSocket=new ServerSocket(8800);
            //使用 accept()方法等待客户端触发通信
            Socket socket=null;
            //监听一直进行中
            while(true){
                socket=serverSocket.accept();
```

```
                    MulThread mul = new MulThread(socket);
                    mul. start();
                }
            } catch(UnknownHostException e) {
                e. printStackTrace();
            } catch(IOException e) {
                e. printStackTrace();
            }
        }
    }
    import java. io. IOException;
    import java. io. InputStream;
    import java. io. ObjectInputStream;
    import java. io. OutputStream;
    import java. net. Socket;
    import java. net. UnknownHostException;
    public classMulThread extends Thread {
        Socket socket = null;
        // 每启动一个线程,对应 Socket
        public MulThread(Socket socket) {
            this. socket = socket;
        }
        // 启动线程, 即响应客户请求
        public void run() {
            try {
                // 打开输入输出流
                InputStream is = socket. getInputStream();
                OutputStream os = socket. getOutputStream();
                // 反序列化
                ObjectInputStream ois = new ObjectInputStream(is);
                // 获取客户端信息, 即从输入流读取信息
                // BufferedReader br = new BufferedReader(new InputStreamReader(ois));
                User user = (User) ois. readObject();
                if(! (user == null)) {
                    System. out. println("我是服务器, 客户的登录信息:");
                    System. out. println(user. getLoginName() +", "+user. getPwd());
                }
                // 给客户端一个响应, 即向输出流写入信息
                String reply = "已收到您的登录信息!";
                os. write(reply. getBytes());
                // 关闭资源
                ois. close();
                os. close();
```

```
            is. close();
            socket. close();
        }catch(UnknownHostException e){
            e. printStackTrace();
        }catch(IOException e){
            e. printStackTrace();
        }catch(ClassNotFoundException e){
            e. printStackTrace();
        }
    }
}
import java. net. *;
import java. io. *;
public class Client1{
    public static void main(String[] args){
        try {
            // 建立客户端 Socket 连接,指定服务器的位置以及端口
            Socket socket = new Socket("localhost", 8800);
            // 打开输入输出流
            OutputStream os = socket. getOutputStream();
            InputStream is = socket. getInputStream();
            // 对象序列化
            ObjectOutputStream oos = new ObjectOutputStream(os);
            // 发送客户端登录信息,即向输出流写入信息
            User user = new User();
            user. setLoginName("姓名:John");
            user. setPwd("密码:202201");
            oos. writeObject(user);
            socket. shutdownOutput();
            // 接收服务器端的响应,即从输入流读取信息
            String reply = null;
            BufferedReader br = new BufferedReader(new InputStreamReader(is));
            while(!((reply = br. readLine()) == null)){
                System. out. println("我是客户端,服务器响应:");
                System. out. println(reply);
            }
            //4. 关闭资源
            oos. close();
            is. close();
            os. close();
            socket. close();
        } catch(UnknownHostException e){
            e. printStackTrace();
```

```
            } catch(IOException e) {
                e. printStackTrace( );
            }
        }
    }
import java. net. *;
import java. io. *;
public class Client2 {
    public static void main(String[ ] args) {
        try {
            // 建立客户端 Socket 连接,指定服务器的位置以及端口
            Socket socket = new Socket("localhost", 8800);
            // 打开输入输出流
            OutputStream os = socket. getOutputStream( );
            InputStream is = socket. getInputStream( );
            // 对象序列化
            ObjectOutputStream oos = new ObjectOutputStream(os);
            // 发送客户端登录信息,即向输出流写入信息
            User user = new User( );
            user. setLoginName("姓名: Mary");
            user. setPwd("密码: 202202");
            oos. writeObject(user);
            socket. shutdownOutput( );
            // 接收服务器端的响应,即从输入流读取信息
            String reply = null;
            BufferedReader br = new BufferedReader(new InputStreamReader(is));
            while(! ((reply = br. readLine( )) = = null)) {
                System. out. println("我是客户端, 服务器响应:");
                System. out. println(reply);
            }
            //4. 关闭资源
            oos. close( );
            is. close( );
            os. close( );
            socket. close( );
        } catch(UnknownHostException e) {
            e. printStackTrace( );
        } catch(IOException e) {
            e. printStackTrace( );
        }
    }
}
import java. io. Serializable;
```

```java
public class User implements Serializable{     //用户类
    private String loginName;     //用户名
    private String pwd;     //用户密码
        public User( ){
        }
        public User(String loginName, String pwd){
            super( );
            this.loginName = loginName;
            this.pwd = pwd;
        }
        public String getLoginName( ){
            return loginName;
        }
        public void setLoginName(String loginName){
            this.loginName = loginName;
        }
        public String getPwd( ){
            return pwd;
        }
        public void setPwd(String pwd){
            this.pwd = pwd;
        }
}
```

程序运行结果如图 6-63 所示。

(a)

(b)

图 6-63

利用网络通信能够开阔视野,及时了解时事新闻,获取各种最新的知识和信息。加强对外交流,营造虚拟世界,可以倾吐心事、减轻课业负担、缓解压力等,信息传递的质量有了更大的提升,并且也能够使信息传递更加快速。网络通信快捷方便,同学们要利用好网络通信的优点,加强学习交流,让网络成为自己学习的好帮手。

任务实现

1. 任务分析

分析任务题目,可以得出以下信息:

①基本 TCP 协议的网络编程,客户端实例化 Socket 对象,在服务器端实例化 ServerSocket 对象;

②基本 TCP 协议通信遵守接收端和发送端的工作过程;

③编写买家程序,创建 DatagramPacket 对象和 DatagramSocket 对象;

④需要使用 I/O 数据流实现照片的读取和写入,在客户端读取照片文件,在服务器端写入照片文件;

⑤开启多线程任务,实现多个用户端上传照片的请求;

⑥测试程序,任务实现功能。

2. 任务编码

通过分析可以编写下列代码以任务实现功能:

```java
package Task6_3_2;
import java.io.IOException;
import java.net.ServerSocket;
import java.net.Socket;
public class Server {
    public static void main(String[] args) throws IOException {
        // 创建 tcp 的 socket 服务端
        ServerSocket ss = new ServerSocket(10003);
        while(true) {
            Socket s = ss.accept();
            Task task=new Task(s);     // 定义线程功能类对象
            Thread t1=new Thread(task);     // 定义一个新线程,线程运行后将运行 task 对象中的 run()方法中的代码
            t1.start();     // t1 处于就绪状态
        }
    }
}
import java.io.FileInputStream;
import java.io.IOException;
import java.io.InputStream;
import java.io.OutputStream;
import java.net.Socket;
import java.net.UnknownHostException;
public class Client {
    public static void main(String[] args) throws UnknownHostException, IOException {
        //1.创建客户端 socket
        Socket s = new Socket("172.18.22.135", 10003);
```

```
        //2.读取客户端要上传的照片文件.使用文件输入流读取照片中的数据
        FileInputStream fis = new FileInputStream("e:\\绿芽.png");
        //3.获取 socket 输出流
        OutputStream out = s.getOutputStream();
        //4.将读到照片数据,利用 Socket 的输出流发送给服务器端
        byte[] buf = new byte[1024];
        int len = 0;
        while((len=fis.read(buf))!=-1){
            out.write(buf,0,len);
            out.flush();      //刷新输出流
        }
        //告诉服务端:客户端的数据发送完毕.让服务端停止读取
        s.shutdownOutput();
        //5.读取服务端发回的内容
        InputStream in= s.getInputStream();
        byte[] buff = new byte[1024];
        int len1 = in.read(buff);
        String text = new String(buff,0,len1);
        System.out.println(text);
        //6.关闭 socket
        fis.close();     //单独关闭文件输入流,因为这个流在 Socket 对象中
        s.close();       //关闭 socket,同时也关闭了 socket 中的输入流和输出流
    }
}


import java.io.File;
import java.io.FileOutputStream;
import java.io.IOException;
import java.io.InputStream;
import java.io.OutputStream;
import java.net.Socket;
public class Task implements Runnable {
    private static final int SIZE = 1024*1024*60;    //图片的大小限制在 60 MB
    private Socket s;
    public Task(Socket s){
        this.s = s;
    }
    public void run(){
        int count = 0;    //为了避免客户端 IP 作为文件名重复,而定义了一个计数器
        String ip = s.getInetAddress().getHostAddress();
        System.out.println(ip + "连接中");
        try{
        //读取客户端发来的数据
```

```
        InputStream in = s. getInputStream( );
        // 将读取到的数据存储到一个文件中
        File dir = new File(″e: \\pic″);
        if(! dir. exists( )){
            dir. mkdir( );
        }
        File file = new File(dir, ip + ″. png″);
        // 如果文件已经存在于服务器端
        while(file. exists( )){
            file = new File(dir, ip+″(″+(++count)+″) . png″);
        }
        FileOutputStream fos = new FileOutputStream(file);
        byte[ ] buf = new byte[1024];
        int len = 0;
        while((len = in. read(buf))! =-1) {
            fos. write(buf, 0, len);
            if(file. length( )>SIZE){
                System. out. println(ip+″文件太大″);
                fos. close( );
                s. close( );
                System. out. println(ip+″…″+file. delete( ));      // 如果文件超过 60 MB, 将其删除
                return ;
            }
        }
        // 获取 socket 输出流, 将上传成功字样发给客户端
        OutputStream out = s. getOutputStream( );
        out. write(″照片上传成功″. getBytes( ));
        fos. close( );     // 单独关闭文件输出流
        s. close( );         // 关闭客户端 socket 对象
System. out. println(″IP=″ + ip + ″的客户端上传照片成功!″);
        }catch(IOException e){
            System. out. println(e. getMessage( ));
        }
    }
}
```

程序运行结果如图 6-64 所示。

本程序的关键点是在服务器开启多线程, 分别响应多客户端上传照片文件的请求, 而要实现这个关键点, 需要定义线程任务类, 在线程任务类中定义 run( ) 方法, 专门负责处理上传的照片, 并把照片写入服务器的硬盘文件上。

图 6-64

能力提升

一、选择题

1. 基于 TCP 协议的服务器端程序中要使用的 Socket 类是(　　)。

　A. DatagramPacket　　　　　　　B. ServerSocket

　C. DatagramSocket　　　　　　　D. Socket

2. TCP 协议中,客户端套接字要使用 Java 中的(　　)类。

　A. Socket　　　B. ServerSocket　　　C. DatagramSocket　　　D. DatagramPacket

3. 下列说法中正确的是(　　)。

　A. UDP 传输数据可靠　　　　　　B. TCP 面向无连接

　C. TCP 数据传输是双向的　　　　D. 下载文件使用 UDP 协议

二、填空题

1. 一个 Socket 是由一个＿＿＿＿＿＿地址和一个＿＿＿＿＿＿唯一确定的。

2. TCP 协议开发网络编程时,需要使用两个类:＿＿＿＿＿＿和＿＿＿＿＿＿。

3. Socket 对象中自带输入流和输出流,可以使用＿＿＿＿＿＿方法获取 Socket 对象中的输入流,使用＿＿＿＿＿＿方法获取 Socket 对象中的输出流。

三、编写程序

C/S 模式在生活中的实现应用:使用 TCP 协议实现一个服务器和多个客户端的通信。一个服务器可以接收多个其他客户端的请求,并为各客户端提供相应的服务,它们之间互不干涉。

子任务 6.3.3　URL 与 URLConnection 的应用

任务描述

编写程序,实现获取某一网站主页的 html 文件,并保存该文件。

预备知识

1. URL

URL 是 Uniform Resource Locator 的缩写,即统一资源定位符,利用它可以找到互联网上的网页、图片等各种资源。

URI 是 Uniform Resource Identifier 的缩写,即统一资源标识符,唯一标识一个资源。URL 实质上是一个具体的 URI,用来标识一个资源并定位这个资源。

URN 是 Uniform Resource Name 的缩写,即统一资源命名,通过名字标识资源。例如,mailto:45681545666@ qq. com。

综上所述,URI 是抽象的统一资源标识符,URL 和 URN 是具体的统一资源标识符。URL 和 URN 都属于 URI。

URL 的构造方法:

public URL(String protocol,String host,int port,String file)

可以获得一个 URL 对象。

URL 的常用方法如表 6-23 所示。

表 6-23　URL 的常用方法

序号	方法名称	功能描述
1	openStream( )	获得页面输入流对象
2	openConnection( )	URL 所引用的远程对象的连接

2. URLConnection

URLConnection 可以建立与远程服务器的连接,检查远程资源的属性,是封装访问远程网络资源的类。

URLConnection 的常用方法如表 6-24 所示。

表 6-24　URLConnection 的常用方法

序号	方法名称	功能描述
1	getConnectLength( )	获得内容的长度
2	getConnectType( )	获取内容的类型
3	getInputStream( )	获取连接的输入流

【例6-41】 URL 的使用示例

使用 URL 类,实现获取 www.sohu.com 网站的首页内容,并把首页显示在控制台上。

```java
import java.io.IOException;
import java.io.InputStream;
import java.net.URL;
import java.util.Scanner;
public class Example6_41{  //URL 类的测试
    public static void main(String[] args)throws IOException {
        //1.定义 URL 类的对象
        URL url=new URL("http","www.sohu.com",80,"/index.html");
        //2.获取 url 对象的输入流
        InputStream in=url.openStream();
        //3.定义一个 Scan 对象,打印该输入流
        Scanner scan=new Scanner(in);
        //4.设置 scan 对象的读取分隔符为\n
        scan.useDelimiter("\n");
        //5.遍历输出
        while(scan.hasNext())
            System.out.println(scan.next());
        //6.关闭流
        in.close();
    }
}
```

程序运行结果如图 6-65 所示。

图 6-65

❖ 知识拓展

1. URL 获取网络资源

URL 获取网络资源工作过程：

①创建 URL 对象,明确构造方法中各个参数的值;

②通过 openStream( )方法获取输入流对象;

③从输入流中提取数据打印到控制台上;

④关闭流。

2. URLConnection 获取网络资源

URLConnection 获取网络资源工作过程：

①定义一个 URL 对象,明确构造方法中各个参数的值;

②通过 URL 对象的 openConnection( )获取 URLConnection 对象;

③调用 URLConnection 对象的相关方法获得相关资源的属性,输出结果。

【例 6-42】 　URLConnection 的使用示例

```java
import java. io. IOException;
import java. net. URL;
import java. net. URLConnection;
public class Example6_42 {     // URLConnecton 类的测试
    public static void main( String[ ] args) throws IOException {
        //1. 定义 URL 类的对象
        URL url = new URL("http", "www. hld. gov. cn", 80, "/ index. html");
        //2. 获取 url 对象的输入流
        URLConnection conn = url. openConnection( );
        //3. 通过 conn 对象获取相关属性
        System. out. println("网络资源长度 = "+conn. getContentLength( ));
        System. out. println("网络资源类型 = "+conn. getContentType( ));
        System. out. println("网络资源最近修改时间 = "+conn. getLastModified( ));
    }
}
```

程序运行结果如图 6-66 所示。

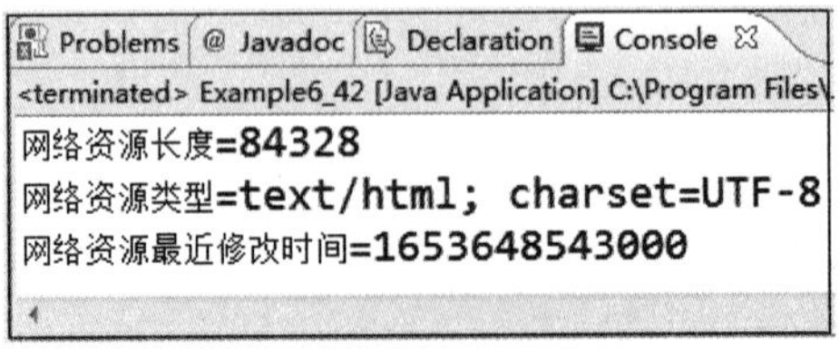

图 6-66

本程序 getLastMoidified( )返回的是 long 类型,如果想获取该 long 类型值对应的字符串,可以通过 Date 和 SimpleDateFormat 类获取。

子任务 6.3.3 微视频

任务实现

1. 任务分析

分析任务题目,可以得出以下信息:

①实例化 URL 类来获取网络资源对象;

②实例化 URLConnection 类来获取网络资源连接对象;

③通过 getInputStream( )方法获得输入流对象;

④通过 while 循环语句得到输入流对象的数据,并保存文件。

2. 任务编码

通过分析可以编写下列代码以任务实现功能:

```java
import java. io. FileOutputStream;
import java. io. IOException;
import java. io. InputStream;
import java. net. URL;
import java. net. URLConnection;
public classTask6_3_3 {  //下载网络资源测试
    public static void main(String[ ] args)throws IOException {
        //1. 定义 URL 类的对象
        URL url = new URL("http", "www. bhcy. cn", 80, "/ index. html");
        //2. 获取 url 对象的输入流
        URLConnection conn = url. openConnection( );
        //3. 通过 conn 对象获取输入流
        InputStream in = conn. getInputStream( );
        //4. 定义文件输出流对象
        FileOutputStream fos = new FileOutputStream("d: \\bhcy. html");
        byte[ ] data = new byte[1024];
        //5. 开始循环遍历
        int len = -1;
        while((len = in. read(data))! = -1){
            fos. write(data, 0, len);
            fos. flush( );  //刷新输出流
        }
        //6. 关闭流
        fos. close( );
        in. close( );
        System. out. println("网页文件成功下载, 并保存成功!");
    }
}
```

程序运行结果如图 6-67 所示。

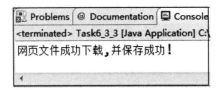

图 6-67

本程序中需要使用文件输出流对象 FileOutputStream 将下载的网页内容保存到文件中。

能力提升

一、选择题

1. URL 类中返回 URL 端口号的方法是(   )。
   A. getContentLength( )   B. getURL( )
   C. getAddress( )   D. getPort( )
2. URL 地址一般是由协议名称、主机名称、端口号、(   )组成的。
   A. 文件名   B. 域名   C. IP   D. 网址
3. URL 合法的是(   )。
   A. ftp：// 192，168，1，1/ incoming
   B. ftp：// 192. 168. 1. 1：-1
   C. http：// 192. 168. 1. 59/ index. html
   D. http：// 192. 168. 1. 1. 2
4. 使用 TCP 协议的是(   )。
   A. FTP   B. HTTP   C. NEWS   D. SMTP

二、填空题

1. URLConnection 中_____方法能获取连接的输入流。
2. _____即统一资源标识符,唯一标识一个资源。

三、编写程序

编写 URL 和 URLConnection 类的程序,实现获取 www. 163. com 首页内容的功能。

学习评价

班级		学号		姓名	
任务 6.3　网络编程				课程性质	理实一体化

知识评价（30分）

序号	知识考核点	分值	得分
1	UDP 和 TCP 通信协议	5	
2	基于 UDP 的 socket 通信	10	
3	基于 TCP 的 socket 通信	10	
4	URL、URLConnection	5	

任务评价（60分）

序号	任务考核点	分值	得分
1	基于 UDP 的 socket 通信程序设计	20	
2	基于 TCP 的 socket 通信程序设计	20	
3	URLConnection 的应用	10	
4	程序测试	10	

思政评价（10分）

序号	思政考核点	分值	得分
1	思政内容的认识与领悟	5	
2	思政精神融于任务的体现	5	

违纪扣分（20分）

序号	违纪考查点	分值	扣分
1	上课迟到早退	5	
2	上课打游戏	5	
3	上课玩手机	5	
4	其他扰乱课堂秩序的行为	5	
综合评价		综合得分	

参 考 文 献

[1] 杨文艳,田春尧.Java 程序设计[M].北京:北京理工大学出版社,2018.

[2] 王映龙,邓泓,易文龙.Java 程序设计[M].北京:中国铁道出版社,2020.

[3] 肖睿,龙浩,孙琳.Java 高级特性编程及实战[M].北京:人民邮电出版社,2018.